国家林业和草原局普通高等教育“十三五”规划教材

物理化学实验

李向红　主编

中国林業出版社

图书在版编目(CIP)数据

物理化学实验/李向红主编．—北京：中国林业出版社，2021.6（2025.2 重印）
国家林业和草原局普通高等教育“十三五”规划教材
ISBN 978-7-5219-1215-9

Ⅰ.①物…　Ⅱ.①李　…　Ⅲ.①物理化学-化学实验-高等学校-教材　Ⅳ.①O64-33

中国版本图书馆 CIP 数据核字(2021)第 115443 号

教材数字资源使用说明

PC 端使用方法：

步骤一：扫描教材封四“数字资源激活码”获取数字资源授权码；

步骤二：注册/登录小途教育平台：https://edu.cfph.net；

步骤三：在“课程”中搜索教材名称，打开对应教材，点击“激活”，输入激活码即可阅读。

手机端使用方法：

步骤一：扫描教材封四“数字资源激活码”获取数字资源授权码；

步骤二：扫描书中的数字资源二维码，进入小途“注册/登录”界面；

步骤三：在“未获取授权”界面点击“获取授权”，输入步骤一中获取的授权码以激活课程；

步骤四：激活成功后跳转至数字资源界面即可进行阅读。

中国林业出版社教育分社

策划编辑： 肖基浒　　**责任编辑：** 肖基浒　田夏青

电话： (010)83143555　　**传真：** (010)83143516

出版发行　中国林业出版社(100009　北京市西城区德内大街刘海胡同 7 号)
E-mail:jiaocaipublic@163.com　电话:(010)83223120
http://www.cfph.net
经　　销　新华书店
印　　刷　北京中科印刷有限公司
版　　次　2021 年 6 月第 1 版
印　　次　2025 年 2 月第 2 次印刷
开　　本　850mm×1168mm　1/16
印　　张　12.75
字　　数　302 千字
定　　价　38.00 元

《物理化学实验》编写人员

主　编　李向红

副主编　孙　浩　杨晓琴　李惠娟

编写人员（按姓氏笔画排序）

刘永梅　刘建祥　孙　浩　杨晓琴
李云仙　李向红　李惠娟　徐　娟
雷　然　解思达

前　言

《物理化学实验》是高等农林院校化学类、化工类、生物科学类、环境科学类及部分专业重要的基础课程之一，本书是遵照全国高等农林院校本科专业物理化学实验课程的基本要求，吸收各高校物理化学实验教学改革成果，汲取同类许多优秀教材的优点，结合多年实验教学实践编写而成的。

自2006年以来，我们根据高等农林院校开设专业的实际情况对《物理化学实验》课程进行改革，修订了教学大纲，改革了物理化学实验的教学方法。经过多年的教学实践，教材基本框架和系统已形成，并在教学实践中应用，结合了当今发展起来的新仪器和新方法，补充了新的教学实验内容，取得了很好的教学效果。本次教材的出版，正是教学研究成果的体现，可作为高等农林院校各相关专业的通用教材，也可作为从事化学化工工作人员的参考用书。

考虑到农林院校学生的实际知识水平，在编写过程中注重体现教材的科学性和实用性，主要特点如下：第一，针对农林院校不同专业对化学基础的要求，精减理论公式的推导，降低理论的抽象性，注重内容的连贯性，重基本概念、基本方法的讲解，通俗易懂，缓解物理化学实验长期以来课时少、内容多的矛盾；第二，以进一步加强学生科研创新思维培养和独立分析处理数据的能力为指导方向，对一些实验内容进行优化配置，体现“少而精”的特色；第三，农林院校学生程度不一，化学基础参差不齐，故本教材在实验内容上涵盖了基础性实验、综合性实验和设计性实验，从而满足不同层次学生的需要，教师可以根据不同专业、不同学时进行选择；第四，本教材的编写充分借鉴国内外许多优秀教材的思想和处理方法，并结合了编者多年来从事物理化学实验课程教学的经验与体会，跟踪学科前沿、推陈出新，反映时代要求。

本书分为绪论、实验、附录三部分。实验部分涉及热力学、动力学、电化学、胶体及表面化学、结构化学实验的内容。要求学生掌握基本操作，常见热力学、动力学、胶体与表面化学的测量仪器的使用方法，使学生通过以上学习实践，加深对所学物理和化学理论知识的理解，学习其基本技能，同时培养学生的科学态度和实事求是的作风，以及正确操作，认真分析问题、合理安排工作，正确记录和处理分析数据，按规定作出分析报告，进行独立思考、独立工作的能力。

参与本教材编写的教师多年从事物理化学(含实验)的教学和科研工作，教学经验丰富，科研能力强。本次编写分工如下：李向红(实验九、二十八，附录一、八，参考文献)，孙浩(实验四十一、四十二、四十三、四十四、四十五)，杨晓琴(实验十七、十八、十九、二十、三十、三十六、四十六，附录二、四、五、六、九)，李惠娟(实验二十五、二十九、三十一、三十二、三十三、三十四、三十五、三十七、三十八)，刘建祥(实验七、八、十)，雷然(实验一、二、三、四、五、六)，李云仙(实验二十一、二十二、二十三、二十四、三十九、四十)，徐娟(实验十一、十二、十三、十四、十五、十六)，解思达(附录二、七、十、十一、十二)，刘永梅(绪论，实验二十六、二十七)。

在教材的编写过程中，参考了部分优秀教材内容，在此表示衷心的感谢。

由于编者水平有限，教材中难免存在缺点和错误，恳请同行专家和读者批评指正。

编　者

2020 年 7 月于西南林业大学

目 录

前 言

第一章 绪 论 …… 1
第一节 物理化学实验的目的、要求、注意事项和考核 …… 1
第二节 物理化学实验的误差及数据表达 …… 3
第三节 物理化学实验数据处理 …… 7
第四节 物理化学实验中的安全知识及意外事故处理 …… 9
第二章 热力学实验 …… 15
实验一 凝固点降低法测定物质的相对分子质量 …… 15
实验二 液体饱和蒸气压的测定 …… 27
实验三 燃烧热(焓)的测定 …… 31
实验四 溶解热的测定 …… 39
实验五 恒温水浴性能的测试 …… 45
实验六 双液系气—液平衡相图 …… 47
实验七 二组分简单共熔系统相图的绘制 …… 51
实验八 铈(Ⅳ)—乙醇络合物组成及生成常数 …… 54
实验九 分光光度法测定弱电解质的电离平衡常数 …… 56
实验十 差热分析法测定水合无机盐的热稳定性 …… 61
第三章 动力学实验 …… 64
实验十一 蔗糖水解反应速率常数的测定 …… 64
实验十二 电导法测定乙酸乙酯皂化反应的速率常数 …… 67
实验十三 量气法测定过氧化氢催化分解反应速率常数 …… 71
实验十四 纳米 TiO_2 光催化降解甲基橙 …… 74
实验十五 碘钟反应 …… 77
实验十六 电动势法测定甲酸氧化动力学 …… 80
实验十七 分光光度法测定丙酮碘化反应的速率方程 …… 82
实验十八 弛豫法测定 CrO_4^{2-}—$Cr_2O_7^{2-}$ 反应速率常数 …… 86
实验十九 催化剂活性的测定—甲醇分解反应 …… 91

实验二十 非平衡过程动力学BZ震荡反应 …… 92

第四章 电化学实验 …… 98

实验二十一 原电池电动势的测定 …… 98

实验二十二 电势—pH值曲线的测定及其应用 …… 103

实验二十三 希托夫法离子迁移数的测定 …… 107

实验二十四 电动势法测定化学反应的热力学函数 …… 110

实验二十五 离子选择电极法测定 F^- …… 112

实验二十六 镍在硫酸溶液中的电化学行为 …… 115

实验二十七 电解质溶液活度因子的测定 …… 119

实验二十八 电导法测定难溶盐的溶解度和溶度积 …… 122

实验二十九 铁的极化曲线和钝化曲线的测定 …… 124

实验三十 极化曲线法评定缓蚀剂性能 …… 127

第五章 胶体及表面化学实验 …… 130

实验三十一 液体黏度和密度的测定 …… 130

实验三十二 电导法测定表面活性剂的临界胶束浓度 …… 134

实验三十三 最大泡压法测定溶液的表面张力 …… 136

实验三十四 黏度法测定高聚物摩尔质量 …… 141

实验三十五 电泳法测定 $Fe(OH)_3$ 溶胶的动电电势 …… 145

实验三十六 固体比表面积的测定 …… 148

实验三十七 反相悬浮法制备明胶/PVA球形吸附树脂及其性能测试 …… 152

实验三十八 溶液吸附法测定活性炭的比表面积 …… 153

实验三十九 接触角的测定 …… 157

实验四十 胶粒电泳速率的测定 …… 160

第六章 结构化学实验 …… 164

实验四十一 偶极矩的测定 …… 164

实验四十二 磁化率的测定 …… 168

实验四十三 红外吸收光谱分析物质的结构 …… 171

实验四十四 氧化锌纳米材料的制备和表征 …… 173

实验四十五 X射线衍射法测定晶胞常数——粉末法 …… 175

实验四十六 核磁共振法测定水溶液中反应的平衡常数及反应速率常数 …… 178

参考文献 …… 182

附 录 …… 183

附录1 一些物质的标准摩尔燃烧焓 …… 183

附录2 一些物质的标准摩尔溶解热 …… 184

附录3 常见弱电解质的标准解离常数(298.15K) …… 184

附录4 25 ℃不同浓度KCl标准水溶液的电导率 …… 186

附录5 常见氧化还原电对的标准电极电势 $E^{\ominus}$ …… 186

附录6 298K时常见离子的无限稀释的摩尔电导率 …… 190

附录 7 在不同温度下水的饱和蒸气压 …… 191
附录 8 几种常见溶剂的T_b^*、K_b 和 T_f^*、K_f 值 …… 191
附录 9 几种有机物的饱和蒸气压 …… 192
附录 10 液体分子的偶极矩 …… 193
附录 11 几种化合物的摩尔磁化率 …… 193

第一章 绪 论

第一节 物理化学实验的目的、要求、注意事项和考核

一、物理化学实验的目的

物理化学实验作为一门独立的课程，是继无机化学、有机化学、分析化学和普通物理等课程之后的一门综合基础化学实验课，综合了化学领域中各分支所需的研究工具和方法。其主要教学目的如下：

①使学生掌握物理化学实验的基本方法和技能，学会常用仪器的操作，培养学生的动手能力。

②培养学生正确记录实验数据和现象，正确处理实验数据和分析实验结果的能力，培养学生求真、求实的科学态度和作风。

③巩固和加深学生对物理化学基本理论和概念的理解，给学生提供理论应用于实践的机会，锻炼学生分析问题和解决问题的能力，提高学生灵活运用物理化学知识的能力。

二、物理化学实验的要求

1. 课前预习

学生在进实验室之前必须仔细阅读教材、参考资料或仪器使用说明书等，并在笔记本上做好预习报告。预习报告包括本次实验的目的、原理、仪器和材料、操作步骤以及实验时的注意事项、实验数据记录表格等。如果学生不按要求做预习报告，指导教师有权拒绝其进入实验室。

2. 检查仪器

进入实验室后不要急于动手做实验，首先要对照预习报告检查仪器，看是否有破损缺漏，如有，及时向指导教师提出，在教师指导下做好实验准备工作。

3. 观察实验现象、记录实验数据

经指导教师同意方可接通仪器进行实验。实验中要仔细观察实验现象、认真记录实验数据，并将实验现象和数据如实记录在预习报告的表格中。如果实验中发现异常现象应仔细查明原因，或请指导教师帮助分析原因，妥善处理。

4. 完成实验报告

实验结束后，每位学生应独立完成实验报告，不得互相抄袭，实验结果必须经指导教

师检查。结果合格，指导教师在预习报告上签字后可离开实验室；结果不合格应及时重做，直至获得满意结果后经指导教师同意，方可离开实验室。

实验报告的内容主要包括实验目的、原理、实验装置图、操作步骤、数据处理、结果讨论和思考题。数据处理应有原始数据记录表，用电脑或坐标纸作图，将图贴在实验报告的相应位置。实验报告的数据处理中不仅包括表格、作图和计算，还应有必要的文字叙述，以使写出的报告清晰明了、有逻辑性，便于批阅和留作以后参考。结果讨论应包括对实验现象的分析和解释，对实验结果误差的定性分析或定量计算，对实验的改进意见和做实验的心得体会等。

三、物理化学实验的注意事项

1. 实验室规则

为了保证实验的正常进行和营造良好的实验室作风，学生必须遵守下列实验室规则：

①遵守纪律，不迟到、不早退，禁止在实验室内喝水、吃东西。

②进入实验室后首先应熟悉室内环境，了解水、电、气总阀所在位置，熟悉消防器材放置地点和使用方法。

③严格遵守实验室的安全守则，发生意外事故应及时处理并报告指导教师。

④未经指导教师允许不得乱动精密仪器，使用时要爱护仪器，如发现仪器损坏，应立即报告指导教师。

⑤遵从指导教师的指导，严格按照操作规程和实验步骤进行实验，未经指导教师允许，不得随意改变实验步骤、顺序、试剂规格及用量。

⑥实验装置完成后，需经指导教师检查同意后方可接通水、电、气。实验过程中应保持安静，认真操作、细致观察、积极思考、翔实记录，保证原始数据的真实性和可信度，不得涂改原始数据，数据记录不允许用单张纸，尽量列表记录数据。

⑦随时保持实验室内整洁卫生。污水、污物、残渣、废纸等应放入指定的地方，不要乱抛乱丢，更不能扔入水槽中，以免堵塞下水道。废酸碱液应倒入指定的废液缸中，不得倒入水槽，以免腐蚀下水道。

⑧要爱护公物，实验过程中暂时不用的器材，要按顺序摆放整齐，不要随意堆放在桌面，公用仪器及药品使用结束后放回原处。仪器如有损坏，请自行登记并按照赔偿制度赔偿。

⑨节约水、电、气和药品的用量，根据实验室药品取用规则，取用化学药品时，如果没有说明用量，一般应该取用最少用量，液体通常是1~2 mL。

⑩实验结束后，由同学轮流做值日，负责打扫实验室、整理公用仪器、倒洗废物缸、检查水电气、关门窗、填写值日日志等，值日生经指导教师同意后方能离开。

2. 实验室安全

物理化学实验使用的电器较多，特别要注意安全用电，为了防止事故的发生，必须注意以下几点：

①防止触电。所有电器的金属外壳都应保护接地，电源裸露部分应有绝缘装置，不要用潮湿的手接触电器。实验时应先接好电路后再接通电源，先切断电源后再拆线路。

②防止引起火灾。实验室内如有氢气、煤气等易燃易爆气体，应避免产生电火花，尤其是继电器工作和开关电闸时，易产生电火花，要特别小心。如遇电线起火，立即切断电源，用沙或二氧化碳、四氯化碳灭火器灭火，禁止用水或泡沫灭火器等导电液体灭火。

③防止短路。电线、电器不要被水淋湿或浸在导电液体中，电路元件两端接头不要互相接触，以防短路。

④安全使用电器仪表。使用电器仪表前，应先弄清楚其使用的是交流电还是直流电、电压大小是多少、量程有多大。实验前先检查线路是否连接正确，经指导教师检查同意后方可接通电源。在电器仪表使用过程中，如发现有异常声响、局部温升或闻到绝缘漆焦味，应立即切断电源，并报告指导教师。

四、物理化学实验的考核

物理化学实验的最终成绩由平时成绩和期末实验考试成绩组成。平时成绩占40%，主要由预习报告、实验操作及实验报告三部分组成，期末实验考试成绩占60%，采用开卷考试的方式进行。提前一周告知学生考题，学生自行查阅有关资料，写好实验报告的文字部分(包括实验目的、原理、实验涉及的试剂及仪器、操作步骤)，进入考场后按要求做好实验准备。一旦考试开始，学生必须独立完成每个实验步骤，并在规定时间(3 h)内交出实验报告。考试结束后，教师根据学生的操作情况、实验报告中的原理描述、数据处理、结果讨论、误差来源分析等情况进行全面考核，在两周内给出考核成绩。

第二节　物理化学实验的误差及数据表达

在物理量的测量中，无论是直接测量的量(如温度、体积、质量等)，还是间接测量的量(由直接测量的量通过公式计算得到的量，如燃烧热、交换电流密度等)，由于实验方法的可靠程度，所用仪器的精密度和实验者感官的限度等各方面条件的限制，使得测量值与真值之间存在误差，因此，误差的产生是不可避免的。为了在一定条件下得到更接近于真实值的最佳测量结果，并确认结果的不确定程度，有必要对其分类、来源、性质、规律和大小进行全面的了解。

一、误差的分类、来源和消除方法

根据误差的性质，可将其分为系统误差、偶然误差和过失误差3类。

1. 系统误差

在相同条件下，多次测量同一物理量时，误差的绝对值和符号保持恒定，或在条件改变时按某一确定规律变化的误差称为系统误差，也称恒定误差，其主要来源有：

①实验方法的缺陷或使用了近似公式，如用凝固点降低法测出的相对分子质量偏低于真值。

②仪器不准或药品不纯，如电表零点偏差，温度计刻度不准，药品纯度不高等。

③操作者的不良习惯，如观察视线偏高或偏低。

系统误差决定了测量结果的准确度，可通过改进实验条件、校正仪器刻度、提高药品纯度、修正计算公式等方法减少或消除，但有时系统误差的存在很难确定，通常需要用几种不同的实验方法或改变实验条件来确定。

2. 偶然误差

在相同条件下多次测量同一物理量时，每次测量结果都有所不同，它们围绕着某一数值上下无规则的变化，误差的绝对值时大时小，符号时正时负，但随测量次数的增加，其平均值趋近于零，即具有抵偿性，此类误差称为偶然误差，亦称随机误差，产生偶然误差的原因大致有：

①实验者每次对仪器最小分度值以下的估读很难绝对相同。

②测量仪器的某些元部件性能发生变化，使所指示的测量结果很难每次完全相同。

③影响测量结果的某些实验条件，如温度、气压、风速等，很难每次实验都控制得绝对一样。

偶然误差主要影响测量的精密度，较小的偶然误差出现的几率大，表明测量的精密度较高。偶然误差在测量时不可能消除，也无法估计，但它一般服从正态分布的统计规律。在实际测量中，常常进行多次测量以提高测量的精密度。

3. 过失误差

由实验者粗心、不正确操作或实验条件突变等原因，在实验中出现失误所造成的误差称为过失误差，如数据读错、记错、算错或实验条件失控都会导致出现过失误差。过失误差在实验中是不允许出现的，只要实验者细心、专注地从事实验，此类误差是可以避免的，如果发现有此种误差，所得数据应予以剔除。

二、误差的表示方法

误差是测量值与真值之间的差值，但是在一般情况下，真值是无法获知的。在实际测量中，在消除了系统误差的情况下，可以定义测定值的数学期望值 X_∞ 等于被测物理量的真值，即有 $X_{真}=X_\infty=\lim\limits_{n\to\infty}\bar{X}$，$X_\infty$ 称为测定值的数学期望值，是测量次数 n 趋于无穷时的测量值的算术平均值，此时认为系统的偶然误差也被消除了。很明显测定值的数学期望值 X_∞ 只是可望而不可及的统计意义上的测量值，因此在处理实际问题时常把多次平行测量值的算术平均值 $\bar{X}$ 当作测量结果的可靠值，因为此时 $\bar{X}$ 远比单次测定的 X_i 值更逼近于真值 $X_{真}$，因此，把测量值与算术平均值之间的差值称为偏差，把偏差当作误差。误差的表示方法主要有以下 3 种：

1. 平均误差 δ

$$\delta=\frac{1}{n}\sum_{i=1}^{n}|d_i| \tag{1-1}$$

式中，d_i 称为绝对误差，是测量值 X_i 与算术平均值 $\bar{X}$ 之差 $d_i=X_i-\bar{X}$；n 为测量次数，$\bar{X}=\frac{1}{n}\sum\limits_{i=1}^{n}X_i$。

2. 标准误差 σ

$$\sigma=\sqrt{\frac{\sum\limits_{i=1}^{n}d_i^2}{n-1}} \tag{1-2}$$

3. 偶然误差 P

$$P=0.6745\sigma \tag{1-3}$$

平均误差计算虽简便，但用这种误差表示时，可能会把质量不高的测量值掩盖住。标准误差计算虽较烦琐，但对一组测量中的较大误差或较小误差感觉比较灵敏，因此它是表示精度的较好方法，在近代科学中多采用标准误差。

三、测量的准确度和精密度

准确度 b 描述的是测量结果的准确性，表示测量值与真值的符合程度，定义为：

$$b=\frac{\sum|X_i-X_{真}|}{n} \tag{1-4}$$

测量值越接近真实值，准确度越好，但大多数物理化学实验中 $X_{真}$ 是未知的，是需要测量的结果，因此用上式很难算出准确度值。很多情况下可以用标准值 $X_{标}$ 近似代替 $X_{真}$，此时，标准值是指用其他更可靠的方法测出的值，因此准确度可近似表示为：

$$b=\frac{\sum|X_i-X_{标}|}{n} \tag{1-5}$$

精密度描述的是测量结果的重现性，表示在多次测量中单次测量值 X_i 与可靠值 $\bar{X}$（即多次测量的算术平均值）的偏差程度，通常用平均误差 δ 或标准误差 σ 来衡量测量的精密度。由于不能肯定 X_i 离 $\bar{X}$ 是偏高还是偏低，所以测量结果常用 $\bar{X}\pm\sigma$（或 $\bar{X}\pm\delta$）来表示，误差越小，表示测量的精密度越好，当然有时也用相对误差 $\sigma_{相对}$ 来表示测量的精密度，即：

$$\sigma_{相对}=\frac{\sigma}{\bar{X}}\times 100\% \tag{1-6}$$

精密度高，准确度不一定好；相反，若准确度好，精密度一定高，注意不要把精密度和准确度搞混淆。通常可用准确度表征某一测量的系统误差，系统误差小的测量称为准确度高的测量，可用精密度表征某一测量的偶然误差，偶然误差小的测量称为精密度高的测量。如果 $X_{标}$ 在 $\bar{X}\pm\sigma$ 范围内，表明测量的系统误差小；如果 $X_{标}$ 在 $\bar{X}\pm\sigma$ 范围外，此时测量的精密度可能符合要求，但系统误差大，测量的准确度差。

四、测量结果的正确记录与有效数字

记录测量结果的数值时，所记数字的位数应与仪器的精密度相符合，即所记数字的最后一位为仪器最小刻度以内的估计值，其他几位为准确值。例如，称得某物的质量为 1.4235 g±0.0004 g，1.423 是完全确定的，末位的 5 是估计值，是不确定的，确定的数字和估计的数字一起称为有效数字。记录和计算时，要注意有效数字的位数，多余的数字不必记。记录和运算中对有效数字位数的取舍应遵循一定规则。

1. 有效数字的表示方法

①误差一般只有 1 位有效数字，最多不超过 2 位。

②任何一个物理量的数据，其有效数字的最后一位应和误差的最后一位一致，例如记成 1.25±0.01 是正确的。

③一般常用科学记数法表明有效数字。例如，数据 1234、0.1234 和 0.001234 都是四位有效数字，但 123400 的有效位数很模糊。为了避免这种情况，通常将上列数据写成指数形式：1.234×10^{3}、1.234×10^{-1}、1.234×10^{-3}、1.234×10^{5}，这就表明它们都是 4 位有效数字。

2. *有效数字的运算规则*

①运算中舍弃过多不定数字时，应用“4 舍 6 入，逢 5 尾留双”的法则。

②若第一位的数值等于或大于 8，则有效数字的总位数可多算一位，如 9.54，虽然只有 3 位，但在运算时，可以看作 4 位。

③在加减运算中，各数值小数点后所取的位数，以其中小数点后位数最少者为准。

④在乘除运算中，各数保留的有效数字，应以其中有效数字最少者为准。

⑤对于复杂的计算，应先乘除，后加减。中间的计算步骤，可多保留 1 位有效数字，以免因多次弃舍造成误差积累，但最后结果仍只保留应有的位数。

⑥对数运算时，对数中的首数不是有效数字，对数尾数的位数，应与各数值的有效数字相当。

⑦常数，如 π、e 及乘子 $\sqrt{2}$ 和某些取自手册的常数，不受上述规则限制，其位数按实际需要取舍。

五、数据表达方式

物理化学实验数据的表示法主要有列表法、作图法和方程法，这里主要介绍列表法和作图法。

1. *列表法*

将实验数据列成表格，这是最简单的记录和处理数据的方法，应注意以下几点：

①表格要有序号和名称。

②每行或每列要有物理量的名称和单位。

③数字排列要整齐，小数点要对齐，位数要统一，应保留 1 位估读数字，通常用科学计数法表示，公共的乘方因子写在行名旁，以与物理量符号相乘的形式出现，并为异号。

④表格中由左到右，应由自变量到因变量。原始数据可与处理的结果同列于一张表格内，在表格下面列出处理方法、公式和计算过程。

2. *作图法*

作图法可以更直观地显示出测量值间的变化规律，有利于分析比较数据、推断经验式、外推求物理量的极限值等，还可显示出物理量的极值、转折点、周期性等重要性质，如果曲线足够光滑，还可用于图解微分和图解积分等的处理。作图法要点如下：

①图要有图名，例如，η-lg$i$ 图。

②可在电脑或坐标纸上作图，坐标轴上必须注明变量名称和单位。作图时，不必从坐标轴原点作标度起点，可以从略低于最小测量值的整数开始，这样能使图形尽可能位于坐标系的中间位置。曲线要尽可能光滑，要使其尽可能穿过大多数实验点，但不必全部通过各点，要使处于光滑曲线两边的点数约各占一半，个别实验坏点连线时可以不考虑。

③自变量为横轴，应变量为纵轴。如有多个自变量，可用不同符号如△、×、○、□

等区别标记。

3. 方程法

可以归纳实验数据的变化规律，用方程式法表达实验数据，通常包含3步：选择方程→确定常数→检验方程。有关方程式法的详细内容，可参阅相关参考书，这里不再赘述。

第三节 物理化学实验数据处理

数据处理是物理化学实验及报告书写的重要组成部分，其过程及内容较为丰富，包括有效数字的确定、实验数据的记录、函数图的描绘等。本节主要介绍物理化学实验中常见的数据记录与处理方法。

一、实验数据的准确记录和有效数字的确定

1. 记录并确定实验数据的有效数字位数

物理化学实验中的有效数字由确定数字和一位估读数字组成。实验记录时，把通过直读获得的准确数字称为确定数字，通过估读得到的那部分数字称为估读数字。

2. 误差的分析及处理

记录重复测量多次的实验数据，分析实验过程中存在的误差，计算平均误差和标准误差，并取1~2位有效数字。

3. 有效数字的运算

①加减运算。按小数点后位数最少的数据保留其他各数位数，进行加减运算，运算结果小数点后的位数与原数中小数点后位数最少者相同。

②乘除运算。按有效数字最少的数据保留其他各数位数，进行乘除运算，运算结果有效数字位数与原数中有效数字位数最少者相同。

③乘方开方运算。进行乘方开方运算时，运算结果的有效数字位数与其底的有效数字的位数相同。

④对数运算。进行对数运算时，运算结果的首数(整数部分)不算有效数字，尾数(小数部分)的有效数字位数与真数相同。

二、实验数据的处理方法

物理化学试验中常见的数据处理方法有列表法和图解法。

1. 列表法

在物理化学实验中，将实验数据按一定规律用列表的方式呈现出来是较为常见的数据的处理方法，这种方法称为列表法。列表法的优点是对应关系简洁清楚，有助于发现实验中的规律，因此，在实验中对所测得数据的处理我们首先考虑列表法。在列表法中，表格的设计至关重要。如何能简单明了的展示表格的主要内容以及相关量间的对应关系均是我们需要注意的问题。作表格时的注意事项如下：

①表格名称。即表头，每一个表格上方都应有一个与之对应简明扼要的表格名称。

②标题栏行列名与量纲。明确待测量、直接测量量、间接测量量、测量次数、测量顺

序等，将表格分为若干行和若干列，并在表格第一行及第一列中标明变量的物理量名称、符号、数量级和单位等量纲。

③数据记录。在表格中列出原始数据，也可以根据要求增加计算栏或统计栏。表格中记录或计算的数据应注意其有效数字位数，并对齐小数点。在用指数表示数据中的小数点位置时，可将指数放入标题栏的行列名中。例如，硼酸的电离常数为 5.8×10^{-10} mol/L，则可以把相应的行列名写成“电离常数$\times10^{-10}$ mol/L”。

④主变量的选择。一般把较为简单的变量作为主变量，例如，次数、温度、时间等。主变量最好是均匀等间隔增加的，在列表时主变量可以按由小到大或由大到小的顺序排列，作为因变量的数据则应对应列在其下方，以便观察出各物理量之间的内在联系。

2. 图解法

为更形象、直观地揭示各物理量间的相互关系，通常把实验测得的数据按一定的对应关系描绘成曲线，这种方法称为图解法。图解法是研究物理规律最常用的方法之一。图解法易于找出实验数据之间的函数关系，易于探索和验证实验规律，易于确定经验公式。图解法还可以更直观地显示最高点、最低点或转折点。实验者可以根据图线的变化规律求出某些物理量的数值，以此实现合理的内插和外推，还可以做切线求函数的微商、求曲线下的积分面积。图解法的注意事项如下：

①整理数据，确定坐标轴，选择合适的坐标分度值。坐标轴需标明名称、符号、单位，坐标分度值应便于读数，且坐标分度值的选取要符合测量值的有效位数。

②标实验点，连点成线。标实验点时同一坐标系下的不同曲线应用不同的符号，连点成线时可为直线或光滑曲线，直线或曲线不一定通过每个实验点，而应使线两边的实验点与图线最为接近且分布大体均匀。

③图名。每一个图下方都应写出图的名称及某些必要的说明。

图解法的应用主要包括如下几个方面：

第一，表达变量间的依赖关系，求变量间的函数关系表达式。通过将主变量作为横坐标，应变量作为纵坐标，可以绘出一条能表示两个变量间函数关系的曲线，以便显示出变量间有关的规律。利用所绘曲线，分析曲线类型，进行拟合(线性拟合、指数拟合、对数拟合等)，则可得到两变量间关系的解析表达式，加深我们对实验的认识。例如，通过线性拟合，使图线性化，则可得到函数 y 与变量 x 间的线性关系式：$y=ax+b$，其中，a 为斜率；b 为截距。

第二，求内插或外推值。由于测量的实验数据较为有限，当测定的对象不能直接由实验测定时，在曲线所示范围内，可以通过任意已知变量读出相应另一变量的值，即内插值。在适当的条件下，也可以在得到的曲线上进行外推延展，并通过其延展部分，得到测量范围之外的数据，即外推值。但是，只有在具有充分的理由确保外推所得的结果真实可靠的情况下，外推值才有实际价值。因此，外推法的应用范围常常只针对下列情况：外推的范围离实际测量范围不能太远；外推范围及其邻近测量数据间呈线性函数关系或近似于线性函数关系；外推所得结果与已有的正确测量值不能相悖。

第三，求极值点或转折点。从图中可以直观准确的得到许多有用的参量，如最小值、最大值或转折点。因此在物理化学实验数据处理中，涉及求极值或转折点时几乎均采用图解法。

第四，求函数的微商。从所得的图中，可以在不求出函数关系式时，直接求出各点函数的微商，这种方法也称为图解微分法。具体方法为：所得曲线上选取若干点，作出切线，并计算出切线的斜率，即为该点函数的微商值。

④求函数的积分值。假设图中的应变量为主变量的导数函数时，则在不知道该导数函数解析表达式的情况下，同样可以通过图解法求出定积分值，这种方法也称为图解积分法，此法通常可以求出曲线下的积分面积。

第四节　物理化学实验中的安全知识及意外事故处理

在物理化学实验过程中，安全是非常重要的，如果操作不当常常会引发爆炸、着火、中毒、灼伤、割伤、触电等事故。因此，了解实验中的安全知识，不仅有利于良好的实验素质培养，还可以防患于未然，确保实验的顺利进行，保证实验人员及国家财产的安全。本节主要结合物理化学实验的特点介绍安全用电、化学试剂使用、高压容器使用的相关常识及相应的安全防护知识。

一、安全用电常识

违章用电可能造成损坏仪器设备、火灾、人身伤亡等严重事故，因此，为了保障人身安全，一定要遵守实验中的用电安全规则。物理化学实验室总电源开关允许的最大电流为30~50 A，超过最大电流则会自动跳闸断电。实验台上的分电闸一般允许的最大电流为15 A，因此在使用大功率电器时，应该事先计算电流量。除此以外，物理化学实验中用到的电器较多，应特别要注意用电安全。实验室通常使用电流频率为50 Hz的交流电。表1-1列出了不同强度的50 Hz交流电通过人体时的反应情况。

表1-1　不同电流强度时的人体反应表

电流强度/mA	人体反应
1	针刺和麻木感
6~10	一触就缩手
10~25	肌肉强烈收缩，手抓住带电体后不能释放
25~100	呼吸困难，甚至停止呼吸
100以上	心脏心室纤维性颤动，以致无法救活，死亡

1. 防止触电

在实验室，电器或电路的使用操作不当均易引发触电，危及实验者的生命安全。为防止触电，在实验中应注意下列事项：

①不用潮湿的手或湿布触摸、接触或擦拭电器。进入实验室尽可能穿绝缘鞋，操作电器时，应保持手的干燥，不要用两手同时接触电器，以此来减少触电后电流通过心脏的可能，增加触电后的抢救机会。

②电源裸露部分应有绝缘装置(例如，电线接头处应裹上绝缘胶布，电源开关应有绝

缘闸）。所有电器的金属外壳都应保护并接上地线。发现电源接头、开关、插座或电线绝缘层有损坏的应及时报告，请专人检修更换，切勿乱动，不得使用接触或绝缘不好的设备。

③实验过程中，应先连接好电路后再接通电源。实验结束时，应先切断电源再拆线路。

④修理或安装电器时，必须先切断电源。

⑤不能用试电笔去试高压电，使用高压电源应有专门的防护措施。

⑥实验前应熟悉电源总开关位置，以便发生事故时能及时切断电源。人体触电后，应迅速切断电源，然后进行抢救。无法切断电源时，可以用木棒、木板等快速将触电者挑离电源，救援者最好戴上橡皮手套，不可直接用手去拉触电者，以防连锁触电。

2. 防止引起火灾

在实验过程中，若长期使用超过规定负荷电流的大功率电器，极易引起火灾或其他严重事故。为防止火灾的引起，在实验过程中应注意以下事项：

①使用的保险丝要与实验室允许的用电量相符，电线的安全通电量应大于用电功率。

②室内若有氢气、煤气等易燃易爆气体，应避免产生电火花。电器工作和开关电闸时，易产生电火花，应特别小心。

③电器接触点（如电插头）接触不良时，应及时修理或更换。

④如遇电线起火，应立即切断电源，用沙或二氧化碳、四氯化碳灭火器灭火，禁止用水或泡沫灭火器等导电液体灭火。

3. 防止短路

由于物理化学实验涉及了大量电源、电路及电器的使用，如电路连接不当，则极易发生短路。短路时电源提供的电流大大增加，严重情况下会烧坏电源或仪器设备。因此为防止电源或用电器的短路，在实验过程中应注意线路中各接点应牢固，电路元件两端接头不要互相结触。还应注意电线、电器不应被水淋湿，更不能浸在导电液体中，以防短路。

4. 仪器设备的安全使用

物理化学实验过程中会使用大量的仪器设备，只有正确的选择仪器、使用仪器才能保证实验的顺利进行，减少误差，提高实验结果的可靠性。在仪器设备使用过程中，应注意以下事项：

①在使用电器设备前，应先了解仪器要求使用的电源是交流电还是直流电，是三相电还是单相电，电压大小（380 V、220 V、110 V 或 6 V）、仪器功率是否符合要求。若设备为直流电器，要明确其正、负极。

②要保证仪器的测量量程大于待测量，若待测量大小不明时，应从最大量程开始测量。

③实验开始前要检查线路连接是否正确，经指导教师检查同意后才可以接通电源。

④在仪器设备使用过程中，如听见不正常声响，发现有局部温度过高的现象或嗅到绝缘漆过热产生的焦味，应立即切断电源，停止实验，并及时上报进行检查维修。

二、化学药品的安全使用及防护

在众多化学试剂中，有些易燃、易爆、有毒、有害或有腐蚀性的化学品会对实验人员、实验设备、生态环境等造成损害，这些化学品被称为危险化学品。实验中会使用到各式各样的化学药品，因此要求实验者正确地使用化学药品，增强安全及环境意识，做好危险化学药品的安全使用及防护工作，才能减少污染，保证实验室及实验者的安全。在实验室中，化学药品的安全使用及防护应注意以下几点：

1. 防毒

有毒的化学药品通常可经呼吸道、消化道和皮肤进入体内，进入机体，蓄积达到一定的量后，这些药品会与机体组织发生生物化学或生物物理学反应，干扰或破坏机体的正常生理功能，引起暂时性或永久性的病理状态，甚至危及生命。在化学实验过程中必须要注意有毒物质的防护，注意事项如下：

①在开始实验前，应做好预习工作，充分了解所用药品的毒性及相应的防护措施。

②操作有毒气体（如 H_2S、Cl_2、Br_2、NO_2 等）应在通风橱内进行。如条件允许可增加有毒气体吸收装置，减少有害气体的排放。

③苯、四氯化碳、乙醚、硝基苯等的蒸气会引起中毒。它们有特殊气味，久嗅会使人嗅觉减弱，所以应在通风良好的情况下使用这些试剂。

④有些药品（如苯、汞、二氯甲烷等有机溶剂）能透过皮肤进入人体，因此在使用这类试剂时应避免与皮肤接触。

⑤氰化物、高汞盐［$HgCl_2$、$Hg(NO_3)_2$ 等］、重金属盐（如镉、铅盐）、三氧化二砷等剧毒药品，应由专人妥善保管，使用时要特别小心。

⑥实验室内禁止喝水、吃东西。饮食用具禁止带入实验室，以防毒物污染。离开实验室时要洗净双手。

2. 防爆

可燃气体、可燃液体蒸气或可燃粉尘与空气混合并达到一定极限浓度时，遇火源或热源就会燃烧或爆炸。表 1-2 为一些气体的爆炸极限。

表 1-2 部分气体与空气相混合的爆炸极限表（20 ℃，1 个大气压下）

气体	爆炸高限（体积%）	爆炸低限（体积%）	气体	爆炸高限（体积%）	爆炸低限（体积%）
氢	74.2	4.0	乙醚	36.5	1.9
一氧化碳	74.2	12.5	乙烯	28.6	2.8
氨	27.0	15.5	乙炔	80.0	2.5
硫化氢	45.5	4.3	醋酸	—	4.1
煤气	32.0	5.3	丙酮	12.8	2.6
水煤气	72.0	7.0	乙酸乙酯	11.4	2.2
乙醇	19.0	3.3	苯	6.8	1.4

使用气体时，应注意如下事项：

①使用可燃性气体时，要确保室内通风良好，要尽可能地防止气体逸出。

②操作大量可燃性气体时，严禁同时使用明火，还要防止电火花及其他撞击火花的产生，尤其应小心电器工作和开关电闸时产生的电火花。

③有些药品，如叠氮类化合物、乙炔银、乙炔铜、高氯酸盐、过氧化物等受震或受热都易引起爆炸，使用时要特别注意。

④强氧化剂和强还原剂直接接触会发生剧烈反应，放出大量热量，在狭小的空间会发生爆炸，因此严禁直接将强氧化剂和强还原剂放在一起。

⑤乙醚在空气中会慢慢氧化成过氧化物，过氧化物不稳定，加热易爆炸。因此久藏的乙醚在使用前应除去其中可能产生的过氧化物。

⑥进行容易引起爆炸的实验时，应有防爆措施。

3. 防火

易燃化学药品有易燃液体、易燃固体、自燃药品和遇湿易燃品等，它们均具有引发火灾的危险性。一旦发生由易燃化学药品引发的火灾，往往扑救困难，危害大、损失大、影响大。因此，在实验过程中要注意易燃化学药品的使用，要提前掌握灾害的防护及处理措施。具体注意事项如下：

①大量使用易燃有机溶剂，如乙醚、丙酮、乙醇、苯等时，室内不能有明火、电火花或静电放电等。由于这类药品极易燃烧，因此实验室内不可存放过多的此类药品，用后还要及时回收处理，不可直接倒入下水道，以免聚集引起火灾。

②有些固体物质如磷、金属钠、钾、电石及金属氢化物等，在空气中易氧化自燃。还有一些金属如铁、锌、铝等粉末，比表面大也易在空气中氧化自燃，这些物质要隔绝空气保存，使用时要特别小心。

③实验室如果着火不要惊慌，应根据情况进行灭火，常用的灭火剂有水、沙、二氧化碳灭火器、四氯化碳灭火器、泡沫灭火器和干粉灭火器等。但在选择灭火剂时要根据具体的起火原因选择使用，尤其是下面几种情况不能用水灭火：金属钠、钾、镁、铝粉、电石、过氧化钠着火，要用干沙灭火；比水轻的易燃液体，如汽油、笨、丙酮等着火，要用泡沫灭火器；有灼烧的金属或熔融物的地方着火时，要用干沙或干粉灭火器；电器设备或带电系统着火，要用二氧化碳灭火器或四氯化碳灭火器。

4. 防灼伤

强酸、强碱、强氧化剂、溴、磷、钠、钾、苯酚、冰醋酸等有腐蚀性的药品若直接接触皮肤会造成一定程度的灼伤，损坏人体细胞，严重时会造成人体组织的坏死，因此，在使用这些药品时要特别小心，若发生皮肤灼伤立即用大量水冲洗，若溅入眼内发生眼睛灼伤，不要揉搓眼睛，应立即用大量水冲洗，如果情况严重则应立即送往医院。液氧、液氮等低温也会严重冻伤皮肤，使用时也要小心，万一发生冻伤应及时治疗。

三、高压容器的使用及安全防护

物理化学实验中使用较多的高压容器为高压气体钢瓶和一般受压玻璃仪器。由于高压容器的内压很大，在使用中仍处于受压状态，而且存储的有些气体易燃或有毒，因此在使用高压容器前应对其构造及使用方法有所了解，并在使用时注意安全。

(一)高压气体钢瓶的使用及安全防护

高压气体钢瓶是储存压缩气体的特制并且耐压的钢瓶，钢瓶一般由无缝碳素钢或合金钢制成，常用于盛装工作压力在 150 kg/cm^3 以下的气体。使用时，通过减压阀(气压表)

有控制地放出气体。按照我国有关规定，根据存储气体的差异，不同的高压气瓶会具有不同的颜色和标记。在使用时应严格按照瓶身颜色、标记颜色、字样等区分并选用。我国气体钢瓶常用的标记见表1-3。

表1-3 气体钢瓶瓶身颜色及标记颜色表

气体类别	瓶身颜色	标记颜色	字样
氮气瓶	黑	黄	氮
氧气瓶	天蓝	黑	氧
氢气瓶	深蓝	红	氢
压缩空气瓶	黑	白	压缩空气
二氧化碳气瓶	黑	黄	二氧化碳
氦气瓶	棕	白	氦
液氨瓶	黄	黑	氨
氯气瓶	草绿	白	氯
乙炔气瓶	白	红	乙炔
氟氯烷瓶	铝白	黑	氟氯烷
石油气瓶	灰	红	石油气
粗氩气瓶	黑	白	粗氩
纯氩气瓶	灰	绿	纯氩

1. 高压气体钢瓶的使用流程

①在钢瓶上装上配套的减压阀，检查减压阀是否关紧，检查方法是逆时针旋转调压手柄至螺杆松动为止。以氧气瓶气体减压阀为例，其构造如图1-1所示。

②逆时针慢慢打开钢瓶总阀门，此时总压力表(即高压表)显示出瓶内贮气总压力。

③慢慢地顺时针转动减压阀的调压手柄，至分压力表(即低压表)显示出实验所需压力为止。

④停止使用时，先顺时针关闭总阀门，待减压阀中余气逸尽后，再逆时针关闭减压阀。

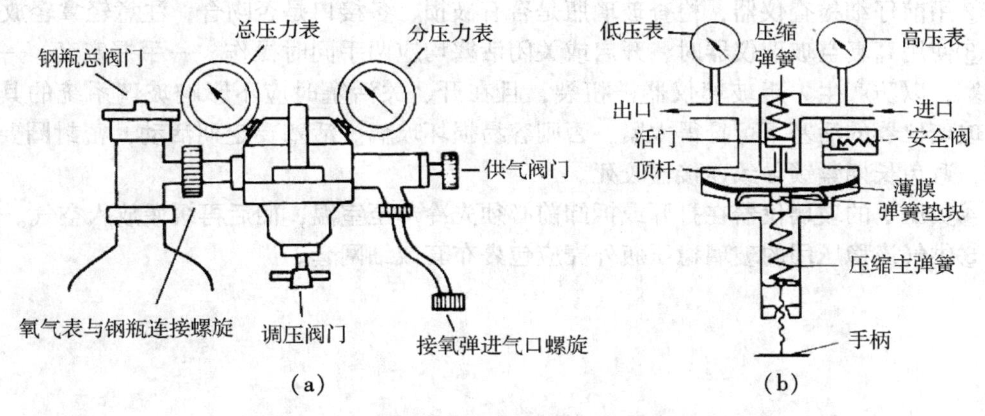

图1-1 氧气瓶气体减压阀的构造原理

2. 高压气体钢瓶使用的注意事项

①钢瓶应存放在阴凉、干燥、远离热源(如有阳光、暖气、炉火等)，并多点固定或另设铁架台加以固定确保安全。

②可燃性气瓶应与氧气瓶分开存放，例如，严禁将氢气瓶与氧气瓶放在同一屋内使用。

③搬运钢瓶时要旋上钢瓶帽及橡皮圈。要轻拿轻放，不可在地上滚动，避免撞击和突然摔倒。

④使用时要装减压阀和压力表。可燃性气瓶(如氢气、乙炔)气门螺丝为反丝，不燃性或助燃性气瓶(如氮气、氧气)为正丝。各种减压阀绝不可混用。

⑤应用标准工具或用手开关减压阀，先试有无漏气，如漏气则先关闭阀门，取下调节器，搬离钢瓶，挂上警告标志，通知厂商处理。

⑥不能让油脂沾染钢瓶尤其是其瓶嘴和减压阀。在开启钢瓶时还应特别注意手上、工具上不能有油脂，扳手上的油应用酒精洗去，待干后再使用，以防燃烧和爆炸。

⑦开、关总阀门时，操作人员不能将头或身体正对总阀门，应避开瓶口方向，站在侧面，防止阀门或压力表冲出伤人，在操作时要缓慢操作。

⑧钢瓶内气体不能完全用尽，应保持在 0.05 MPa 表压以上的残留压力，以防重新灌气时发生危险。

⑨气瓶每三年应检查一次，装腐蚀性气体的钢瓶每两年检查一次，合格钢瓶才能充气使用。

⑩氢气瓶应放在远离实验室的专用室内。如需使用，可到专用室内取用或用紫铜管或不锈钢管引入实验室，并安装防止回火的装置。

(二)受压玻璃仪器的使用及安全防护

物理化学实验中常用的受压玻璃仪器有高压或真空玻璃仪器、装水银的容器、压力计、各种保温容器等，由于这些仪器的材质较为特殊，且具有严格的使用条件，若使用不当易发生爆炸，因此这类容器在使用时一定要按照要求，小心使用。在使用时应注意以下事项：

①受压玻璃仪器的器壁必须足够坚固，不能用薄壁材料的容器来替换。

②用前仔细检查仪器，检查玻璃瓶是否有破损，各接口是否吻合，注意轻拿轻放。

③使用高真空玻璃仪器时，开启或关闭活塞均应两手同时操作，一手握塞套，一手旋转活塞，以防产生力矩玻璃仪器被扭裂，且在开、关活塞时应不影响玻璃系统的其他部分。玻璃仪器的活塞不可拧得太紧，否则容易损坏玻璃。活塞要定期活动，密封圈要定期清洁，避免长期紧锁导致连接器咬死。

④负压下的玻璃仪器在打开或拆卸前必须先冷却至室温，而后再缓慢放入空气。

⑤供气流稳压用的玻璃稳压瓶外壳应包裹布套或细网套。

第二章　热力学实验

实验一　凝固点降低法测定物质的相对分子质量

一、实验目的

1. 测定环己烷的凝固点降低值，计算萘的相对分子质量。

2. 掌握溶液凝固点的测量技术，加深对稀溶液依数性质的理解。

3. 掌握冰点降低测定管、数字温差仪的使用方法，实验数据的作图处理方法。

二、实验原理

1. 凝固点降低法测相对分子质量的原理

化合物的相对分子质量是一个重要的物理化学参数。用凝固点降低法测定物质的相对分子质量是一种简单而又比较准确的方法。稀溶液有依数性，凝固点降低是依数性的一种表现。稀溶液的凝固点降低(对析出物是纯溶剂的体系)与溶液中物质的摩尔分数的关系式为：

$$\Delta T_f = T_f^* - T_f = K_f m_B \tag{2-1}$$

式中，ΔT_f 为溶液凝固点降低值；T_f^* 为纯溶剂的凝固点，K；T_f 为溶液的凝固点，K；m_B 为溶液中溶质 B 的质量摩尔浓度，$mol \cdot kg^{-1}$；K_f 为溶剂的质量摩尔凝固点降低常数，$K \cdot kg \cdot mol^{-1}$，其数值仅与溶剂的性质有关。

已知某溶剂的凝固点降低常数 K_f，并测得溶液的凝固点降低值 ΔT_f，若称取一定量的溶质 W_B(g)和溶剂 W_A(g)，配成稀溶液，则此溶液的质量摩尔浓度 m_B 为：

$$m_B = \frac{W_B}{M_B W_A} \times 10^3 \tag{2-2}$$

将式(2-2)代入式(2-1)，则：

$$M_B = \frac{K_f W_B}{\Delta T_f W_A} \times 10^3 g/mol \tag{2-3}$$

因此，只要称取一定量的溶质 W_B 和溶剂 W_A 配成一稀溶液，分别测纯溶剂和稀溶液的凝固点，求得 ΔT_f，再查得溶剂的凝固点降低常数，代入式(2-3)，即可求得溶质的摩尔质量 M_B。表 2-1 列出了几种常用溶剂的凝固点降低常数值。

上式一般只适用于强电解质稀溶液，当溶质在溶液里有解离、缔合、溶剂化或形成配合物等情况时，不适用上式计算。

表 2-1 几种常用溶剂的凝固点降低常数值

溶剂	水	醋酸	苯	环已烷	环已醇	萘	三溴甲烷
T_f^* /K	273.15	289.75	278.65	279.65	297.05	383.5	280.95
K_f/(K · kg · mol^{-1})	1.86	3.90	5.12	20	39.3	6.9	14.4

2. 凝固点测量原理

纯溶剂的凝固点是其液相和固相共存时的平衡温度。若将纯溶剂缓慢冷却，理论上得到其步冷曲线，如图 2-1 中的曲线 *A*，但实际的过程往往会发生过冷现象，液体的温度会下降到凝固点以下，待固体析出后会慢慢放出凝固热使体系的温度回到平衡温度，待液体全部凝固之后，温度逐渐下降，如图 2-1 中的曲线 *B*，平行于横坐标的 *CD* 线所对应的温度值即为纯溶剂的凝固点 T_f^*。

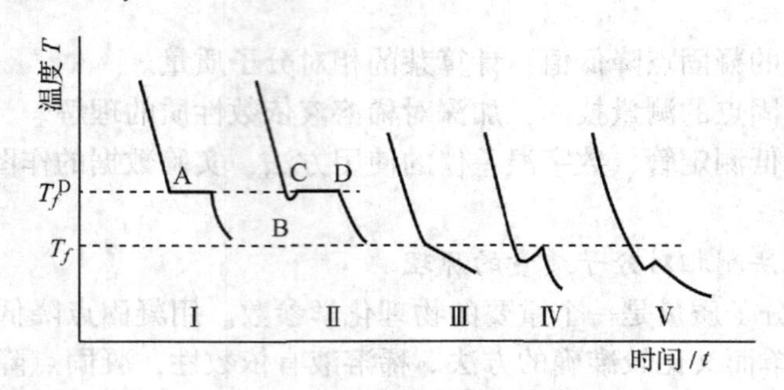

图 2-1 纯溶剂和溶液的步冷曲线

溶液的凝固点是该溶液的液相与纯溶剂的固相平衡共存的温度。溶液的凝固点很难精确测量，当溶液逐渐冷却时，其步冷曲线与纯溶剂不同，如图 2-1 中曲线Ⅲ和Ⅳ。由于有部分溶剂凝固析出，使剩余溶液的浓度增大，因而剩余溶液与溶剂固相的平衡温度也在下降，如图 2-1 中曲线Ⅲ，其冷却曲线不会出现“平阶”，而是出现一转折点，该点所对应的温度即为凝固点。当出现过冷时，出现图 2-1 中曲线Ⅳ，此时可以将温度回升的最高值近似的作为溶液的凝固点。

3. 测量过程中过冷的影响

在测量过程中，析出的固体越少越好，以减少溶液浓度的变化，才能准确测定溶液的凝固点。若过冷太甚，溶剂凝固越多，溶液的浓度变化太大，就会出现图 2-1 中的曲线Ⅴ，使测量值偏低。在测量过程中可通过加速搅拌控制过冷温度，加入晶种等控制过冷现象，同时需要按照图 2-1 中曲线Ⅴ所示的方法校正。

三、仪器与试剂

1. 仪器

SWC-LG 凝固点测定仪、分析天平、数字贝克曼温度计、精密温度计、普通温度计(量程 0~50 ℃)、20 mL 移液管、50 mL 烧杯、吸耳球。

2. 试剂

萘(AR)、环已烷(AR)、碎冰。

四、实验步骤

(1)接好 SWC-LG 凝固点测定仪传感器(图 2-2)，插入电源。

(2)打开电源开关，温度显示为实时温度，温差显示为以 20 ℃为基准的差值(但在 10 ℃以下显示的是实际温度)。

(3)将传感器插入水浴槽，调节寒剂温度低于测定溶液凝固点的 2~3 ℃，此实验寒剂温度为 3.5~4.5 ℃，然后将空气套管插入槽中。

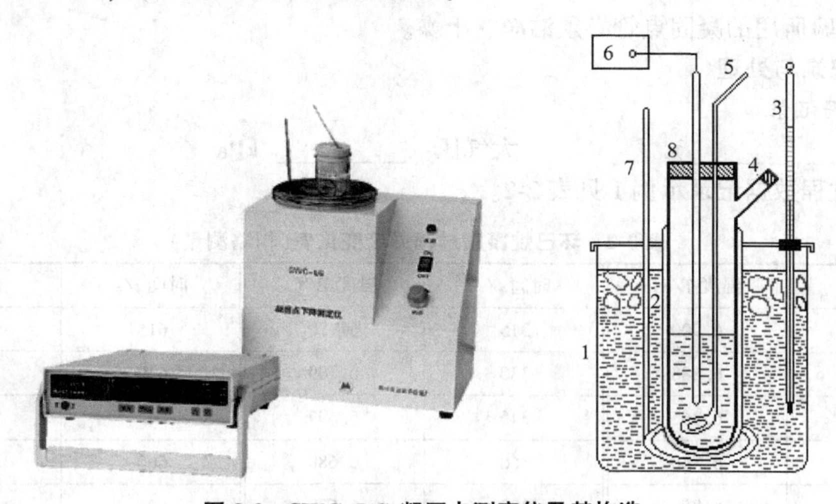

图 2-2 SWC-LG 凝固点测定仪及其构造

1. 大玻璃筒；2. 玻璃套管；3. 普通温度计；4. 样品加入口；5、7. 搅拌器；6. 温差测量仪；8. 测定管

(4)用 20 mL 移液管准确移取 20.00 mL 环已烷加入凝固点测定试管中，橡胶塞塞紧，插入传感器。

(5)将凝固点试管直接插入寒剂槽中，观察温差，直至温度显示稳定不变，此时温度即为环已烷的初测凝固点。

(6)取出凝固点测定试管，用掌心加热使环已烷熔化，再次插入寒剂槽中，缓慢搅拌，当温度降低到高于初测凝固点的 0.5 ℃时，迅速将试管取出、擦干，插入空气套管中，记录温度显示数值，每 15 秒记录 1 次温度。

注意：调节搅拌速率时，刚开始缓慢搅拌，在温度低于初测凝固点时，加速搅拌，待温度上升时，又恢复缓慢搅拌。

(7)重复步骤(6)，平行测定 1 次。

(8)测定溶液凝固点，用分析天平称取 0.1500~0.2000 g (精确至 0.0001 g)纯萘加入凝固点测定试管，待完全溶解后，重复步骤(6)，并平行测定 1 次。

(9)实验结束，拔掉电源插头。

五、注意事项

(1)在测量过程中，析出的固体越少越好，以减少溶液浓度的变化，才能准确测定溶液的凝固点。若过冷太甚，溶剂凝固太多，溶液的浓度发生太大变化，会使测量值偏低。在测定过程中可通过加速搅拌、控制过冷温度、加入晶种等控制过冷程度。

(2)搅拌速率的控制和温度温差仪的粗细调的固定是做好本实验的关键，每次测定应按要求的速率搅拌，并且测溶剂与溶液凝固点时搅拌条件要完全一致。温度温差仪的粗细调一经确定，整个实验过程中不能再变。

(3)纯水过冷度约0.7~1 ℃(视搅拌快慢)，为了减少过冷度，可加入少量晶种，且每次加入晶种大小应尽量一致。

(4)冷却温度对实验结果也有很大影响，过高会导致冷却太慢，过低则测不出正确的凝固点。

(5)实验所用的凝固点管必须洁净、干燥。

六、数据记录与处理

1. 数据记录

室温：＿＿＿＿＿℃　　　　大气压：＿＿＿＿＿ kPa

实验过程数据记录示例1见表2-2。

表2-2　环己烷凝固过程温度变化表(粗略测量)

时间 t/s	温度 T/℃	时间 t/s	温度 T/℃	时间 t/s	温度 T/℃
15	6. 900	315	6. 720	615	6. 541
30	6. 888	330	6. 709	630	6. 522
45	6. 865	345	6. 699	645	6. 504
60	6. 860	360	6. 688	660	6. 485
75	6. 854	375	6. 679	675	6. 475
90	6. 846	390	6. 669	690	6. 462
105	6. 839	405	6. 660	705	6. 442
120	6. 831	420	6. 649	720	6. 420
135	6. 822	435	6. 645	735	6. 398
150	6. 814	450	6. 637	750	6. 381
165	6. 807	465	6. 627	765	6. 375
180	6. 801	480	6. 617	780	6. 379
195	6. 794	495	6. 607	795	6. 360
210	6. 785	510	6. 596	810	6. 337
225	6. 778	525	6. 583	825	6. 310
240	6. 770	540	6. 586	840	6. 281
255	6. 761	555	6. 578	855	6. 252
270	6. 752	570	6. 563	870	6. 223
285	6. 741	585	6. 551	885	6. 193
300	6. 730	600	6. 553		

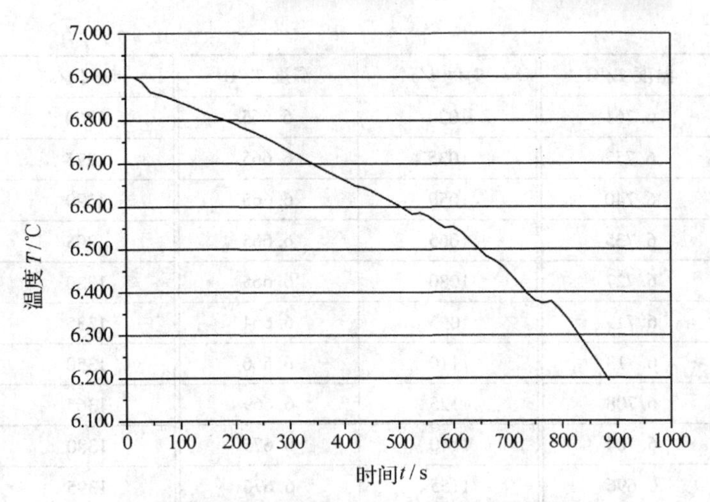

图 2-3 环己烷凝固过程温度变化曲线(粗略测量)

由图 2-3 可以看到，在温度为 6.583 ℃、6.551 ℃、6.375 ℃处温度都出现了平台，而事实上只有一个平台，所以这组数据不能使用。分析出现多个平台的原因有：①仪器读数有误差(这个影响比较小，属于系统误差)；②放热与散热达到平衡，而本实验没有对环己烷纯溶剂进行搅拌，所以比较容易出现平台。

数据记录示例 2 见表 2-3。

表 2-3 环己烷凝固过程温度变化表(精确测量 1)

时间 t/s	温度 T/℃	时间 t/s	温度 T/℃	时间 t/s	温度 T/℃
15	7.393	270	6.846	525	6.784
30	7.315	285	6.841	540	6.781
45	7.252	300	6.833	555	6.782
60	7.194	315	6.823	570	6.778
75	7.146	330	6.819	585	6.776
90	7.101	345	6.813	600	6.775
105	7.064	360	6.807	615	6.777
120	7.033	375	6.802	630	6.775
135	7.003	390	6.801	645	6.771
150	6.976	405	6.797	660	6.770
165	6.952	420	6.792	675	6.772
180	6.934	435	6.792	690	6.770
195	6.916	450	6.792	705	6.766
210	6.898	465	6.791	720	6.768
225	6.884	480	6.786	735	6.765
240	6.871	495	6.785	750	6.761
255	6.857	510	6.785	765	6.760

（续）

时间 t/s	温度 T/℃	时间 t/s	温度 T/℃	时间 t/s	温度 T/℃
780	6.761	1020	6.665	1260	6.667
795	6.752	1035	6.665	1275	6.662
810	6.740	1050	6.665	1290	6.657
825	6.735	1065	6.665	1305	6.659
840	6.727	1080	6.665	1320	6.654
855	6.719	1095	6.664	1335	6.650
870	6.713	1110	6.666	1350	6.647
885	6.708	1125	6.669	1365	6.646
900	6.704	1140	6.675	1380	6.641
915	6.696	1155	6.676	1395	6.636
930	6.694	1170	6.674	1410	6.636
945	6.689	1185	6.674	1425	6.632
960	6.683	1200	6.674	1440	6.627
975	6.679	1215	6.672	1455	6.624
990	6.679	1230	6.668	1470	6.623
1005	6.671	1245	6.666	1485	6.620

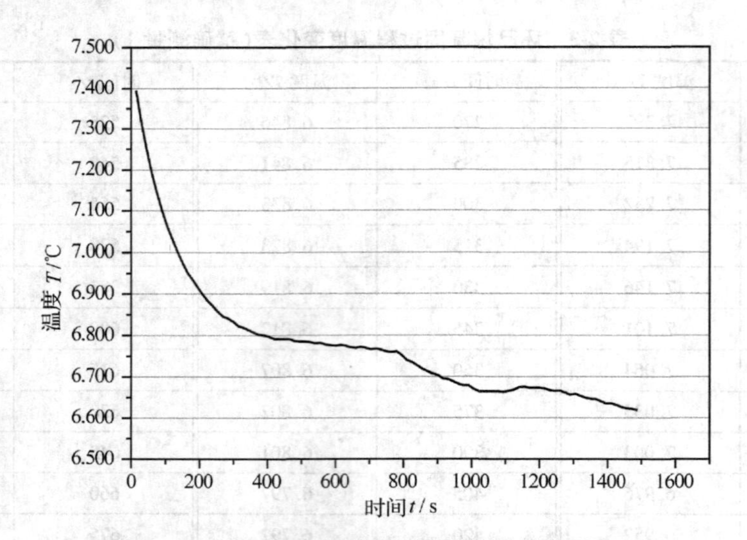

图 2-4 环己烷凝固过程温度变化曲线（精确测量 1）

由图 2-4 可以看到，该曲线比较符合理想情况，有存在一个比较持久的凝固平台，跟粗测相比，精确测量 1 的读数不会有很大幅度的变化。读出平台的温度为 6.676 ℃。

数据记录示例 3 见表 2-4。

表 2-4　环己烷凝固过程温度变化表(精确测量 2)

时间 t/s	温度 T/℃	时间 t/s	温度 T/℃	时间 t/s	温度 T/℃
15	7.076	450	6.827	885	6.703
30	7.058	465	6.820	900	6.695
45	7.040	480	6.816	915	6.691
60	7.025	495	6.813	930	6.684
75	7.015	510	6.810	945	6.676
90	7.003	525	6.802	960	6.668
105	6.989	540	6.796	975	6.664
120	6.982	555	6.792	990	6.657
135	6.973	570	6.788	1005	6.650
150	6.963	585	6.781	1020	6.644
165	6.956	600	6.781	1035	6.640
180	6.951	615	6.780	1050	6.631
195	6.943	630	6.775	1065	6.622
210	6.934	645	6.772	1080	6.618
225	6.929	660	6.772	1095	6.609
240	6.922	675	6.768	1110	6.597
255	6.913	690	6.762	1125	6.589
270	6.908	705	6.761	1140	6.582
285	6.904	720	6.755	1155	6.572
300	6.897	735	6.750	1170	6.558
315	6.888	750	6.747	1185	6.551
330	6.881	765	6.743	1200	6.541
345	6.873	780	6.736	1215	6.529
360	6.863	795	6.731	1230	6.517
375	6.857	810	6.729	1245	6.507
390	6.853	825	6.724	1260	6.495
405	6.846	840	6.718	1275	6.479
420	6.838	855	6.713	1290	6.470
435	6.834	870	6.710		

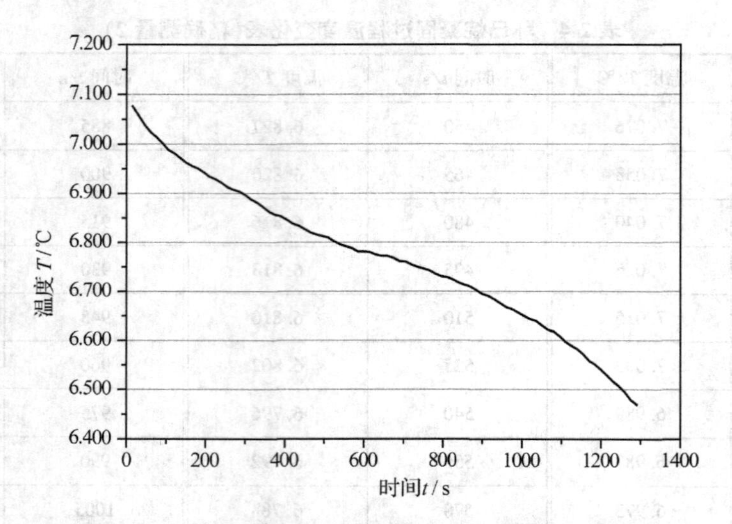

图 2-5 环己烷凝固过程温度变化曲线(精确测量 2)

由图 2-5 可以看到，温度随时间不断下降，没有出现平台，所以这一组的数据也是不符合实际情况的。原因分析如下：实验中寒剂温度控制不好，最大的可能就是寒剂温度过低，造成冷凝的速率很快，而即使冷凝快，放热多，但与寒剂温度相比，还不能够使环己烷温度有上升，所以出现温度不断下降，而不出现平台的情况。

综合上述示例数据 1、2、3 以及分析，得出环己烷纯溶剂的实验凝固点温度为：6. 676 ℃。

数据记录示例 4 见表 2-5，萘的质量为 0. 1790 g。

表 2-5 萘的环己烷稀溶液凝固过程温度变化表(粗略测量)

时间 t/s	温度 T/℃	时间 t/s	温度 T/℃	时间 t/s	温度 T/℃
15	5. 070	225	4. 904	435	4. 667
30	5. 052	240	4. 892	450	4. 645
45	5. 036	255	4. 878	465	4. 621
60	5. 021	270	4. 864	480	4. 599
75	5. 008	285	4. 853	495	4. 576
90	4. 991	300	4. 837	510	4. 551
105	4. 976	315	4. 819	525	4. 523
120	4. 966	330	4. 804	540	4. 500
135	4. 956	345	4. 786	555	4. 473
150	4. 947	360	4. 766	570	4. 445
165	4. 938	375	4. 748	585	4. 417
180	4. 932	390	4. 729	600	4. 391
195	4. 924	405	4. 709	615	4. 362
210	4. 912	420	4. 686	630	4. 331

（续）

时间 t/s	温度 T/℃	时间 t/s	温度 T/℃	时间 t/s	温度 T/℃
645	4.304	765	4.053	885	3.785
660	4.280	780	4.020	900	3.749
675	4.252	795	3.987	915	3.715
690	4.219	810	3.956	930	3.679
705	4.187	825	3.925	945	3.641
720	4.152	840	3.894	960	3.611
735	4.117	855	3.856	975	3.571
750	4.085	870	3.820		

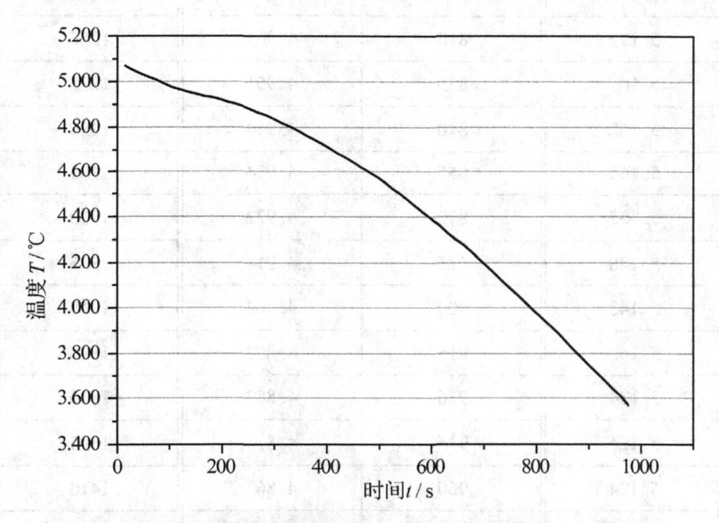

图 2-6　萘的环己烷稀溶液凝固过程温度变化曲线（粗略测量）

由图 2-6 可以看到，加入了萘的环己烷稀溶液凝固时温度不断下降，而中间也没有出现一个比较明显的温度转折点，斜率基本上都是一样的，所以这个粗测的数据是不符合实际情况。跟示例数据 3 的情况相类似，分析原因是由于寒剂温度过低，而实验中寒剂的温度为 1.5 ℃左右（中途有改变寒剂的温度，起初为 2.5 ℃）。

数据记录示例 5 见表 2-6，萘的质量为 0.1790 g。

表 2-6　萘的环己烷稀溶液凝固过程温度变化表（精确测量 1）

时间 t/s	温度 T/℃	时间 t/s	温度 T/℃	时间 t/s	温度 T/℃
15	5.293	90	5.207	165	5.200
30	5.262	105	5.203	180	5.201
45	5.236	120	5.200	195	5.202
60	5.219	135	5.201	210	5.200
75	5.209	150	5.203	225	5.197

（续）

时间 t/s	温度 T/℃	时间 t/s	温度 T/℃	时间 t/s	温度 T/℃
240	5.194	690	5.035	1140	4.733
255	5.195	705	5.024	1155	4.723
270	5.192	720	5.016	1170	4.713
285	5.187	735	5.010	1185	4.700
300	5.187	750	5.000	1200	4.690
315	5.183	765	4.988	1215	4.677
330	5.178	780	4.982	1230	4.665
345	5.174	795	4.972	1245	4.654
360	5.172	810	4.961	1260	4.645
375	5.167	825	4.951	1275	4.635
390	5.162	840	4.944	1290	4.621
405	5.160	855	4.934	1305	4.610
420	5.155	870	4.922	1320	4.600
435	5.148	885	4.914	1335	4.588
450	5.143	900	4.904	1350	4.575
465	5.140	915	4.892	1365	4.565
480	5.134	930	4.882	1380	4.553
495	5.126	945	4.874	1395	4.540
510	5.124	960	4.863	1410	4.529
525	5.117	975	4.851	1425	4.519
540	5.108	990	4.843	1440	4.506
555	5.102	1005	4.832	1455	4.493
570	5.097	1020	4.819	1470	4.484
585	5.089	1035	4.809	1485	4.471
600	5.081	1050	4.800	1500	4.458
615	5.076	1065	4.789	1515	4.447
630	5.068	1080	4.777	1530	4.437
645	5.058	1095	4.768	1545	4.425
660	5.050	1110	4.757		
675	5.044	1125	4.744		

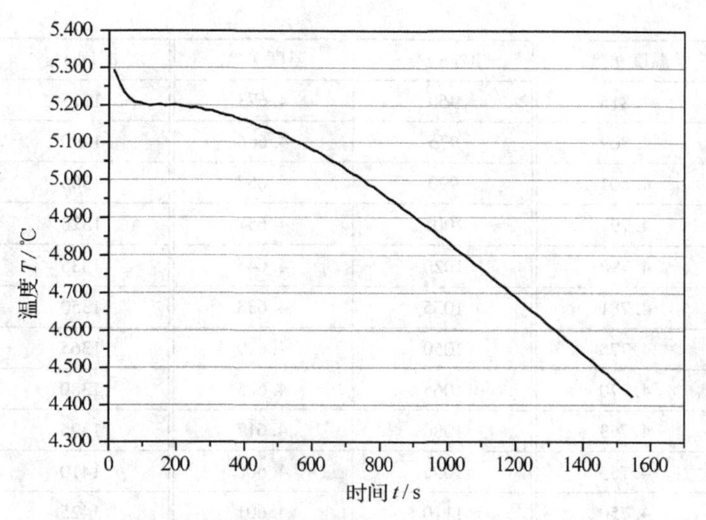

图 2-7　萘的环己烷稀溶液凝固过程温度变化曲线(精确测量 1)

由图 2-7 可以看到，在温度为 5. 203 ℃左右出现了一个平台，可是稀溶液是不会出现平台的，很明显地，这一组的数据也失去可靠性，存在较大的误差。分析的原因是：①跟示例数据 4 一样，调节寒剂温度过低，所以下降的时候没有一个明显的转折点；②出现平台是在开始实验几分钟的时候，平台可能是因为凝固点试管还没有跟寒剂之间有很好的传热效果，所以温度变化不大；③平台附近有可能是凝固点，虽然不符合实际情况，但是明显在斜率方面存在转折性：大→小→大。

数据记录示例 5 见表 2-7，萘的质量为 0. 1790 g。

表 2-7　萘的环己烷稀溶液凝固过程温度变化表(精确测量 2)

时间 t/s	温度 T/℃	时间 t/s	温度 T/℃	时间 t/s	温度 T/℃
15	5. 253	225	5. 051	435	4. 909
30	5. 250	240	5. 034	450	4. 909
45	5. 244	255	5. 021	465	4. 892
60	5. 235	270	5. 012	480	4. 886
75	5. 221	285	4. 999	495	4. 879
90	5. 203	300	4. 986	510	4. 870
105	5. 187	315	4. 975	525	4. 863
120	5. 168	330	4. 970	540	4. 860
135	5. 148	345	4. 959	555	4. 852
150	5. 129	360	4. 948	570	4. 844
165	5. 114	375	4. 941	585	4. 840
180	5. 096	390	4. 932	600	4. 832
195	5. 078	405	4. 922	615	4. 825
210	5. 063	420	4. 914	630	4. 820

（续）

时间 t/s	温度 T/℃	时间 t/s	温度 T/℃	时间 t/s	温度 T/℃
645	4.815	960	4.673	1275	4.526
660	4.809	975	4.666	1290	4.519
675	4.801	990	4.657	1305	4.510
690	4.797	1005	4.651	1320	4.503
705	4.790	1020	4.645	1335	4.498
720	4.781	1035	4.638	1350	4.491
735	4.775	1050	4.629	1365	4.483
750	4.770	1065	4.625	1380	4.478
765	4.763	1080	4.617	1395	4.471
780	4.755	1095	4.608	1410	4.463
795	4.750	1110	4.601	1425	4.456
810	4.743	1125	4.596	1440	4.452
825	4.734	1140	4.588	1455	4.445
840	4.727	1155	4.580	1470	4.437
855	4.723	1170	4.575	1485	4.434
870	4.715	1185	4.568	1500	4.427
885	4.707	1200	4.558	1515	4.419
900	4.702	1215	4.551	1530	4.409
915	4.694	1230	4.547	1545	4.409
930	4.685	1245	4.540	1560	4.403
945	4.679	1260	4.531	1575	4.396

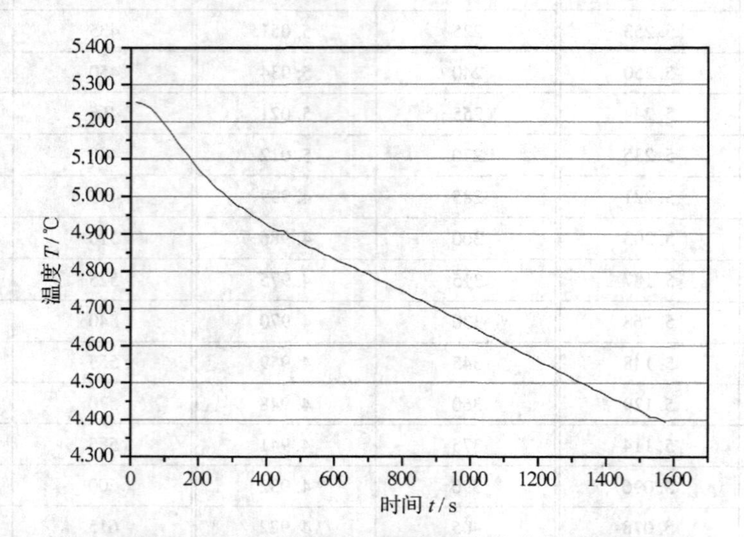

图 2-8 萘的环己烷稀溶液凝固过程温度变化曲线(精确测量 2)

由图 2-8 可以看到，温度在 4.909 ℃处出现一个转折点，斜率发生变化，虽然变化幅度不大，总体上比之前粗测和精测 1 的示例数据要准确一些，所以这个数据还是可以保留的，读出转折点的温度为 4.909 ℃。

综合上述示例数据 4、5、6 分析，得出萘的环己烷稀溶液的实验凝固点温度为 4.909 ℃。

2. 示例数据分析

理论参考数据：环己烷的凝固点降低常数值 $K_f = 20.0\ \mathrm{K \cdot kg \cdot mol^{-1}}$，环己烷纯溶剂的密度为 $0.797\ \mathrm{g \cdot cm^{-3}}$，理论萘的相对分子质量为 $128.18\ \mathrm{g \cdot mol^{-1}}$。

实际测定中：环己烷的体积为 20.00 mL，萘的质量为 0.1790 g，环己烷纯溶剂的实验凝固点温度为 6.676 ℃，萘的环己烷稀溶液的实验凝固点温度为 4.909 ℃，故

$$\Delta T_f = 1.767\ ℃ 或 1.767\ \mathrm{K}$$

因此，实际测得的萘的相对分子质量为：

$$\begin{aligned} M_B &= \frac{K_f W_B}{\Delta T_f W_A} \\ &= \frac{20.0\ \mathrm{K} \cdot \frac{\mathrm{kg}}{\mathrm{mol}} \times 0.1790\ \mathrm{g}}{1.767\ \mathrm{K} \times 20\ \mathrm{cm^3} \times \frac{0.797\ \mathrm{g}}{\mathrm{cm^3}}} \\ &= 127.10\ \mathrm{g \cdot mol^{-1}} \end{aligned}$$

计算相对误差 $\sigma_{相对}$，即

$$\sigma_{相对} = \frac{(128.18 - 127.10)\ \mathrm{g \cdot mol^{-1}}}{128.18\ \mathrm{g \cdot mol^{-1}}} = 0.84\%$$

七、思考与讨论

1. 为什么要先测近似凝固点？
2. 根据什么原则考虑溶质的用量？太多或太少对测量结果有何影响？
3. 测凝固点时，纯溶剂温度回升后有一恒定阶段，而溶液则没有，为什么？
4. 溶液浓度太稀或太浓对实验结果有什么影响？为什么？
5. 当溶质在溶液中有离解、缔合溶剂化或生成配合物等情况时，对其摩尔质量的测定值有何影响？
6. 用凝固点降低法测定摩尔质量，选择溶剂时应考虑哪些因素？

实验二　液体饱和蒸气压的测定

一、实验目的

1. 明确纯液体饱和蒸气压的定义和气液两相平衡的概念，深入了解纯液体饱和蒸气压与温度的关系公式——克劳修斯—克拉贝龙方程式。
2. 用数字式真空计测量不同温度下环己烷的饱和蒸气压，初步掌握真空实验技术。
3. 学会用图解法求被测液体在实验温度范围内的平均摩尔气化热与正常沸点。

二、实验原理

通常温度下(距离临界温度较远时)，纯液体与其蒸气达平衡时的蒸气压称为该温度下液体的饱和蒸气压，简称为蒸气压。蒸发 1 mol 液体所吸收的热量称为该温度下液体的摩尔气化热。液体的蒸气压随温度而变化，温度升高时，蒸气压增大，温度降低时，蒸气压降低，这主要与分子的动能有关。当蒸气压等于外界压力时，液体便沸腾，此时的温度称为沸点，外压不同时，液体沸点将相应改变，当外压为 101.32 5 kPa(1 atm)时，液体的沸点称为该液体的正常沸点。

液体的饱和蒸气压与温度的关系用克劳修斯-克拉贝龙方程式表示为：

$$\frac{\mathrm{d}\ln p}{\mathrm{d}T}=\frac{\Delta_{\mathrm{vap}}H_m}{RT^2} \tag{2-4}$$

式中，R 为摩尔气体常数，其值为 8.314 $\mathrm{J\cdot mol^{-1}\cdot K^{-1}}$；$T$ 为热力学温度；$\Delta_{\mathrm{vap}}H_{\mathrm{m}}$ 为在温度 T 时纯液体的摩尔气化热。假定 $\Delta_{\mathrm{vap}}H_{\mathrm{m}}$ 与温度无关，或因温度范围较小，$\Delta_{\mathrm{vap}}H_{\mathrm{m}}$ 可以近似作为常数，积分式(2-4)，得：

$$\ln p=-\frac{\Delta_{\mathrm{vap}}H_{\mathrm{m}}}{R}\cdot\frac{1}{T}+C \tag{2-5}$$

式中，C 为积分常数。

由式(2-5)可以看出，以 $\ln p$ 对 $1/T$ 作图，应为一直线，直线的斜率为$-\frac{\Delta_{\mathrm{vap}}H_m}{R}$，由斜率即可求算液体的$\Delta_{\mathrm{vap}}H_m$。

静态法测定液体饱和蒸气压，是指在某一温度下，直接测量饱和蒸气压，此法一般适用于蒸气压比较大的液体。静态法测量不同温度下纯液体饱和蒸气压，有升温法和降温法两种。本次实验采用升温法测定不同温度下纯液体的饱和蒸气压，所用仪器是纯液体饱和蒸气压测定装置，如图 2-9 所示。

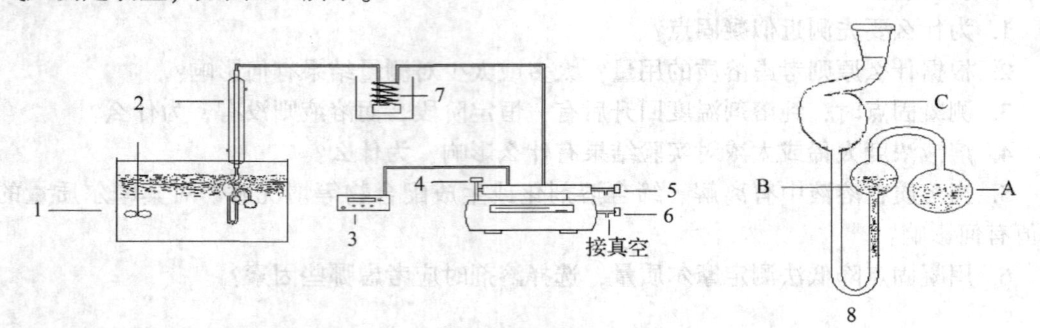

图 2-9 液体饱和蒸气压测定装置

1. 恒温槽；2. 冷凝管；3. 压力计；4. 缓冲瓶平衡阀；5. 平衡阀 2(通大气用)；6. 平衡阀 1(抽真空用)；7. 冷阱；8. 平衡管

平衡管由 A 球和 U 形管 B、C 组成。平衡管上接一冷凝管，以橡皮管与压力计相连。A 内装待测液体，当 A 球的液面上纯粹是待测液体的蒸气，而 B 管与 C 管的液面处于同一水平时，则表示 B 管液面上的(即 A 球液面上的蒸气压)与加在 C 管液面上的外压相等。此时，体系气液两相平衡的温度称为液体在此外压下的沸点。

三、仪器与试剂

1. 仪器

DP-A 精密数字压力计、SYP-Ⅲ玻璃恒温水浴、液体饱和蒸气压测定装置、旋片式真空泵。

2. 试剂

环己烷(AR)。

四、实验步骤

(1)开通小流量的冷却水，开通 DP-A 精密数字压力计的电源，预热。认识系统中各旋塞的作用，开启进气旋塞(逆时针旋转“平衡阀 2”)使系统与大气相通，读取大气压力 P_0，以后每半小时读一次。

(2)按动 DP-A 精密数字压力计的“采零”按键，使读数为 0。进行系统检漏，具体操作为：开启真空泵，2 min 后开启抽气旋塞(逆时针旋转“平衡阀门 1”)，关闭进气旋塞(平衡阀门 2)，使系统减压至压力计读数约为-85 kPa，关闭抽气旋塞(平衡阀门 1)。系统若在 5 min 之内压力计读数基本不变，则说明系统不漏气。

(3)打开 SYP-Ⅲ玻璃恒温水浴“加热器”开关，置于“强加热”“慢搅拌”，同时接通数字控温仪的电源，显示屏的右下部得“置数”红灯亮，按动×10 和×1 按钮，使“设定温度”至 40.00 ℃，按动“工作/置数”使水浴升温。

(4)水浴温度升至 40.00 ℃后，加热方式改为“弱”，稳定 5 min。缓慢旋转进气旋塞(平衡阀门 2)，使平衡管中二液面等高，读取 DP-A 精密数字压力计和水浴的温度，记录数据。

(5)分别测定 45 ℃、50 ℃、53 ℃、56 ℃、58 ℃、60 ℃、62 ℃和 64 ℃时液体的饱和蒸气压。

(6)实验完毕，断开电源、水源。

五、注意事项

(1)减压系统不能漏气，否则抽气时达不到本实验要求的真空度。

(2)抽气速率要合适，必须防止平衡管内液体沸腾过剧，致使 B 管内液体快速蒸发。

(3)实验过程中，必须充分排除净 AB 弯管空间中全部空气，使 B 管液面上空只含液体的蒸气分子。

(4)AB 管必须放置于恒温水浴中的水面以下，否则其温度与水浴温度不同。

(5)测定中，打开进空气活塞时，切不可太快，以免空气倒灌入 AB 弯管的空间中。如果发生倒灌，则必须重新排除空气。

六、数据记录与处理

1. 数据记录

(1)室温及大气压记录与处理

示例数据记录见表 2-8。

(2)实验过程数据记录与处理

示例数据记录见表 2-9。

表 2-8　实验过程中的室温及大气压记录与处理示例

次数	室温/℃	大气压/kPa	平均大气压/kPa
1	29.9	101.61	101.67
2	30.1	101.65	
3	30.1	101.69	
4	30.1	101.7	
5	30.4	101.73	

表 2-9　实验数据记录与处理示例

序号	水浴温度/℃	压力差/kPa	蒸气压 P/kPa	ln P	1/T * 1000
1	41.98	−73.60	28.1	3.3347	3.173
2	45.02	−70.89	30.8	3.4269	3.142
3	48.02	−67.27	34.4	3.5381	3.113
4	51.01	−63.36	38.3	3.6457	3.084
5	54.01	−59.07	42.6	3.7519	3.056
6	57.02	−54.29	47.4	3.8582	3.028
7	60.02	−49.07	52.6	3.9627	3.001
8	63.01	−43.42	58.3	4.0647	2.974
9	63.19	−43.05	58.6	4.0711	2.973

2. 示例数据分析

根据记录的实验数据，求出 ln P 和 1/T 的值，以 ln P 对 1/T 作图(图 2-10)，求出直线的斜率，并由斜率算出此温度范围内液体的平均摩尔汽化热及正常沸点。

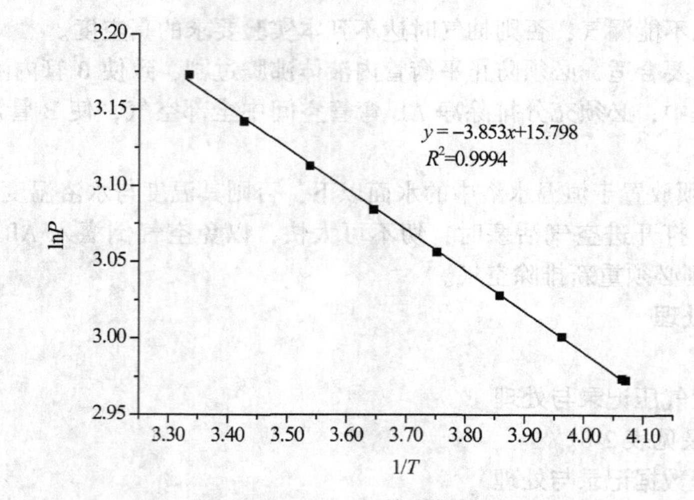

图 2-10　ln$P$−1/T 的函数关系图

数据分析示例：

由 $\ln P-1/T$ 的函数关系图可知，直线斜率为-3.853，截距为15.798，计算出环己烷的平均摩尔汽化热为：

$$\Delta_{\text{vap}}H_m = -(-3.853)\times R$$
$$= 32.92\ \text{kJ}\cdot\text{mol}^{-1}$$

求得正乙烷的正常沸点为：

$$T_b = \Delta_{\text{vap}}H_m/(15.161\times R - R\ln P)$$
$$= 32.92\times 10^3/(15.798\times 8.314 - 8.314\times \ln 101.325) - 273.15$$
$$= 81.02\ ℃$$

已知理论情况下，环己烷的汽化热 $\Delta_{\text{vap}}H_m$ 为 32.76 $\text{kJ}\cdot\text{mol}^{-1}$，正常沸点为 81.02 ℃，因此，计算相对误差分别为：

$$\sigma_{\text{相对}}(\Delta_{\text{vap}}H_m) = -0.49\%$$
$$\sigma_{\text{相对}}(T_b) = 0.17\%$$

本次实验的相对误差很小，主要是进气旋塞控制得好，没有出现回气的情况，特别是在温度较高的时候，还没有达到饱和就沸腾了，这时候应该适当调节进气旋塞，使里面的纯液体平稳地加热。不过实验过程中还存在一些影响因素，主要是读数时的误差，因为在读数的时候需要在一瞬间保证液面相平的同时记录两个数据。另外，恒温水浴装置也有一定的误差，存在灵敏度不高等问题。

七、思考与讨论

1. 等压计 U 形管中的液体起什么作用？冷凝器起什么作用？为什么可用液体本身作 U 形管封液？
2. 开启旋塞放空气入体系内时，放得过多应如何办？实验过程中为什么要防止空气倒灌？
3. 如果升温过程中液体急剧气化，该如何处理？

实验三　燃烧热(焓)的测定

一、实验目的

1. 明确燃烧焓的定义，了解恒压燃烧热与恒容燃烧热的区别。
2. 掌握量热技术的基本原理，学会测定萘的燃烧热。
3. 了解氧弹卡计主要部件的作用，掌握氧弹量热计的实验技术。
4. 学会雷诺图解法校正温度改变值。

二、实验原理

燃烧焓是指 1 mol 物质在等温、等压下与氧进行完全氧化反应时的焓变。燃烧焓是热化学中重要的基本数据，许多有机化合物的标准摩尔生成焓都可通过盖斯定律求得。在非体积功为零的情况下，物质的燃烧焓常以物质的热效应(燃烧热)来表示，即

$$\Delta_C H_m = Q_{P,m} \tag{2-6}$$

因此，测定物质的燃烧焓实际就是测定物质在等温、等压下的燃烧热。在恒容条件下

测得的燃烧热称为恒容燃烧热($Q_{V,m}$)，恒容燃烧热等于这个过程的内能变化。在恒压条件下测得的燃烧热称为恒压燃烧热($Q_{P,m}$)，恒压燃烧热等于这个过程的热焓变化。若把参加反应的气体和反应生成的气体作为理想气体处理，则有关系式如下：

$$\Delta_r H_m = Q_{P,\ m} = Q_{V,\ m} + \Delta nRT \tag{2-7}$$

本实验采用氧弹式量热计测量萘的燃烧热。测量的基本原理是将一定量待测物质样品在氧弹中完全燃烧，燃烧时放出的热量使卡计本身及氧弹周围介质(本实验用水)的温度升高。氧弹是一个特制的不锈钢容器，为了保证萘的完全燃烧，氧弹中应充以高压氧气(或者其他氧化剂)，还必须使燃烧后放出的热量尽可能全部传递给量热计本身和其中盛放的水，而几乎不与周围环境发生热交换。但是，热量的散失仍然无法完全避免，由于环境向量热计辐射进热量会使其温度升高，由于量热计向环境辐射出热量会使量热计的温度降低。因此，燃烧前后温度的变化值不能直接准确测量，必须经过雷诺矫正作图法进行校正，即

放出热(样品 + 点火丝) = 吸收热(水、氧弹、量热计、温度计) (2-8)

测量依据的是能量守恒定律，在盛有一定水的容器中，样品物质的量为 n 摩尔，放入密闭氧弹充氧，使样品完全燃烧，放出的热量传给水及仪器各部件，引起温度上升。设系统(包括内水桶，氧弹本身、测温器件、搅拌器和水)的总热容为 C(通常称为仪器的水当量，即量热计及水每升高 1K 所需吸收的热量)，假设系统与环境之间没有热交换，燃烧前、后的温度分别为 T_1、T_2，则此样品的恒容摩尔燃烧热为：

$$Q_{V,\ m} = \frac{C(T_2 - T_1)}{n} \tag{2-9}$$

式中，$Q_{V,m}$ 为样品的恒容摩尔燃烧热，$J \cdot mol^{-1}$；n 为样品的摩尔数，mol；C 为仪器的总热容，$J \cdot K^{-1}$ 或 $J \cdot ℃^{-1}$。式(2-7)是最理想、最简单的情况。但是，由于①氧弹量热计不可能完全绝热，热漏在所难免，因此燃烧前后温度的变化不能直接用测到的燃烧前后的温度差来计算，必须经过合理的雷诺校正才能得到准确的温差变化；②多数物质不能自燃，如本实验所用萘，必须借助电流引燃点火丝，再引起萘的燃烧，因此等式(2-9)左边必须把点火丝燃烧所放热量考虑进去，即

$$-nQ_{V,\ m} - m_{点火丝} Q_{点火丝} = C\Delta T \tag{2-10}$$

式中，$m_{点火丝}$为点火丝的质量，g；$Q_{点火丝}$为点火丝的燃烧热，其值为$-6694.4\ J \cdot g^{-1}$；ΔT 为校正后的温度升高值。

因此，仪器热容 C 的求法是用已知燃烧焓的物质(如本实验用苯甲酸)，放在量热计中燃烧，测其始、末温度，经雷诺校正后，按式(2-8)即可求出 C。

雷诺校正是消除体系与环境间存在热交换造成的对体系温度变化的影响，具体操作方法如下：

称适量待测物质，使燃烧后水温升高 1.5~2.0 ℃，预先调节水温低于环境温度 0.5~1.0 ℃，然后将燃烧前后历次观察的贝氏温度计读数对时间作图，联成 *FHDG* 折线，如图 2-11 所示。图 2-11(a)中 H 相当于开始燃烧之点，D 点为观察到最高温度读数点，将 H 所对应的温度 T_1，D 所对应的温度 T_2，计算其平均温度，过 T 点作横坐标的平行线，交 *FHDG* 线于一点，过该点作横坐标的垂线$_a$，然后将 *FH* 线和 *GD* 线外延交 a 线于 A、C 两

点，A 点与 C 点所表示的温度差即为欲求温度的升高 ΔT。图中 AA'表示由环境辐射进来的热量和搅拌引进的能量而造成卡计温度的升高，必须扣除。CC'表示卡计向环境辐射出热量和搅拌而造成卡计温度的降低，因此，需要加上。由此可见，AC 两点的温度差是客观地表示了由于样品燃烧使卡计温度升高的数值有时卡计的绝热情况良好，热漏小，而搅拌器功率大，不断稍微引进热量，使得燃烧后的最高点不出现，如图 2-11(b)，这种情况下 ΔT 仍可以按同法进行校正。

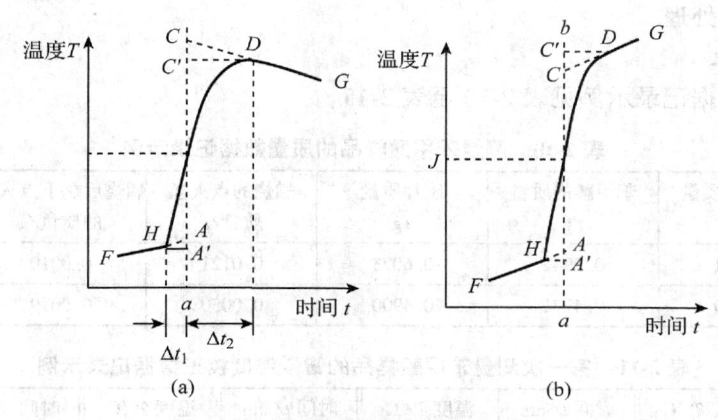

图 2-11　雷诺温度校正图

三、仪器与试剂

1. 仪器

外槽恒温式氧弹卡计、氧气钢瓶、压片机、数字式贝克曼温度计、0～100 ℃温度计、万用电表、分析天平、扳手、铁丝(10 cm 长)、大烧杯。

2. 试剂

萘(AR)、苯甲酸(AR 或燃烧热专用)、水。

四、实验步骤

(1)分别称取约 0. 5000 g(精确至 0. 0001 g)苯甲酸和点火丝，将称取的苯甲酸和点火丝一起压片，再将压成的样品称重，记录数据。

(2)将样品点火丝分别绑在氧弹卡记的两极上，旋紧氧弹盖，用万用表检查电路是否通路，充氧气，反复充放 3 次。

(3)将氧弹插上电极，放入水桶内，加入 3000 mL 水，盖上盖子，打开搅拌器，用温度计测定环境温度 T。

(4)插上数字式贝克曼温度计探头，待温度稳定后，每隔 30 s 读一次温度并记录，待记录 10 个数据，迅速按下点火键，仍保持 30 s 读数一次温度，直到温度出现最高点，此阶段的温度作为燃烧期间的温度，当温度升到最高点并开始下降后仍每隔 30 s 读一次温度并记录，记录 10 个数据。

(5)关闭电源，取下数字式贝克曼温度计，拿出氧弹，放气，旋开氧弹盖，检查样品燃烧结果。若燃烧安全，称量剩下的铁丝，倒去水桶的水并用毛巾擦干。

(6)称取约 0. 5000 g(精确至 0. 0001 g)萘，重复(2)至(5)的实验操作。

五、注意事项

(1)为避免腐蚀，必须清洗氧弹。

(2)点火成败是实验关键，实验前应仔细安装点火丝。点火丝不应与弹体内壁接触，避免点火后发生短路。

(3)实验结束后，一定要把未燃烧的铁丝质量扣减。

(4)样品压片力度须适中。

六、数据记录与处理

1. 数据记录

实验过程数据记录示例见表 2-10 至表 2-15。

表 2-10　测量苯甲酸样品的质量数据记录示例

次数	点火丝的质量/g	苯甲酸的质量/g	压片质量/g	燃烧的点火丝质量/g	燃烧后剩下点火丝的质量/g	系统温度/℃
1	0.0131	0.5942	0.6073	0.0121	0.0010	21.6
2	0.0129	0.4771	0.4900	0.0050	0.0079	21.6

表 2-11　第一次测量苯甲酸样品的雷诺温度校正数据记录示例

时间 t/min	温度 T/℃	时间 t/min	温度 T/℃	时间 t/min	温度 T/℃	时间 t/min	温度 T/℃
0.5	23.371	6.5	23.915	12.5	24.385	18.5	24.398
1.0	23.368	7.0	24.084	13.0	24.389	19.0	24.398
1.5	23.366	7.5	24.171	13.5	24.392	19.5	24.397
2.0	23.364	8.0	24.230	14.0	24.395	20.0	24.395
2.5	23.362	8.5	24.270	14.5	24.396	20.5	24.392
3.0	23.360	9.0	24.298	15.0	24.398	21.0	24.392
3.5	23.358	9.5	24.320	15.5	24.400	21.5	24.39
4.0	23.357	10.0	24.338	16.0	24.400	22.0	24.389
4.5	23.356	10.5	24.352	16.5	24.400	22.5	24.388
5.0	23.354	11.0	24.363	17.0	24.400	23.0	24.386
5.5	23.375	11.5	24.371	17.5	24.399	23.5	24.385
6.0	23.633	12.0	24.379	18.0	24.398	24.0	24.384

表 2-12　第二次测量苯甲酸样品的雷诺温度校正数据记录示例

时间 t/min	温度 T/℃	时间 t/min	温度 T/℃	时间 t/min	温度 T/℃	时间 t/min	温度 T/℃
0.5	22.997	3.5	22.991	6.5	23.447	9.5	23.768
1.0	22.996	4.0	22.990	7.0	23.570	10.0	23.782
1.5	22.995	4.5	22.989	7.5	23.645	10.5	23.794
2.0	22.993	5.0	22.989	8.0	23.693	11.0	23.802
2.5	22.992	5.5	23.030	8.5	23.727	11.5	23.813
3.0	22.992	6.0	23.236	9.0	23.749	12.0	23.817

（续）

时间 t/min	温度 T/℃	时间 t/min	温度 T/℃	时间 t/min	温度 T/℃	时间 t/min	温度 T/℃
12.5	23.821	15.5	23.835	18.5	23.837	21.5	23.834
13.0	23.825	16.0	23.836	19.0	23.837	22.0	23.833
13.5	23.828	16.5	23.837	19.5	23.836	22.5	23.833
14.0	23.831	17.0	23.837	20.0	23.835	23.0	23.832
14.5	23.833	17.5	23.837	20.5	23.835	23.5	23.831
15.0	23.834	18.0	23.837	21.0	23.834		

表 2-13　测量萘样品的质量数据记录示例

次数	点火丝的质量/g	萘的质量/g	压片质量/g	燃烧的点火丝质量/g	燃烧后剩下点火丝的质量/g	系统温度/℃
1	0.0151	0.4669	0.4820	0.0007	0.0144	21.6
2	0.0149	0.5295	0.5444	0.0053	0.0096	21.6

表 2-14　第一次测量萘样品的雷诺温度校正数据记录示例

时间 t/min	温度 T/℃	时间 t/min	温度 T/℃	时间 t/min	温度 T/℃	时间 t/min	温度 T/℃
0.5	22.243	7.5	22.619	14.5	23.586	21.5	23.609
1.0	22.314	8.0	22.937	15.0	23.591	22.0	23.609
1.5	22.325	8.5	23.171	15.5	23.595	22.5	23.609
2.0	22.328	9.0	23.307	16.0	23.599	23.0	23.608
2.5	22.330	9.5	23.383	16.5	23.601	23.5	23.608
3.0	22.330	10.0	23.433	17.0	23.604	24.0	23.607
3.5	22.330	10.5	23.469	17.5	23.605	24.5	23.607
4.0	22.331	11.0	23.519	18.0	23.607	25.0	23.606
4.5	22.331	11.5	23.497	18.5	23.608	25.5	23.606
5.0	22.331	12.0	23.535	19.0	23.608	26.0	23.605
5.5	22.332	12.5	23.550	19.5	23.609	26.5	23.605
6.0	22.332	13.0	23.562	20.0	23.609	27.0	23.604
6.5	22.332	13.5	23.572	20.5	23.609	27.5	23.603
7.0	22.369	14.0	23.579	21.0	23.609	28.0	

表 2-15　第二次测量萘样品的雷诺温度校正数据记录示例

时间 t/min	温度 T/℃	时间 t/min	温度 T/℃	时间 t/min	温度 T/℃	时间 t/min	温度 T/℃
0.5	22.237	3.0	22.232	5.5	22.281	8.0	23.427
1.0	22.235	3.5	22.231	6.0	22.617	8.5	23.482
1.5	22.234	4.0	22.230	6.5	22.971	9.0	23.521
2.0	22.233	4.5	22.230	7.0	23.206	9.5	23.551
2.5	22.232	5.0	22.229	7.5	23.342	10.0	23.574

（续）

时间 t/min	温度 T/℃	时间 t/min	温度 T/℃	时间 t/min	温度 T/℃	时间 t/min	温度 T/℃
10.5	23.592	14.0	23.651	17.5	23.661	21.0	23.657
11.0	23.607	14.5	23.654	18.0	23.661	21.5	23.656
11.5	23.619	15.0	23.657	18.5	23.660	22.0	23.655
12.0	23.629	15.5	23.658	19.0	23.660	22.5	23.654
12.5	23.636	16.0	23.659	19.5	23.659	23.0	23.653
13.0	23.642	16.5	23.660	20.0	23.658		
13.5	23.647	17.0	23.660	20.5	23.658		

2. 示例数据分析

(1)仪器常数的计算

查附录1可得苯甲酸标准状况下其摩尔燃烧焓为 $\Delta_C H_m$ 为 $-3226.9\ \text{kJ}\cdot\text{mol}^{-1}$，根据苯甲酸燃烧反应方程式：

$$C_7H_6O_2(s) + 7.5O_2(g) = 3H_2O(l) + 7CO_2(g)$$

由式(2-6)和式(2-7)可知，苯甲酸标准状况下其恒压摩尔燃烧热：

$$\begin{aligned} Q_{V,m} &= \Delta_C H_m - \Delta nRT \\ &= -3226.9\ \text{kJ}\cdot\text{mol}^{-1} - 0.5\times 8.314\ \text{J}\cdot\text{K}^{-1}\cdot\text{mol}^{-1}\times 298.15\ \text{K}\times 10^{-3}\text{kJ}\cdot\text{J}^{-1} \\ &= -3228.14\ \text{kJ}\cdot\text{mol}^{-1} \end{aligned}$$

如果不考虑温度的变化对标准燃烧热的影响，将这次该实验条件下苯甲酸的恒容燃烧热近似认为恒容摩尔燃烧热，根据式(2-9)和式(2-10)计算仪器常数 C，即

$$C = \frac{\dfrac{-m_{\text{苯甲酸}} Q_{\text{苯甲酸}}}{122.12} - m_{\text{点火丝}}\ Q_{\text{点火丝}}}{\Delta T}$$

首先，利用雷诺作图法处理实验数据以进行温度校正，结果如图2-12、图2-13所示。

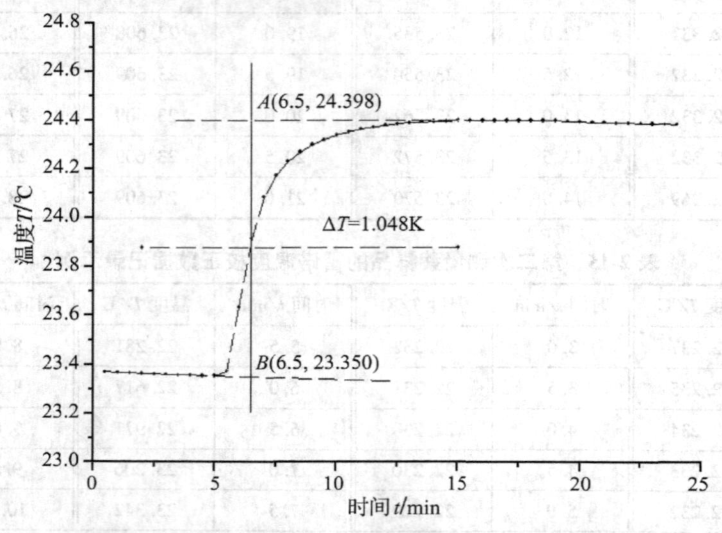

图 2-12 苯甲酸样品第一次燃烧温度—时间变化曲线

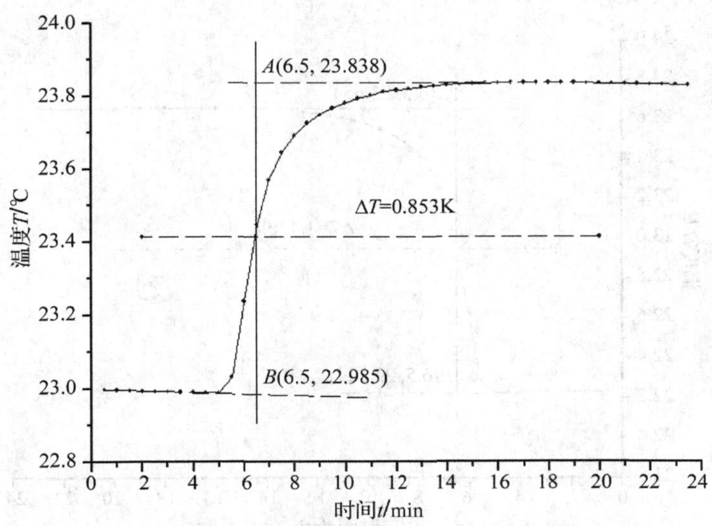

图 2-13　苯甲酸样品第二次燃烧温度—时间变化曲线

由图 2-12、图 2-13 可得苯甲酸燃烧引起卡计温度变化差值分别为 $\Delta T_1 = 1.048$ K，$\Delta T_1 = 0.853$ K。计算的 C 值所需数据及计算结果整理见表 2-16。

表 2-16　计算的 C 值所需数据及计算结果

次数	温差 ΔT_1/K	点火丝质量 /g	苯甲酸恒容燃烧热 /kJ · mol^{-1}	点火丝燃烧热 /kJ · g^{-1}	苯甲酸用量 /g	C/kJ · K^{-1}	C 平均值 /kJ · K^{-1}
1	1.048	0.0010	−3228.1	−6.6944	0.5942	14.993	14.909
2	0.853	0.0050	−3228.1	−6.6944	0.4771	14.824	

(2)萘的恒容摩尔燃烧热计算

由式(2-9)和式(2-10)可得，萘的恒容摩尔燃烧热为：

$$Q_{萘} = \frac{(-C\Delta T - m_{点火丝}\ Q_{点火丝}) \times 128.10}{m_{萘}}$$

首先利用雷诺作图法处理实验数据以进行温度校正，结果如图 2-14、图 2-15 所示。

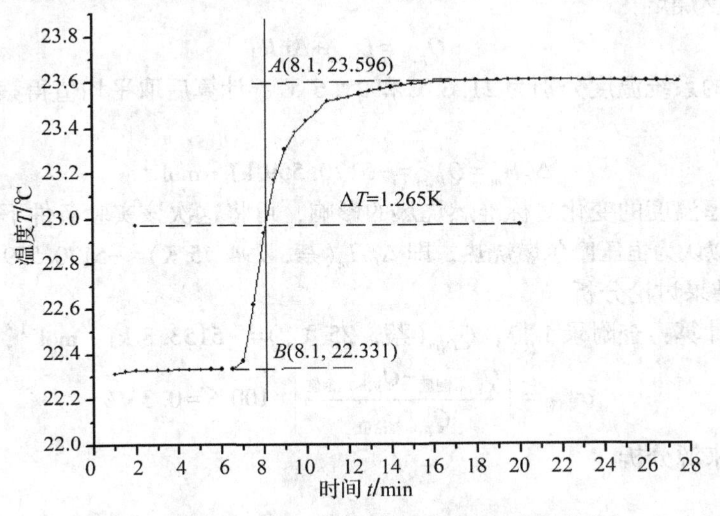

图 2-14　萘样品第一次燃烧温度—时间变化曲线

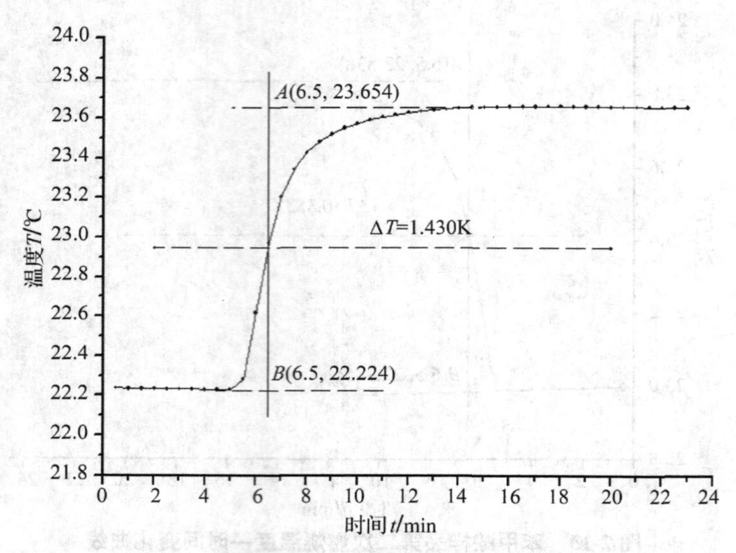

图 2-15 萘样品第二次燃烧温度—时间变化曲线

由图 2-13、图 2-14 可得萘燃烧引起卡计温度变化差值分别为 $\Delta T_1 = 1.265\ \mathrm{K}$，$\Delta T_1 = 1430\ \mathrm{K}$。计算的 C 值所需数据及计算结果整理见表 2-17。

表 2-17 计算的 C 值所需数据及计算结果

次数	温差 ΔT_1/K	点火丝质量 /g	点火丝燃烧热 /kJ · g^{-1}	萘用量 /g	C 平均值 /kJ · K^{-1}	恒容摩尔燃烧热 /kJ · mol^{-1}	恒容摩尔燃烧热平均值/kJ · mol^{-1}
1	1. 265	0. 0007	−6. 6944	0. 4669	14. 909	−5176. 396	−5164. 433
2	1. 430	0. 0053	−6. 6944	0. 5295		−5152. 470	

(3)萘的恒压摩尔燃烧热

得到萘的恒容摩尔燃烧热后，根据燃烧方程式：

$$C_8H_{10}(s)+10.5O_2(g)=8CO_2(g)+5H_2O(l)$$

可得萘的燃烧焓：

$$Q_{p,m}=Q_{v,m}+\Delta nRT$$

两次实验的系统温度分别为 21. 6 ℃和 21. 6 ℃，计算后取平均值得萘在 294. 75K 时其摩尔燃烧热为：

$$\Delta_C H_m = Q_{P,m} = -5170.559\ \mathrm{kJ \cdot mol^{-1}}$$

如果不考虑温度的变化对标准燃烧热的影响，可将这次该实验条件下(294. 75 K)萘的恒压燃烧热近似认为恒压摩尔燃烧热，即 $\Delta_C H_m$(萘，294. 75 K)= −5170. 559 kJ · mol^{-1}。

(4)实验结果讨论分析

实验误差计算：查附录 1 得，$Q_{P,m}$(萘，25 ℃)= −5153. 8 kJ · mol^{-1}，则相对误差为：

$$\sigma_{相对} = \left| \frac{Q_{p,m测量} - Q_{p,m理论值}}{Q_{p,m理论值}} \right| \times 100\% = 0.33\%$$

实验误差来源分析：

① 压片质量。压片后称重总质量，通过简单计算得到药片质量。在固定药片至电极的过程中以及转移的过程中，可能有药片粉末的脱落。此外，考虑到实验中是徒手操作，手上的油脂等杂物可能黏附在药片上，导致实际燃烧的物质并不是理论质量的物质，使得测量结果不准确。因此，要药片要压实，且最好戴着手套操作。系统绝热效果：系统并不是理想的绝对绝热，可能引入误差。搅拌器功率较大，搅拌器不断引进的能量引入误差。处理恒容摩尔燃烧热和恒压摩尔燃烧热时，没有测得苯甲酸和萘的比热，导致不能算得出298. 15 K时的值，本实验结果是近似处理。

② 实验过程。把苯甲酸在压片机上压成圆片时，压得太紧，点火时不易全部燃烧，压得太松，样品容易脱落，要压得恰到好处。样品的质量过大或者过小也会造成误差。将压片制成的样品放在干净的滤纸上，小心除掉有污染和易脱落部分，然后在分析天平上精确称量。安装热量计时，插入精密电子温差测量仪上的测温探头，注意既不要和氧弹接触，又不要和内筒壁接触，使导线从盖孔中出来，接触了对测温造成误差。防止电极短路，保证电流通过点火线。热量计的绝热性能应该良好，但如果存在有热漏，漏入的热量造成误差。搅拌器功率较大，搅拌器不断引进的能量形成误差。

七、思考与讨论

1. 实验测量得到的温度差值为何要经过雷诺作图校正，还有哪些误差来源会影响测量结果？

2. 什么是卡计和水的热当量？如何测得 $\Delta_r U_m$？

3. 测量燃烧热两个关键要求是什么？如何达到？

实验四　溶解热的测定

一、实验目的

1. 掌握采用电热补偿法测定热效应的基本原理。

2. 用电热补偿法测定硝酸钾在水中的积分溶解热，并用作图法求出硝酸钾在水中的微分溶解热、积分稀释热和微分稀释热。

3. 掌握溶解热测定仪器的使用。

二、实验原理

物质溶解过程所产生的热效应称为溶解热，可分为积分溶解热和微分溶解热两种。积分溶解热是指定温定压下把1 mol物质溶解在 $n_0$mol溶剂中时所产生的热效应。由于在溶解过程中溶液浓度不断改变，因此又称为变浓溶解热，以 $\Delta_{sol}H$ 表示。微分溶解热是指在定温定压下把1 mol物质溶解在无限量某一定浓度溶液中所产生的热效应。在溶解过程中浓度可视为不变，因此又称为定浓度溶解热，以 $\left(\frac{\partial\ \Delta_{sol}H}{\partial\ n}\right)_{T,P}$，$n_0$ 表示，即定温、定压、定溶剂状态下，由微小的溶质增量所引起的热量变化。

稀释热是指溶剂添加到溶液中，使溶液稀释过程中的热效应，又称为冲淡热。它也有积分(变浓)稀释热和微分(定浓)稀释热两种。积分稀释热是指在定温定压下把原为含1 mol溶质和 n_{01}mol溶剂的溶液冲淡到含 n_{02}mol溶剂时的热效应，它为两浓度的积分溶解

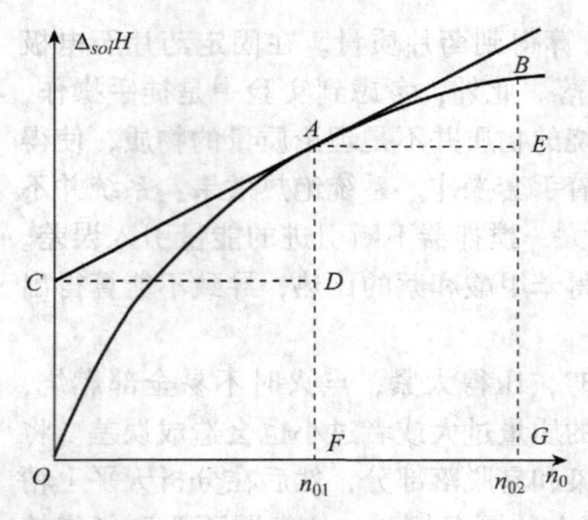

图 2-16 $\Delta_{sol}H-n_0$ 曲线

热之差。微分冲淡热是指将 1 mol 溶剂加到某一浓度的无限量溶液中所产生的热效应，以 $\left[\left(\frac{\partial\ \Delta_{sol}H}{\partial\ n_0}\right)_{T,P},\ n\right]$ 表示，即定温、定压、定溶质状态下，由微小的溶剂增量所引起的热量变化。

积分溶解热的大小与浓度有关，但不具有线性关系。通过实验测定，可绘制出一条积分溶解热 $\Delta_{sol}H$ 与相对于 1 mol 溶质的溶剂量 n_0 之间的关系曲线，如图 2-16 所示，其他三种热效应由 $\Delta_{sol}H-n_0$ 曲线求得。

设纯溶剂、纯溶质的摩尔焓分别为 H_{m1} 和 H_{m2}，溶液中溶剂和溶质的偏摩尔焓分别为 H_1 和 H_2，对于由 n_1 mol 溶剂和 n_2 mol 溶质组成的体系，在溶质和溶剂未混合前，体系总焓为：

$$H = n_1H_{m1} + n_2H_{m2} \tag{2-11}$$

将溶剂和溶质混合后，体系的总焓为：

$$H' = n_1H_1 + n_2H_2 \tag{2-12}$$

因此，溶解过程的热效应为：

$$\Delta H = n_1(H_1 - H_{m1}) + n_2(H_2 - H_{m2}) = n_1\Delta H_1 + n_2\Delta H_2 \tag{2-13}$$

在无限量溶液中加入 1 mol 溶质，式(2-13)中第一项可以认为不变，在此条件下所产生的热效应为式(2-13)中第二项中的 ΔH_2，即微分溶解热。同理，在无限量溶液中加入 1 mol 溶剂，式(2-13)中第二项可以认为不变，在此条件下所产生的热效应为式(2-13)中第一项中的 ΔH_1，即微分稀释热。

根据积分溶解热的定义，有：

$$\Delta_{sol}H = \frac{\Delta H}{n_2} \tag{2-14}$$

将式(2-13)代入式(2-14)，可得：

$$\Delta_{sol}H = \frac{n_1}{n_2}\Delta H_1 + \Delta H_2 = n_{01}\Delta H_1 + \Delta H_2 \tag{2-15}$$

式(2-15)表明，在 $\Delta_{sol}H-n_0$ 曲线上，对一个指定的 n_{01}，其微分稀释热为曲线在该点的切线斜率，即图 4-1 中的 AD/CD。n_{01} 处的微分溶解热为该切线在纵坐标上的截距，即图 2-16 中的 OC。

在含有 1 mol 溶质的溶液中加入溶剂，使溶液量由 n_{01} mol 增加到 n_{02} mol，所产生的积分溶解热即为曲线上 n_{01} 和 n_{02} 两点处 $\Delta_{sol}H$ 的差值。

本实验测硝酸钾溶解在水中的溶解热，是一个溶解过程中温度随反应的进行而降低的吸热反应，故采用电热补偿法测定。实验时先测定体系的起始温度，溶解进行后温度不断降低，由电加热法使体系复原至起始温度，根据所耗电能求出溶解过程中的热效应 Q。

$$Q = I^2RT = IVt \tag{2-16}$$

式中，I 为通过加热器电阻丝（电阻为 R）的电流强度，A；V 为电阻丝两端所加的电压，V；t 为通电时间，s。

三、仪器和试剂

1. 仪器

SWC-RJ 一体式溶解热测量装置(具体参数为：加热功率在 0~12.5 W 可调；温度/温差分辨率为 0.01 ℃/0.001 ℃；计时时间范围为 0~9999 s；输出为 RS232C 串行口)、8 个称量瓶、毛刷、分析天平、电子台秤。

2. 试剂

硝酸钾固体(AR，已经磨细并烘干)。

四、实验步骤

1. 称样

(1)取 8 个称量瓶洗净吹干，先称空瓶，再依次加入约为 2.50 g、1.50 g、2.50 g、3.00 g、3.50 g、4.00 g、4.00 g、4.50 g 的硝酸钾(亦可先去皮后直接用电子台秤称取样品)，粗称后至分析天平上准确称量，称完后置于保干器中。

(2)在电子台秤上称取 216.20 g 蒸馏水于杜瓦瓶内。

2. 连接装置

(1)按照图 2-17 连接各电源线，打开温差仪，记下当前室温。

(2)将杜瓦瓶置于测量装置中，插入探头测温，打开搅拌器，注意防止搅拌子与测温探头相碰，以免影响搅拌。

(3)将加热器与恒流电源相连，打开恒流电源，调节电流使加热功率为 2.5 W，记下电压、电流值。同时观察温差仪测温值，当超过室温约 0.5 ℃时按下“采零”按钮和“锁定”按钮，并同时按下“计时”按钮开始计时。

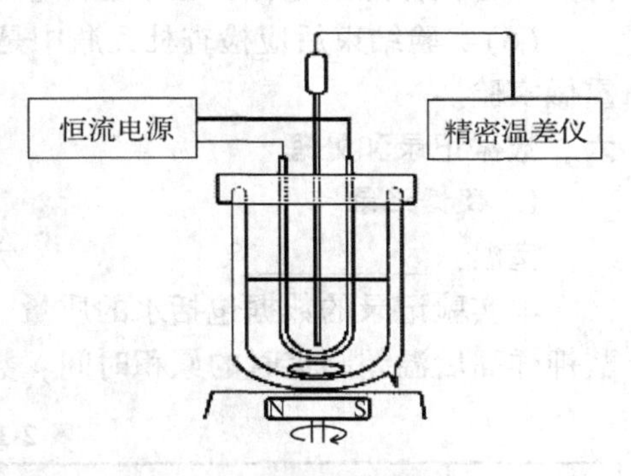

图 2-17　溶解热测定装置示意

3. 测量

(1)将第一份样品从杜瓦瓶盖口上的加料口倒入杜瓦瓶中，倒在外面的用毛刷刷进杜瓦瓶中。此时，温差仪显示的温差为负值。监视温差仪，当数据过零时记下时间读数。接着将第二份试样倒入杜瓦瓶中，同样再到温差过零时读取时间值。如此反复，直到所有的样品全部测定完。

(2)采零后要迅速开始加入样品，否则升温过快可能温度回不到负值。加热速度不能太快也不能太慢，要保证温差仪的示数在-0.5 ℃以上。

4. 称空瓶质量

(1)在分析天平上称取 8 个空称量瓶的质量，根据两次质量之差计算加入的硝酸钾的质量。

(2)实验结束后，打开杜瓦瓶盖，检查硝酸钾是否完全溶解。如未完全溶解，要重做实验。

(3)倒去杜瓦瓶中的溶液(注意别丢搅拌子)，洗净烘干，用蒸馏水洗涤加热器和测温探头。

(4)关闭仪器电源，整理实验桌面，罩上仪器罩。

五、注意事项

(1)实验开始前，插入测温探头时，要注意探头插入的深度，防止搅拌子和测温探头相碰，影响搅拌。另外，实验前要测试转子的转速，以便在实验室选择适当的转速控制档位。

(2)进行硝酸钾样品的称量时，称量瓶要编号并按顺序放置，以免次序错乱而导致数据错误。另外，固体硝酸钾易吸水，称量和加样动作应迅速。

(3)本实验应确保样品完全溶解，因此，在进行硝酸钾固体的称量时，应选择粉末状的硝酸钾。

(4)实验过程中要控制好加样品的速度，若速度过快，将导致转子陷住不能正常搅拌，影响硝酸钾的溶解；若速度过慢，一方面会导致加热过快，温差始终在零以上，无法读到温差过零点的时刻；另一方面可能会造成环境和体系有过多的热量交换。

(5)实验是连续进行的，一旦开始加热就必须把所有的测量步骤做完，测量过程中不能关掉各仪器点的电源，也不能停止计时，以免温差零点变动及计时错误。

(6)实验结束后应检查杜瓦瓶中是否有硝酸钾固体残余，若硝酸钾未全部溶解，则要重做实验。

六、数据记录和处理

1. 数据记录

室温：________℃　　　　大气压：__________ kPa

本实验记录的数据包括水的质量、8 份硝酸钾样品的质量、加热功率以及加入每份硝酸钾样品后温差归零时的累积时间，数据记录示例见表 2-18。

表 2-18　实验数据记录示例

称量瓶号	空瓶质量 /g	(硝酸钾+瓶) 质量/g	剩余瓶重 /g	加热功率 /W	归零时间 /s
1	6. 0255	8. 5033	6. 0274	2. 31	392
2	6. 3495	7. 8484	6. 3515	2. 31	615
3	6. 6109	9. 2372	6. 6118	2. 31	1016
4	6. 7392	9. 8224	6. 7401	2. 31	1462
5	6. 3522	10. 1798	6. 3529	2. 31	1997
6	6. 5809	10. 8726	6. 5817	2. 31	2583
7	6. 1969	10. 4015	6. 1982	2. 31	3122
8	6. 6755	11. 3035	6. 6770	2. 31	3671

2. 示例数据分析

(1)将数据输入计算机，计算 $n_{水}$ 和各次加入的硝酸钾质量、各次累积加入的硝酸钾的物质的量，其中

$$n_{水} = 218.2/18.016 = 12.1\ \text{mol}$$

$$M_{硝酸钾} = 101.10\ \text{g} \cdot \text{mol}^{-1}$$

然后根据功率和时间值计算向杜瓦瓶中累积加入的电能 Q，计算结果见表 2-19。

表 2-19　示例数据分析结果

称量瓶号	加入硝酸钾/g	累积硝酸钾/g	累积$n_{硝酸钾}$/mol	累积电能/kJ
1	2.4759	2.4759	0.02449	0.9050
2	1.4969	3.9728	0.03930	1.4210
3	2.6254	6.5982	0.06526	2.3481
4	3.0823	9.6805	0.09575	3.3778
5	3.8269	13.5074	0.13360	4.6326
6	4.2909	17.7983	0.17605	5.9928
7	4.2033	22.0016	0.21762	7.2431
8	4.6265	26.6281	0.26338	8.5168

(2)绘制 $\Delta_{sol}H$-n_0 曲线

用式(2-17)和式(2-18)计算各点的 $\Delta_{sol}H$ 和 n_0，即

$$\Delta_{sol}H = \frac{Q}{n_{硝酸钾}} \tag{2-17}$$

$$n_0 = \frac{n_{水}}{n_{硝酸钾}} \tag{2-18}$$

计算结果见表 2-20。

表 2-20　各点的 $\Delta_{sol}H$ 和 n_0 计算值

瓶号	1	2	3	4	5	6	7	8
$\Delta_{sol}H$ / kJ · mol^{-1}	36.953	36.161	35.978	35.277	34.674	34.041	33.283	32.336
n_0/mol	494.55	308.21	185.58	126.49	90.652	68.797	55.654	45.984

根据表 2-20 的数据，在 origin 中绘制 $\Delta_{sol}H$-n_0 关系曲线，并对曲线使用多项式进行二次拟合，得到图 2-18。

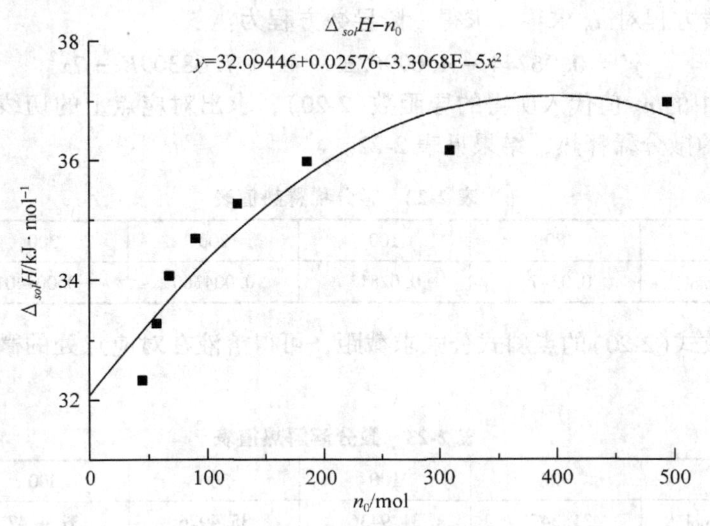

图 2-18　$\Delta_{sol}H$-n_0 关系曲线二次拟合结果

若拟合度不好，采用三次拟合，得到图 2-19。

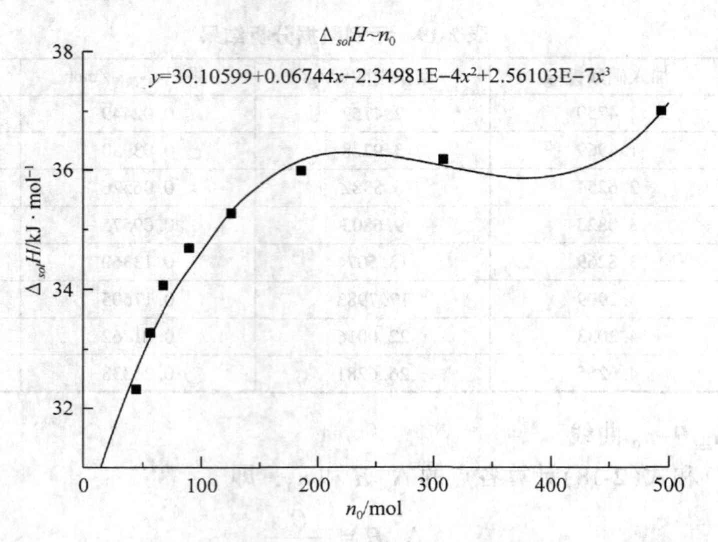

图 2-19　$\Delta_{sol}H$-n_0 关系曲线三次拟合结果

此次拟合度达到 0.98，所以采用三次拟合，得到的曲线方程为：

$$y = 30.10599 + 0.06744x - 2.34981E - 4x^2 + 2.56103E - 7x^3 \tag{2-19}$$

(3)积分熔解热、积分稀释热、微分熔解热和微分稀释热的求算

将 n_0=80、100、200、300、400 代入曲线方程(2-19)，求出溶液在这几点处的积分溶解热，结果见表 2-21。

表 2-21　积分溶解热值表

n_0	80	100	200	300	400
$\Delta_{sol}H$ /kJ · mol^{-1}	34.1284	34.7563	36.2436	36.1045	35.8756

将所得曲线方程对 n_0 求导，求得一阶导数方程为：

$$y' = 0.06744 - 4.69962E - 4x + 7.68309E - 7x^2 \tag{2-20}$$

将表 2-21 中的 n_0 值代入所得的导函数(2-20)，求出对应点上的切线斜率，即为溶液 n_0 在对应点处的微分稀释热，结果见表 2-22。

表 2-22　微分稀释热值表

n_0	80	100	200	300	400
微分稀释热/kJ · mol^{-1}	0.03476	0.02813	0.004180	−0.004401	0.002385

利用导函数式(2-20)的点斜式公式求截距，可得溶液在对应点处的微分溶解热，结果见表 2-23。

表 2-23　微分溶解热值表

n_0	80	100	200	300	400
微分溶解热/kJ · mol^{-1}	31.3476	31.9436	35.4076	37.4247	34.9218

最后，计算溶液 n_0 为 80→100，100→200，200→300，300→400 时的积分稀释热，结果见表 2-24。

表 2-24 积分稀释热值表

n_0	80→100	100→200	200→300	300→400
积分稀释热/$kJ \cdot mol^{-1}$	0.6279	1.4873	−0.1391	−0.2289

七、思考与讨论

1. 本实验温差零点为何设置在室温以上约 0.5 ℃？
2. 为什么本实验一旦开始测量，中途不能停顿？为什么实验中秒表不能被卡停？
3. 如果采用手绘的方法处理实验数据，应如何确定积分溶解热、微分稀释热、微分溶解热和积分稀释热？

实验五 恒温水浴性能的测试

一、实验目的

1. 了解恒温槽的构造及其工作原理。
2. 绘出恒温槽的灵敏度曲线。
3. 掌握贝克曼温度计的调节技术及正确使用方法。

二、实验原理

恒温水浴的结构是由浴槽、温度计、搅拌器、加热器、贝克曼温度计和感温控温元件等部分组成。感温探头探测温度升高时，控温装置使加热器停止加热，随后浴槽热量向外扩散，使温度下降，接通加热器回路，系统温度又开始回升。

恒温槽灵敏度的测定是在指定温度下观察温度的波动情况。该实验用较灵敏的数字贝克曼温度计、在一定的温度下，记录温度随时间的变化，如记最高温度为 T_1，最低温度为 T_2，恒温槽的灵敏度为：

$$S = \frac{T_1 + T_2}{2} \tag{2-21}$$

其灵敏度曲线如图 2-20 所示。

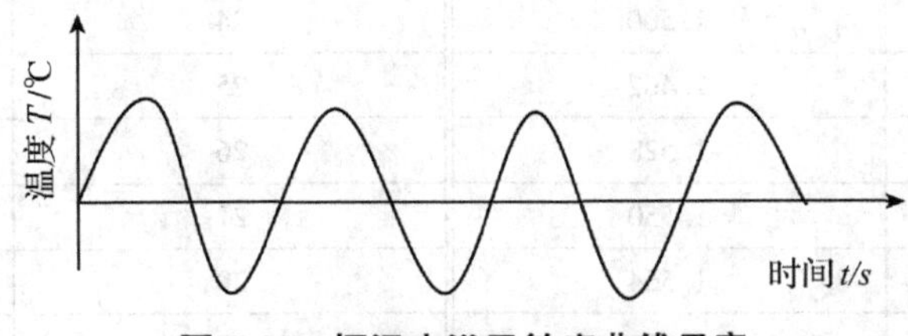

图 2-20 恒温水浴灵敏度曲线示意

三、实验仪器

恒温槽设备 1 套、贝克曼温度计 1 只、计时器 1 个。

四、实验步骤

(1) 设定水温为 35.0 ℃。

(2) 测定灵敏度曲线，当水浴温度在设定温度处上下波动时，每隔 2 min 记录一次贝克曼温度计读数，持续 60 min。

五、注意事项

(1) 使用恒温槽需接地线。

(2) 注入恒温介质必须适量，太满会外溢，不足则不起作用。用水作介质时，必须使用蒸馏水。

(3) 当连接出水管的橡皮时，须先关闭带搅拌器的水泵电机(即关闭“搅拌”开关。否则水泵将槽体内水不断打出，会使水冲在台面。用毕应将出水管口和回水管口用橡皮管连上，以免再开“搅拌”开关时，水被泵打出来。

(4) 使用高温时，更换介质，同时更换控制器及温度计。

(5) 使用完毕必须关闭电源开关，并整理清洁。

(6) 在恒温控制调节过程中不能以接触温度计的刻度当作温度读数，它只是给我们一个粗略的指示。另外，当温度达到比设定的恒定温度低 1 ℃左右时，必须细致地调节。

六、数据记录与处理

1. 数据记录

列表记录实验数据，实验过程数据记录示例见表 2-25，实验温度为 26 ℃。

表 2-25　实验过程数据记录示例

次数(换算时间)	温度 T/℃	次数(换算时间)	温度 T/℃
1	1.572	16	1.478
2	1.530	17	1.540
3	1.542	18	1.498
4	1.562	19	1.462
5	1.582	20	1.480
6	1.536	21	1.548
7	1.546	22	1.514
8	1.550	23	1.470
9	1.500	24	1.540
10	1.462	25	1.510
11	1.528	26	1.470
12	1.550	27	1.532
13	1.564	28	1.496
14	1.522	29	1.450
15	1.480	30	1.520

2. 示例数据分析

利用数据绘制实验测得的恒温水浴灵敏度曲线，如图 2-21 所示。

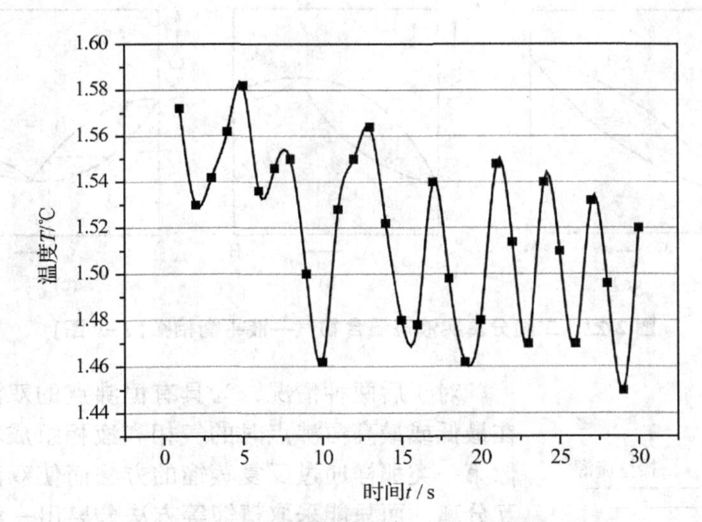

图 2-21 实验测得的恒温水浴灵敏度曲线

七、思考与讨论

1. 影响恒温浴灵敏度的因素主要有哪些？试作简要分析。

2. 欲提高恒温浴的控温精度(或灵敏度)，应采取什么措施？

实验六 双液系气—液平衡相图

一、实验目的

1. 测定常压下环己烷-乙醇二元系统的气液平衡数据，绘制沸点-组成相图。

2. 掌握双组分沸点的测定方法，通过实验进一步理解分馏原理。

3. 掌握阿贝折射仪的使用方法及原理。

4. 了解和掌握沸点仪的测定原理及方法。

5. 加深对完全互溶双液系气液平衡相图的理解。

二、实验原理

两种液体物质混合而成的两组分体系称为双液系。根据两组分间溶解度的不同，可分为完全互溶、部分互溶和完全不互溶 3 种情况。两种挥发性液体混合形成完全互溶体系时，如果该两组分的蒸气压不同，则混合物的组成与平衡时气相的组成不同。当压力保持一定，混合物沸点与两组分的相对含量有关。

恒定压力下，真实的完全互溶双液系的气—液平衡相图(T-x 图)如图 2-22 所示，根据体系对拉乌尔定律的偏差情况，可分为三类：①一般偏差，混合物的沸点介于两种纯组分之间，如甲苯—苯体系，如图 2-22(a)所示；②最大负偏差，存在一个最小蒸气压值，比两个纯液体的蒸气压都小，混合物存在着最高沸点，如盐酸—水体系，如图 2-22(b)所示；③最大正偏差，存在一个最大蒸气压值，比两个纯液体的蒸气压都大，混合物存在着最低沸点，如正丙醇—水体系，如图 2-22(c)所示。

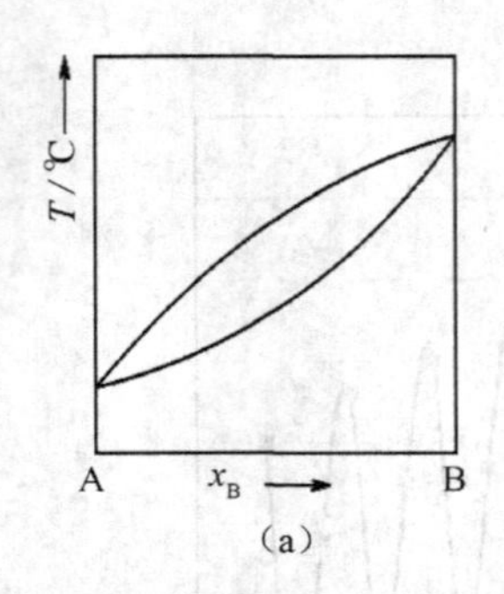

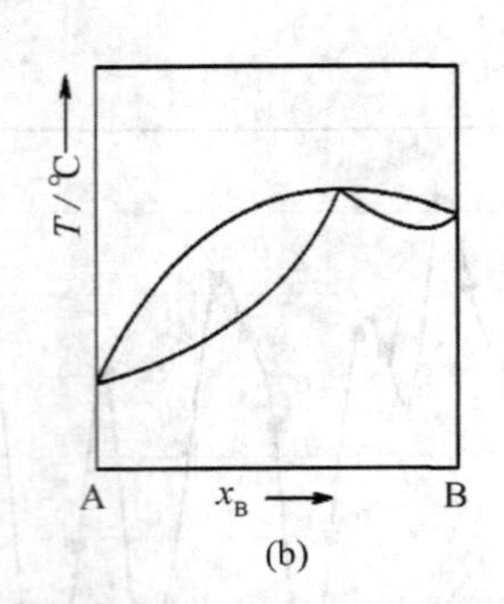

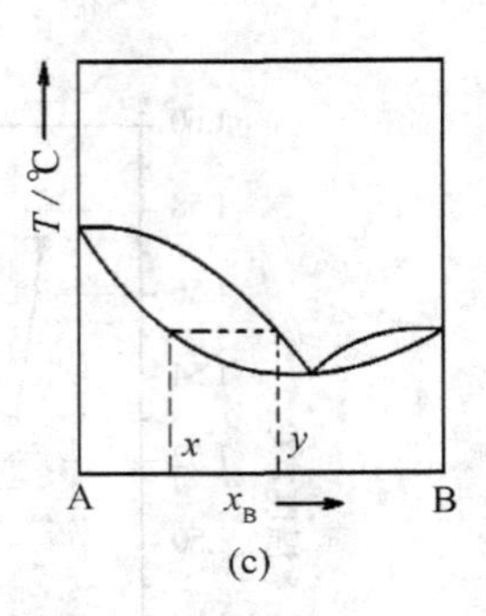

图 2-22 二组分真实液态混合物气—液平衡相图(T-x 图)

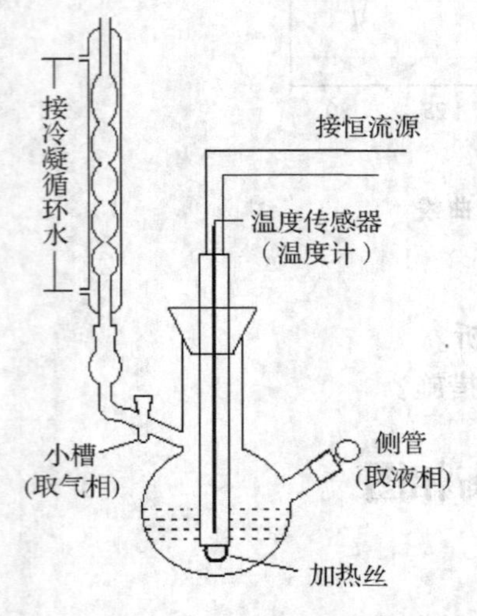

图 2-23 沸点仪的结构

对于后两种情况，为具有恒沸点的双液系相图。它们在最低或最高恒沸点时的气相和液相组成相同，因而不能像第一类那样通过反复蒸馏的方法而使双液系的两组分相互分离，而只能采取精馏等方法分离出一种纯物质和另一种恒沸混合物。

为了绘制双液系的 T-x 图，需测定几组原始组成不同的双液系在气—液两相平衡后的沸点和液相、气相的平衡组成。

本实验以环己烷—乙醇为体系测定 T-x 图，该体系属于上述第三种类型。方法是用如图 2-23 的沸点仪直接测定一系列不同组成之溶液的气液平衡温度(即沸点)，并收集少量馏出液(即气相冷凝液)及吸取少量溶液(即液相)，分别用阿贝折光仪测定其折光率。根据已知组成的溶液折光率，作出一定温度下该溶液的折光率—组成工作曲线，然后根据测得的样品溶液的气液两相的折光率，在此曲线上即可按描法得到待测未知样品溶液的组成。

三、仪器与试剂

1. 仪器

沸点仪、阿贝折射仪、调压变压器、超级恒温水浴、玻璃温度计(0~100 ℃，分度值 1 ℃)、25 mL 移液管、长滴管、50 mL 烧杯。

2. 试剂

无水乙醇(AR)、环己烷(AR)、环己烷—无水乙醇标准溶液(环己烷含量 $x_{环己烷}$ 分别 0.00、0.25、0.50、0.75 和 1.00)，不同环己烷含量的环己烷—无水乙醇混合溶液。

四、实验步骤

(1)调节超级恒温水浴温度，使阿贝折射仪上的温度稳定在某一定值。为了适应季节的变化，可选择若干温度，一般可选 25 ℃、30 ℃、35 ℃三个温度。

(2)用沸点仪和阿贝折射仪测定无水乙醇、环己烷以及环己烷—无水乙醇标准溶液的沸点和折射率。安装沸点仪，向侧管加入约 20 mL 试样溶液(无水乙醇、环己烷或环己烷—无水乙醇标准溶液)，将玻璃温度计浸入液体，接通沸点仪电源，通冷却水，按要求调节调压器，加热溶液至沸腾，待其温度保持恒定后，读下该温度值即为试样溶液的沸点。停止加热后立即在小泡中取气相冷凝液，迅速测定其折光率，冷却液相，然后用滴管将溶液搅拌均匀后取少量液相测定其折光率。重复上述操作3次，取其平均值。注意：每次测量折光率后，要将折射仪的棱镜打开晾干，以备下次测定用。

(3)重复步骤(2)，分别测定不同环己烷含量的环己烷—无水乙醇混合溶液的沸点与折光率，重复操作3次，取其平均值。

五、注意事项

(1)测定折光率时，动作应迅速，以避免样品中易挥发组分损失，确保数据准确。

(2)电热丝一定要被溶液浸没后方可通电加热，否则电热丝易烧断，还可能会引起有机液体燃烧，所加电压不能太大，加热丝上有小气泡逸出即可。

(3)注意一定要先加溶液，再加热，取样时，应注意切断加热丝电源。

(4)每种浓度样品其沸腾状态应尽量一致，即气泡“连续”“均匀”冒出为好，不要过于激烈，也不要过于慢。

(5)先开通冷却水，然后开始加热，系统真正达到平衡后，停止加热，稍冷却后方可取样分析，每次取样量不宜过多，取样管一定要干燥，取样后的滴管不能倒置。

(6)阿贝折射仪的棱镜不能用硬物触及(如滴管)，擦拭棱镜需用擦镜纸。

六、数据记录与处理

1. 数据记录

列表记录实验数据，实验过程数据记录示例见表2-26、表2-27。

表2-26 环己烷—无水乙醇标准溶液测定数据示例

编号	$x_{环己烷}$/%	沸点/℃	折光率
1	0.00	76.1	1.3580
2	0.25	—	1.3668
3	0.50	—	1.3849
4	0.75	—	1.4048
5	1.00	79.2	1.4209

表2-27 不同环己烷含量的环己烷—无水乙醇混合溶液测定数据示例

编号	沸点/℃	液相分析	气相冷凝液分析
		折光率	折光率
1	74.8	1.3605	1.3695
2	69.1	1.3611	1.3845
3	65.1	1.3705	1.3910
4	63.3	1.3775	1.3961
5	63.6	1.4050	1.4015
6	64.0	1.4015	1.4115
7	67.5	1.4065	1.4175
8	69.5	1.4085	1.4195

2. 数据分析

已知 101.325 kPa 下，纯环己烷的沸点为 80.1 ℃，乙醇的沸点为 78.4 ℃。25 ℃时，纯环己烷的折光率为 1.4264，乙醇的折光率为 1.3593。

根据表 2-26 的数据，对环己烷—无水乙醇标准溶液的折光率–组成关系进行线性拟合，结果如图 2-24 所示。

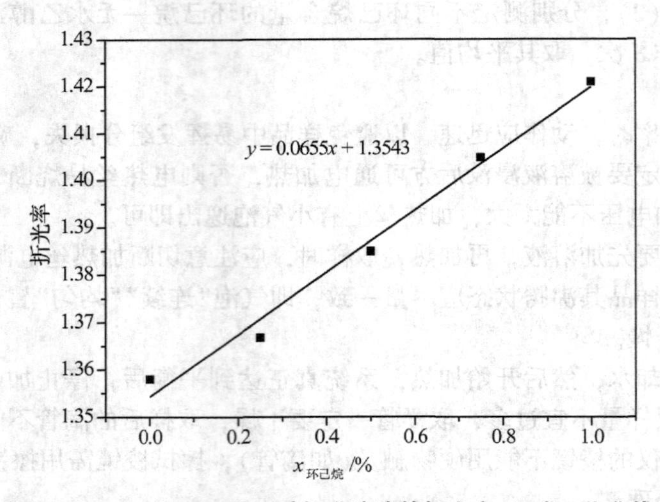

图 2-24 环己烷—无水乙醇标准溶液的折光率–组成工作曲线

根据图 2-24 的工作曲线求出不同环己烷质量百分数的环己烷—无水乙醇混合溶液的气相和液相的平衡组成，结果见表 2-28。

表 2-28 不同环己烷质量百分数的环己烷—无水乙醇混合溶液的气相和液相的平衡组成

编号	沸点/℃	液相分析		气相冷凝液分析	
		折光率	$x_{环己烷}$	折光率	$y_{环己烷}$
1	74.8	1.3605	0.0932	1.3695	0.2286
2	69.1	1.3611	0.1023	1.3845	0.4541
3	65.1	1.3705	0.2436	1.3910	0.5519
4	63.3	1.3775	0.3489	1.3961	0.6286
5	63.6	1.4050	0.7098	1.4015	0.7098
6	64.0	1.4015	0.7624	1.4115	0.8602
7	67.5	1.4065	0.7850	1.4175	0.9504
8	69.5	1.4085	0.8150	1.4195	0.9805

已知 101.325 kPa 下，纯环己烷的沸点为 80.1 ℃，乙醇的沸点为 78.4 ℃。25 ℃时，纯环己烷的折光率为 1.4264，乙醇的折光率为 1.3593。根据表 2-28 的数据以组成为横轴，沸点为纵轴，绘出气相与液相的沸点组成(T–x)平衡相图(图 2-25)。

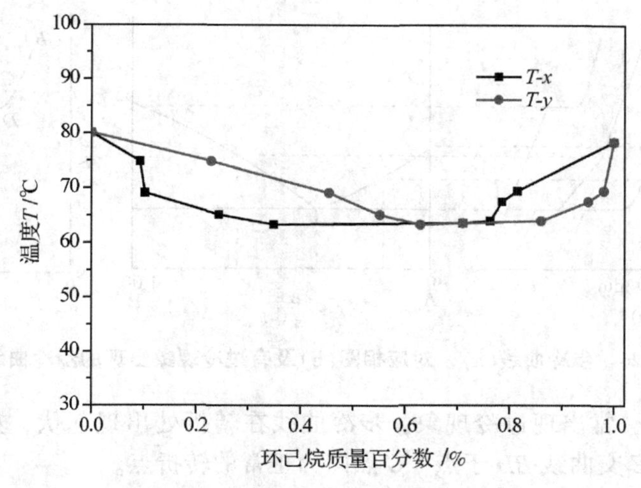

图 2-25　(T-x)平衡相图

七、思考与讨论

1. 取出的平衡气液相样品，为什么必须在密闭的容器中冷却后方可用以测定其折射率？

2. 平衡时，气液两相温度是否应该一样，实际是否一样，对测量有何影响？

3. 如果要测纯环己烷、纯乙醇的沸点，蒸馏瓶必须洗净，而且烘干，而测混合液沸点和组成时，蒸馏瓶则不洗也不烘，为什么？

4. 如何判断气—液已达到平衡状态？讨论此溶液蒸馏时的分离情况？

5. 为什么工业上常产生95%酒精？只用精馏含水酒精的方法是否可能获的无水酒精？

6. 沸点测定时有过热现象和再分馏作用，会对测量产生何种影响？

实验七　二组分简单共熔系统相图的绘制

一、实验目的

1. 用热分析法测绘 Zn-Sn 相图。

2. 熟悉热分析法的测量原理。

3. 掌握热电偶的制作、标定和测温技术。

二、实验原理

本实验采用热分析法中的步冷曲线方法绘制 Zn-Sn 系统的固-液平衡相图。将系统加热熔融成一均匀液相，然后使其缓慢冷却，每隔一定时间记录一次温度，表示温度与时间的关系曲线，称为冷却曲线或步冷曲线。当熔融系统在均匀冷却过程中无相变化时，其温度将连续下降，得到一条光滑的冷却曲线，如在冷却过程中发生相变，则因放出相变热，使热损失有所抵偿，冷却曲线就会出现转折点或水平线段。转折点或水平线段对应的温度，即为该组成合金的相变温度。对于简单共熔合金系统，具有图 2-26(a)所示的冷却曲线，由这些冷却曲线，即可绘出图 2-26(b)所示的合金相图。

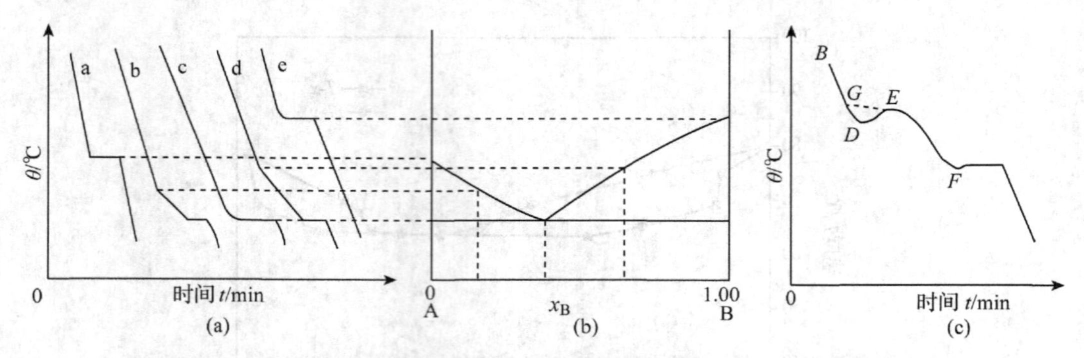

图 2-26 步冷曲线(a)、对应相图(b)及有过冷现象出现的步冷曲线(c)

在冷却过程中，常出现过冷现象，步冷曲线在转折处出现起伏，如图 2-26(c)所示。遇此情况可延长 *FE* 交曲线 *BD* 于点，*G* 点即为正常的转折点。

用热分析法测绘相图时，被测系统必须时时处于或接近相平衡状态，因此，系统的冷却速度必须足够慢，才能得到较好的结果。

三、仪器与试剂

1. 仪器

镍铬—镍硅热电偶、UJ-36 电位差计、小保温瓶、7 只盛合金的硬质玻璃管、2 只高温管式电炉(加热炉、冷却炉)、调压器(2 kW)、坩埚钳 1 把、二元合金相图计算机测试系统。

2. 试剂

锡(Sn，AR)、锌(Zn，AR)、铋(Bi，AR)、石墨粉。

四、实验步骤

(1)热电偶的制作。取一段长约 0.6 m 的镍铬丝，用小瓷管穿好，再取两段各长 0.5 m 的镍硅丝，制作热电偶(此步骤一般已事先做好)。

(2)配置样品。在 7 只硬质玻璃管中配制各种不同质量分数的金属混合物，分别为 100%Bi、100%Sn、100%Zn、45%Sn+55%Zn、75%Sn+25%Zn、91.2%Sn+8.8%Zn、95%Sn+5%Zn。为了防止金属高温氧化，表面放置石墨粉(此步骤由实验室完成)。

(3)安装。安装仪器并接好线路。

(4)加热溶化样品，制作步冷曲线。依次测 100%Zn、100%Bi、100%Sn、45%Sn+55%Zn、75%Sn+25%Zn、91.2%Sn+8.8%Zn、95%Sn+5%Zn 等样品的步冷曲线。

(5)装了样品的玻璃管放在加热炉中，接通电炉电源，调节变压器，待样品完全熔化后，再升高 40~50 ℃，停止加热，然后把样品从加热炉里拿出放在冷却炉中。当样品放入冷却炉后，开始用 UJ-36 电位差计测定热电偶在冷却过程中的热电势，每 20 s 读取一次，连续读至热电势不随时间变化后，又开始下降之后 2 min 左右即可停止。

五、注意事项

(1)用电炉加热样品时，温度要适当，温度过高样品易氧化变质，温度过低或加热时间不够则样品没有完全熔化，步冷曲线转折点测不出。

(2)热电偶热端应插到样品中心部位，在套管内注入少量的石蜡油，将热电偶浸入油中，以改善其导热情况。搅拌时要注意勿使热端离开样品，金属熔化后常使热电偶玻璃套管浮起，这些因素都会导致测温点变动，必须注意。

(3)在测定一样品时，可将另一待测样品放入加热炉内预热，以便节约时间，体系有两个转折点，必须待第二个转折点测完后方可停止实验，否则须重新测定。

(4)电炉加热到设定温度后，注意将电炉电压调到零。

(5)操作要小心，防止烫伤。

六、数据记录及处理

1. 数据记录

(1)以 100%Zn 与 100%Bi 进行校正，数据记录见表 2-29。

表 2-29　以 100%Zn 与 100%Bi 进行校正数据记录表

组成	100%Zn	100%Bi
熔点/℃		
电势/V		

(2)以 100%Sn 与 100%Bi 进行校正，数据记录见表 2-30。

表 2-30　以 100%Sn 与 100%Bi 进行校正数据记录表

组成	100%Bi	100%Sn
熔点/℃		
电势/V		

2. 数据分析

根据表 2-28 和表 2-29 的数据，以热电势为纵坐标，时间为横坐标，绘制所有步冷曲线、热电偶温度校正曲线，然后通过校正曲线计算不同组分样品的转折点与水平阶段温度，见表 2-31 和表 2-32。

表 2-31　不同组分样品转折点与水平阶段温度(X_{Zn}：100%~8.8%)

组成	100%Zn	55%Zn+45%Sn	25%Zn+75%Sn	8.8%Zn+91.2%Sn
转折点电势/V				—
水平阶段电势/V	—			
转折点温度/℃				—
水平阶段温度/℃	—			

表 2-32　不同组分样品转折点与水平阶段温度(X_{Zn}：0~8.8%)

组成	100%Sn	5%Zn+95%Sn	8.8%Zn+91.2%Sn
转折点电势/V			—
水平阶段电势/V	—		
转折点温度/℃			—
水平阶段温度/℃	—		

根据表 2-31、表 2-32 的数据绘制 Zn-Sn 二组分共熔系统合金相图。

七、思考与讨论

1. 对于不同成分混合物的步冷曲线，其水平段有什么不同？
2. 用加热曲线是否可作相图？
3. 作相图还有哪些方法？

实验八 铈(Ⅳ)—乙醇络合物组成及生成常数

一、实验目的

1. 掌握测定络合物组成和生成常数的一种方法。
2. 熟练掌握分光光度计的使用。
3. 了解用物理法测定平衡组成的方法。
4. 了解化学变化过程中的热力学与动力学特征。

二、实验原理

铈(Ce)(Ⅳ)的水溶液显橙黄色，加入醇类则颜色立即加深，根据溶液最大吸收向更长的波长位移这一事实，可以推测 Ce(Ⅳ)与醇类形成络合物，且络合平衡建立得很快。

$$m\mathrm{Ce(IV)} + n\mathrm{ROH} \longrightarrow \text{络合物}$$

同时还可见到颜色逐渐减退，直到无色。由此可推测络合物中发生电子转移，Ce(Ⅳ)使醇氧化变成无色的 Ce(Ⅲ)和另一有机产物。

设有金属离子 M 和配体 L，其中只有 M 显色，反应后生成另一种颜色更深的络合物 MLn，则混合溶液的吸光度将是：

$$A_{\text{混}} = \varepsilon_{\text{络}}\, cxl + \varepsilon_M c(1-x)l \tag{2-22}$$

式中，$A_{\text{混}}$为混合液吸光度；$\varepsilon_{\text{络}}$、ε_M 分别为络合物和物质 M 的吸光系数；c 为物质 M 的总浓度；x 为物质 M 转变为络合物的分数；l 为光程。其中，

$$A_{\text{混}} = \lg\frac{I_o}{I} = \sum \varepsilon_i c_i l \tag{2-23}$$

如果配体 L 大大过量，且只进行 $M+nL \Leftrightarrow ML_n$ 这一反应，则可用加入配体 L 的浓度代替其平衡浓度，因而可得：

$$K_{\text{平}} = \frac{\chi}{[1-\chi][L]^n} \tag{2-24}$$

或

$$\chi = \frac{K_{\text{平}}[L]^n}{1+K_{\text{平}}[L]^n} \tag{2-25}$$

将式(2-25)代入式(2-24)，得：

$$\frac{1}{A_{\text{混}} - \varepsilon_M cl} = \frac{1}{[L]^n K_{\text{平}}(\varepsilon_{\text{络}} - \varepsilon_M)cl} + \frac{1}{(\varepsilon_{\text{络}} - \varepsilon_M)cl} \tag{2-26}$$

若保持物质 M 的总浓度 c 不变，在未加配体 L 时测得 A_M，改变 L 浓度，测得相应的 $A_{\text{混}}$。以$\dfrac{1}{A_{\text{混}}-A_M}$对$\dfrac{1}{[L]}$作图，如果是一直线，则证明 $n=1$，按式(2-26)从直线的斜率和截距

可求得 $K_{平}$，即

$$K_{平}=\frac{截距}{斜率} \tag{2-27}$$

如果所得不是直线，则需另设 n 值重新作图验证。

三、仪器与试剂

1. 仪器

722 型分光光度计、50 mL 锥形瓶、50 mL 容量瓶、2 mL 和 10 mL 移液管。

2. 试剂

0.025 $mol \cdot L^{-1}$ 硝酸铈铵溶液、1.250 $mol \cdot L^{-1}$ 硝酸溶液、0.200 $mol \cdot L^{-1}$ 乙醇溶液。

四、实验步骤

(1)熟悉分光光度计的结构和使用方法。

(2)在 50 mL 干净的锥形瓶中准确移入 2.00 mL 0.025 $mol \cdot L^{-1}$ 的硝酸铈铵溶液和 8.00 mL 水，混匀后，以水作参比液，在 450 nm 的波长下测定吸光度 A_M。

(3)保持硝酸铈铵溶液吸取量 2.00 mL 不变，加入 7.00 mL 水，再加入 0.200 $mol \cdot L^{-1}$ 乙醇溶液(保持总体积为 10.00 mL，立即混匀开始计时。迅速淌洗比色皿三遍后，测定起混 1 min、2 min、3 min、4 min、5 min、6 min 后混合液在相同波长下的吸光度。用作图外推法得出起混时的吸光度，即 $A_{混}$。

(4)保持硝酸铈铵溶液吸取量 2.00 mL 不变，分别加入 1.50 mL、2.00 mL、3.00 mL、4.00 mL、5.00 mL 的乙醇溶液，而加入水量则作相应减少，保持总体积为 10.00 mL，分别测出不同[L]下的 $A_{混}$。

五、注意事项

(1)分光光度计使用前应先打开开关预热 30 min。

(2)比色皿是玻璃器皿，易碎，操作时应轻拿轻放，使用结束后立即清洗干净。

(3)比色皿的透光部分表面不能有指印、溶液痕迹。

(4)被测样品中不能有气泡和漂浮物，样品体积约为比色皿体积的 80%~90%。

六、数据记录及处理

1. 数据记录

将各时间下的吸光度数据记录在表 2-33 中。

表 2-33　各时间下的吸光度数据记录表

时间 t/min	$V_{乙醇}$/mL						
	0.00	1.00	1.50	2.00	3.00	4.00	5.00
0.00							
1.00							
2.00							
3.00							
4.00							
5.00							
6.00							

2. 数据分析

根据表 2-33 中的数据，以$\frac{1}{A_{混}-A_M}$对$\frac{1}{[L]}$作图，验证是否为直线。如不为直线，则用$\frac{1}{A_{混}-A_M}$对$\frac{1}{[L]^2}$，$\frac{1}{[L]^3}$，…作图再进行验证，直到得出直线即可确定出 n 值。通过式(2-27)计算络合物生成常数 $K_{平}$。

七、思考与讨论

1. 本实验方法测定有色络合物组成及生成常数有何优缺点？
2. 如果 $\varepsilon_{络}$ 和 ε_M 相等或差别很小，是否还能用本实验方法作测定？
3. 实验中为什么要保持配体过量？

实验九　分光光度法测定弱电解质的电离平衡常数

一、实验目的

1. 用分光光度法测定弱电解质的电离常数。
2. 掌握分光光度法测溴酚蓝电离常数的基本原理。
3. 掌握分光光度计及精密酸度计的正确使用方法。

二、实验原理

波长为 λ 的单色光通过任何均匀而透明的介质时，由于物质对光的吸收作用而使透射光的强度(I)比入射光的强度(I_0)要弱，其减弱的程度与所用的波长(λ)有关。又因分子结构不相同的物质，对光的吸收有选择性，因此不同的物质在吸收光谱上所出现的吸收峰的位置及其形状，以及在某一波长范围内的吸收峰的数目和峰高都与物质的特性有关。分光光度法是根据物质对光的选择性吸收的特性而建立的，这一特性不仅是研究物质内部结构的基础，也是定性分析、定量分析的基础。

根据贝尔—郎比定律，溶液对于单色光的吸收，遵守关系式(2-28)：

$$D = \lg\frac{I_0}{I} = K \cdot l \cdot C \tag{2-28}$$

式中，D 为消光(或光密度)；I_0/I 为透光率；K 为摩尔消光系数，它是溶液的特性常数；l 为被测溶液的厚度(即吸收槽的长度)；C 为溶液浓度。

在分光光度分析中，将每一种单色光，依次通过某一溶液，测定溶液对每一种光波的消光。以消光 D 对波长 λ 作图，就可以得到该物质的分光光度曲线，或吸收光谱曲线，如图 2-27 所示。由图可以看出，对应于某一波长有着一个最大的吸收峰，用这一波长的入射光通过该溶液就有着最佳的灵敏度。

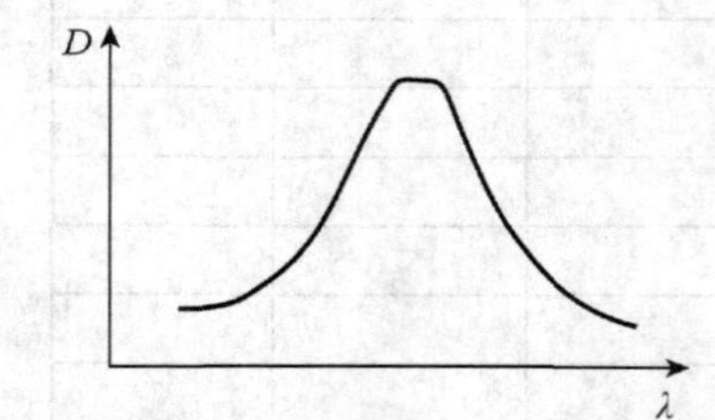

图 2-27　物质的分光光度曲线

从式(2-28)可以看出，对于固定长度的吸收槽，在对应最大吸收峰的波长 λ 下，测定不同浓度 C 的消光，就可以作出线性的 D—C 线，这就是定量分析的基础。也就是说，在该波长时，若溶液遵守贝尔—郎比定律，则可以选择这一波长来进行定量分析。

以上讨论是对于单组分溶液的情况，如果溶液中含有多种组分，情况就比较复杂，要进行分别讨论，大致有下列 4 种情况：

①混合物中各组分的特征吸收不相重叠，即在波长 λ_1 时，甲物质显著吸收而其他组分的吸收可以忽略；在波长 λ_2 时，只有乙物质显著吸收，而其他组分的吸收微不足道，这样便可在 λ_1、λ_2 波长下分别测定甲、乙物质组分。

②混合物中各组分的吸收带互相重叠，而且都遵守贝尔—郎比定律，对几个组分即可在几个适当的波长进行几次吸光度的测量，然后列几个联立方程式，即可分别算出几个组分的含量。

③混合物中各组分的吸收带互相重叠，但不遵守贝尔—郎比定律。

④混合溶液中含有未知组分的吸收曲线。

第③、④种情况比较复杂，这里不作讨论。

本实验用分光光度法测定弱电解质溴酚蓝(B. P. B)的电离平衡常数。溴酚蓝是一种酸碱指示剂，本身带有颜色且在有机溶剂中电离度很小，所以用一般的化学分析法或其他物理化学方法很难测定其电离平衡常数。而分光光度法可以利用不同波长对其组分的不同吸收来确定体系中组分的含量，从而求算溴酚蓝的电离平衡常数。溴酚蓝在有机溶剂中存在着以下的电离平衡：

$$HA \rightarrow H^+ + A^-$$

其平衡常数为 K_a，即

$$K_a = \frac{[H^+][A^-]}{[HA]} \tag{2-29}$$

溶液的颜色是由显色物质 HA 与 A^-引起的，其变色范围 pH 在 3.1~4.6 之间，当 pH≤3.1 时，溶液的颜色主要由 HA 引起的，呈黄色；在 pH≥4.6 时，溶液的颜色主要由 A^-引起，呈蓝色。实验证明，对蓝色产生最大吸收的单色光的波长对黄色不产生吸收，在其最大吸收波长时黄色消光为 0 或很小。因此，本实验所研究的体系应属于上述讨论的第一种情况。用对 A^-产生最大吸收波长的单色光测定电离后的混合溶液的消光，可求出 A^-的浓度。令 A^-在显色物质中所占的分数为 X，则 HA 所占的摩尔分数为 $1-X$，所以

$$K_a = \frac{X}{1-X}[A^-] \tag{2-30}$$

或者写成：

$$\lg \frac{X}{1-X} = pH + \lg K_a \tag{2-31}$$

根据式(2-31)可知，只要测定溶液的 pH 值及溶液中的[HA]和[A^-]，就可以计算出电离平衡常数 K_a。

在极酸条件下，HA 未电离，此时体系的颜色完全由 HA 引起，溶液呈黄色。设此时体系的消光度为 D_1；在极碱条件下，HA 完全电离，此时体系的颜色完全由 A^-引起，此时的消光度为 D_2，D 为两种极端条件之间的诸溶液的消光度，它随着溶液的 pH 而变化，可得：

$$D = (1 - X)D_1 + XD_2 \tag{2-32}$$

$$X = \frac{D - D_1}{D_2 - D} \tag{2-33}$$

将式(2-33)代入式(2-32)中得：

$$\lg \frac{D - D_1}{D_2 - D} = \mathrm{pH} - \mathrm{p}K_a \tag{2-34}$$

在测定 D_1、D_2 后，再测一系列 pH 下的溶液的光密度，以 $\lg \frac{D-D_1}{D_2-D}$ 对 pH 作图应为一直线，由其在横轴上的截距可求出 $\mathrm{p}K_a$，从而可得该物质的电离平衡常数。

本实验的 pH 值通过溶液配制而得。

三、仪器与试剂

1. 仪器

722 型分光光度计、比色皿、超级恒温水浴、精密酸度计、3 支 10 mL 移液管、25 mL 移液管、25 mL 量筒、100 mL 容量瓶、滴管。

2. 试剂

5×10^{-5} mol · dm^{-3}溴酚蓝(B. P. B)溶液、0.1 mol · dm^{-3} HCl 溶液、1 mol · dm^{-3} HCl 溶液、0.1 mol · dm^{-3} NaOH 溶液、0.2 mol · dm^{-3} NaOH 溶液 、0.1 mol · dm^{-3} 邻苯二甲酸氢钾溶液、蒸馏水。

四、实验步骤

1. 实验准备

打开超级恒温水浴使之恒温在 25 ℃，打开分光光度计，预热仪器，同时掀开样品室盖。

2. 确定溶液的最大吸收波长

(1)用 20 mL 移液管准确移取 5×10^{-5} mol · dm^{-3} 的 B. P. B 溶液 20.00 mL，置于一个洗干净的100 mL 的容量瓶中，并用 50 mL 的移液管准确加入 50.00 mL 0.1 mol · dm^{-3} 的邻苯二甲酸氢钾缓冲溶液，加蒸馏水稀释到刻度，得 1.0×10^{-5} mol · dm^{-3} 的 B. P. B 溶液。

(2)取 1 cm 厚度的比色皿两只，分别用蒸馏水和 1.0×10^{-5} mol · dm^{-3} 的 B. P. B 溶液洗净，再分别装入 2/3 体积的蒸馏水和 1.0×10^{-5} mol · dm^{-3} 的 B. P. B 溶液，把比色皿两光面擦干，正确插入光度计恒温比色槽中，用蒸馏水作空白溶液，用以校正仪器。

(3)在 480~630 nm 波长范围内，从低到高逐一选择仪器的入射光波长，用空白溶液在 T 档校正仪器的“0”点和“100%”点，并用吸光旋钮调空白溶液的吸光度为 0，再测量两种不同溶液的吸光度。在 480~560 的范围内每隔 10 nm 测一次，在 560~600 nm 范围内每隔 5 nm 测一次。将所得的结果以吸光度 D 对 λ 作图，或从测量数据直接读出 B. P. B 溶液的最大吸收波长。

3. 配置不同酸度的 B. P. B 溶液

取 7 只 100 mL 的干净容量瓶，分别加入 20.00 mL 5×10^{-5} mol · dm^{-3} 的 B. P. B 溶液，再分别加入 50.00 mL L 0.1 mol · dm^{-3} 邻苯二甲酸氢钾溶液。加入的 HCl 溶液和 NaOH 溶

表 2-34 HCl 溶液和 NaOH 溶液的加入量

溶液号	pH 值	X_1(0.1 mol · dm^{-3} HCl)/mL	溶液号	pH 值	X_1(0.1 mol · dm^{-3} NaOH)/mL
1	~3.2	16.00	5	~4.2	3.00
2	~3.4	10.00	6	~4.4	7.00
3	~3.6	6.00	7	~4.6	11.00
4	~3.8	3.00			

液的量以表 2-34 为准，再加蒸馏水稀释至刻度，分别得到不同 pH 值下的 B. P. B 溶液。

4. 测定不同酸度下 B. P. B 溶液 pH 值

将表 2-34 中 7 种不同酸度的 B. P. B 溶液用精密酸度计测量相应的 pH 值。

5. 测定不同酸度下 B. P. B 溶液的吸光度 D

(1) 将波长固定在 λ_{max} 处，把已经恒温的溶液逐一以蒸馏水作参比，测量其吸光度，可得一系列的 D 值。由于在 λ_{max} 的波长下，对 HA 不产生吸收，所以此时的 D 是 A^- 的吸收提供的。测量过程中注意溶液恒温。

(2) 取两只 100 mL 容量瓶，分别加入 20.00 mL 5×10^{-5} mol · dm^{-3} 的 B. P. B 溶液。在一支容量瓶中加入 50.00 mL 0.2 mol · dm^{-3} 的 NaOH 溶液稀释到刻度，得 B. P. B 的极碱溶液，在另一支容量瓶中加入 10.00 mL 1 mol · dm^{-3} 的 HCl 溶液稀释至刻度，得 B. P. B 的极酸溶液。

(3) 在分光光度计上迅速测量极酸溶液、极碱溶液的吸光度 D_1 和 D_2，测量结果应表明，极酸时溶液呈黄色，在 λ_{max} 情况下，测得的吸光度 D 为 0。

五、注意事项

(1) 在不测量时，应将暗室盖子打开，以延长光电管寿命。

(2) 使用比色皿时，禁止用手触摸光面玻璃。

(3) 每改变一次波长，都要重新调“0”点和“100%”点。

六、数据记录与处理

1. 数据记录

(1) 实验条件记录，主要包括恒温水槽温度，选择吸收波长，例如：恒温水槽温度为 25 ℃，根据的最大吸收波长测量曲线图 2-28，仪器精确得出的中性 B. P. B 溶液的最大吸收波长 λ_{max} 为 592.35 nm，选择吸收波长为 592 nm。

(2) 实验过程数据记录，记录不同酸度 B. P. B 溶液的最大吸收值和 pH 值，数据示例见表 2-35。

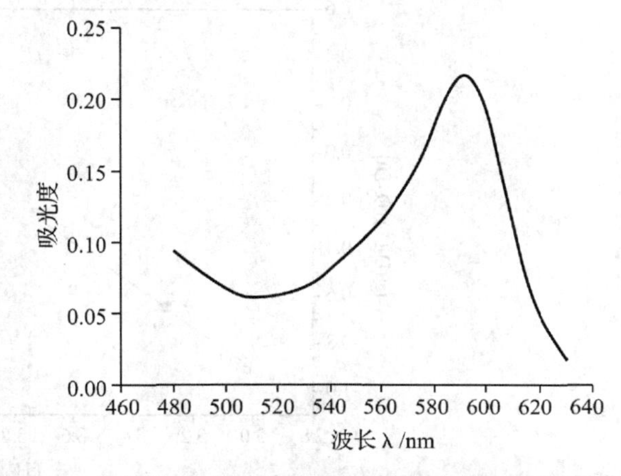

图 2-28 中性 B. P. B 溶液溴酚蓝的最大吸收波长测量曲线

表 2-35　各 B. P. B 溶液的最大吸收值和 pH 值

编号	pH 值	吸光度			平均值
1	3. 02	0. 038	0. 040	0. 040	0. 039
2	3. 29	0. 083	0. 085	0. 083	0. 084
3	3. 52	0. 133	0. 132	0. 133	0. 133
4	3. 73	0. 189	0. 189	0. 189	0. 189
5	4. 14	0. 308	0. 309	0. 310	0. 309
6	4. 37	0. 371	0. 371	0. 370	0. 371
7	4. 56	0. 419	0. 419	0. 420	0. 419
极碱		0. 577	0. 574	0. 571	0. 574
极酸		−0. 028	−0. 028	−0. 026	−0. 027

2. 数据分析

根据示例数据记录表 2-35，计算 $\lg\frac{D-D_1}{D_2-D}$值，结果见表 2-36 所示。

表 2-36　各 B. P. B 溶液的最大吸光度和 pH 值

$\lg\frac{D-D_1}{D_2-D}$	pH 值	$\lg\frac{D-D_1}{D_2-D}$	pH 值
−0. 90865	3. 02	0. 10307	4. 14
−0. 64476	3. 29	0. 29233	4. 37
−0. 44024	3. 52	0. 45892	4. 56
−0. 25096	3. 73		

根据表 2-36，以 $\lg\frac{D-D_1}{D_2-D}$对 pH 值作图，线性拟合得图 2-29。

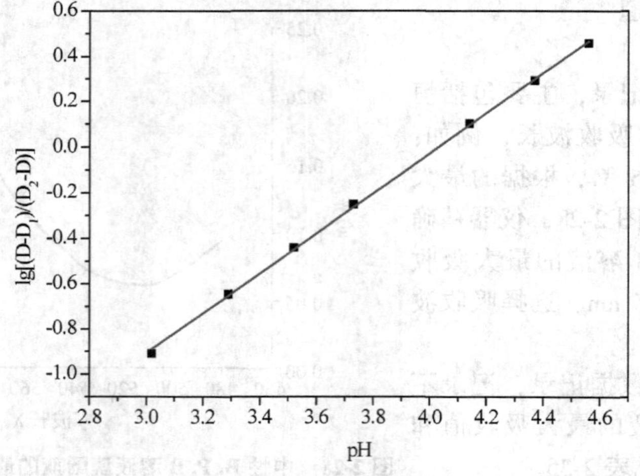

图 2-29　B. P. B. 溶液的 $\lg\frac{D-D_1}{D_2-D}$-pH 曲线

由图 2-29 可得线性拟合方程为：

$$\lg \frac{D-D_1}{D_2-D} = 0.8807\mathrm{pH} - 3.5491$$

令 $\lg \frac{D-D_1}{D_2-D}=0$，则得到直线在 X 轴上截距 pH = 4.030，根据式(2-34)，计算得 $\mathrm{p}K_a$ = 4.030，溴酚蓝的电离平衡常数 $K_a=10^{-4.030}=9.333\times10^{-5}$。

查找资料可得，溴酚蓝的标准电离常数的 $\mathrm{p}K_a=4.1$，即，其电离平衡常数为 K_a = 7.943×10^{-5}，因此电离平衡常数的相对误差为：

$$\omega=\frac{9.333\times10^{-5}-7.943\times10^{-5}}{7.943\times10^{-5}}\times100\%=17.49\%$$

误差分析：从实验结果可知，用紫外-可见分光光度计法可以大致的测定溴酚蓝的电离平衡常数，但是实验有较大的误差，可能的原因有：

(1)pH 计在校准过程中波动很大，在校准时并不能完全把 pH 调到准确，在测量溶液的 pH 时，测量头的准确性会影响我们得到的 pH 值，从而影响实验结果。

(2)仪器的不稳定性会带来较大的误差，如恒温槽的温度不是一直都保持 25 ℃，温度的改变对溶液的 pH 值会有一定影响，且当溶液拿出后测 pH 时，溶液温度会降低，故实际测 pH 值时的温度要低于 25 ℃。

(3)实验中，在配制溶液时，不能保证每种溶液中溴酚蓝溶液都是完全相等且为 20 mL，在用移液管移液时会产生一定的误差，这样会使溶液实际的最大吸收波长与开始测量所得的最大吸收波长不一致，也会对实验结果有影响。

(4)对浓度的修正。本实验中计算电离平衡常数都使用的是浓度，这只是一种理想状况，实际的应该用活度修正，否则也会带来误差。

(5)比色皿的透光面上若没有擦干，挂有液珠，则会对入射光线产生折射，导致测得的吸光度有较大的偏差，每次测量时都应该保证比色皿透光面没有液滴形成，用拭镜纸擦拭干净。

七、思考与讨论

1. 在配置溶液时，加入 HCl、NaOH 溶液各起什么作用？

2. 用分光光度法进行测定时，为什么要用空白溶液校正零点？理论上应该用什么溶液校正？在本实验中用的是什么？为什么？

实验十　差热分析法测定水合无机盐的热稳定性

一、实验目的

1. 掌握热分析的基本原理和方法。

2. 测定 $CuSO_4\cdot5H_2O$ 的 DTA 图，分析试样的热稳定性和热反应机理。

二、实验原理

差热分析(differential thermal analysis，DTA)是测定试样在受热(或冷却)过程中，由于物理变化或化学变化所产生的热效应来研究物质转化及花絮而反应的一种分析方法。

物质在受热或者冷却过程中个，当达到某一温度时，往往会发生熔化、凝固、晶型转变、分解、化合、吸收、脱附等物理或化学变化，因而产生热效应，其表现为体系与环境(样品与参比物之间)有温度差；另有一些物理变化如玻璃化转变，虽无热效应发生但比热同等某些物理性质也会发生改变，此时物质的质量不一定改变，但温度必定会变化。差热分析就是在物质这类性质基础上，基于程序控温下测量样品与参比物的温度差与温度(或时间)相互关系的一种技术。

DTA 仪器的构造如 2-30 所示，工作原理是在程序温度控制下恒速升温(或降温)时，通过热偶点极连续测定试样同参比物间的温度差 ΔT，从而以 ΔT 对 T 作图得到差热曲线，如图 2-31 所示，进而通过对其分析处理获取所需信息。

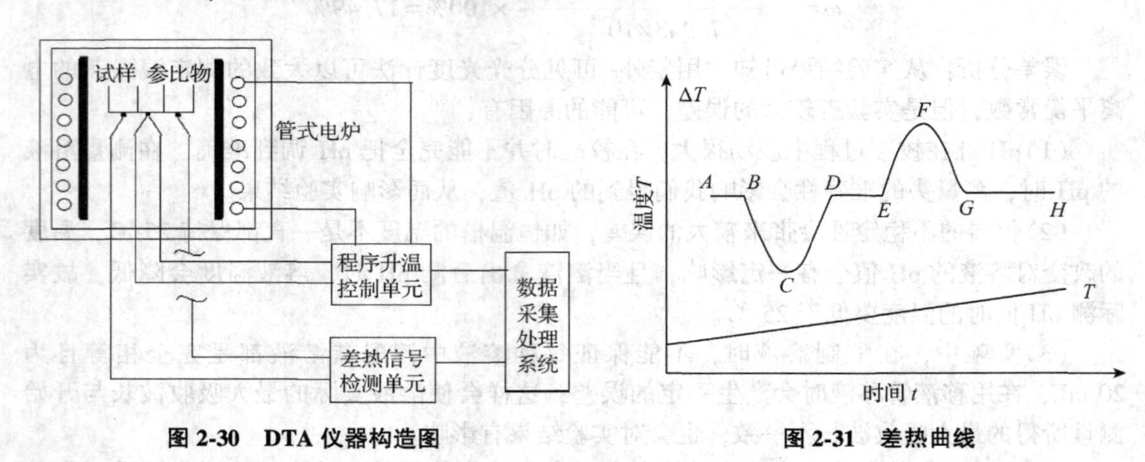

图 2-30 DTA 仪器构造图

图 2-31 差热曲线

在进行 DTA 测试时，试样和参比物分别放在两个样品池内，加热炉以一定速率升温，若试样没有热反应，则它的温度和参比物温度间温差 $\Delta T=0$，差热曲线为一条直线，称为基线；若试样在某温度范围内有吸热(放热)反应，则试样温度将停止(或加快)上升，试样和参比物之间产生温差 ΔT，将该信号放大，有计算机进行数据采集处理后形成 DTA 峰形曲线，根据出峰的温度及其面积的大小与形状进行分析。

曲线中差热峰的面积与过程的热效应呈正比，样品的质量比焓变为：

$$\Delta H=\frac{K}{m}\int_{b}^{d}\Delta t\mathrm{d}\tau \tag{2-35}$$

式中，m 为样品质量；b，d 分别为峰的起始、终止时刻；Δt 为时间 τ 内样品与参比物的温差；$\int_{b}^{d}\Delta t\mathrm{d}\tau$ 代表峰面积；K 为仪器常数，可用数学方法推导，但较麻烦，本实验用已知热效应的物质进行标定。

三、仪器和试剂

1. 仪器

HCR 型差热分析仪、分析天平、坩埚、镊子。

2. 试剂

$CuSO_4\cdot 5H_2O$ (AR)、α-Al_2O_3

四、实验步骤

1. 开机

打开仪器后面面板上的电源开关，指示灯亮，说明整机电源已接通。开机半个小时后可以进行测试工作。

2. 称量样品

取一个带盖坩埚，称量记录后采零，加入6~7 mg已研磨的待测物$CuSO_4 \cdot 5H_2O$，记录数据后，将盖子盖上，压紧。取另一个带盖坩埚，按照相同的操作称取与待测物质量相当的参比物α-Al_2O_3，将盖子盖上后压紧。

3. 放置样品

双手轻抬起炉子，以左手为中心，右手逆时针轻轻旋转炉子。左手轻轻扶着炉子上，用左手拇指扶着右手拇指，防止右手抖动。用右手把参比物放在左边的托盘上，把待测物放在右边的托盘上，轻轻放下炉体。(操作时轻上轻下)

4. 启动热分析软件

依次设定所需参数，包括样品名称、样品质量、操作者、量程、升温范围、升温速率等，然后开始测定。

5. 采集数据

记录升温曲线和差热曲线。

6. 实验结束

取出坩埚，关闭仪器。

五、注意事项

(1)坩埚一定要清理干净，否则埚垢不仅影响导热，杂质在受热过程中也会发生物理化学变化，影响实验结果的准确性。

(2)样品必须研磨得很细，否则差热峰不明显，但也不要太细，一般差热分析样品研磨到200目为宜。样品要均匀平铺在坩锅底部，否则作出的曲线极限不平整。

六、数据记录和处理

1. 指出热分析图谱中各峰的起始温度和峰值，计算响应变化过程的热效应。

2. 讨论伴随程序控温过程体系的变化机理，样品的热稳定性。

七、思考与讨论

1. 差热分析为什么要用参考物？对它有什么要求？

2. 如何辩明反应是吸热还是放热？为什么加热过程中，即使样品没有发生变化，差热曲线仍然会出现较大的漂移？

3. 反应前后差热曲线的基线往往不在一条水平线上，为什么？

第三章　动力学实验

实验十一　蔗糖水解反应速率常数的测定

一、实验目的

1. 了解蔗糖水解反应体系中各物质浓度与旋光度之间的关系。
2. 测定蔗糖水解反应的速率常数和半衰期。
3. 了解旋光仪的基本原理，并掌握其正确使用方法。

二、实验原理

一级反应的速率方程可由式(3-1)表示，即

$$-\frac{\mathrm{d}c}{\mathrm{d}t}=kc \tag{3-1}$$

积分式(3-1)可得：

$$\ln c=-kt+\ln c_0 \tag{3-2}$$

式中，c_0 为反应物的初始浓度；c 为 t 时刻反应物的浓度；k 为反应速率常数。

一级反应的半衰期为：

$$t_{1/2}=\frac{\ln 2}{k}=\frac{0.693}{k} \tag{3-3}$$

从式(3-3)可以看出，一级反应的半衰期与起始浓度无关，这是一级反应的一个特点。

若用 $\ln c$ 对 t 作图应为一直线，这是一级反应的另一个特点，故可由直线的斜率求速率常数 k。蔗糖在水中转化成葡萄糖与果糖，其反应为：

$$C_{12}H_{22}O_{11}(\text{蔗糖})+H_2O\xrightarrow{H^+}C_6H_{12}O_6(\text{葡萄糖})+C_6H_{12}O_6(\text{果糖})$$

为使水解反应加速，常以酸为催化剂，故反应在酸性介质中进行。此反应的反应速率与蔗糖的浓度、水的浓度以及催化剂 H^+ 的浓度有关。但反应过程中，由于水是大量的，可认为水的浓度基本是恒定的，且 H^+ 是催化剂，其浓度也保持不变，故反应速率只与蔗糖的浓度有关，所以蔗糖水解反应可看作一级反应。

蔗糖及水解产物均为旋光性物质，但他们的旋光能力不同，故可以利用体系在反应过程中旋光度的变化来度量反应进程，测量旋光度所用的仪器称为旋光仪。溶液旋光度与溶液中所含旋光物质的种类、浓度、溶剂的性质、液层厚度、光源的波长及温度等均有一定关系。

在蔗糖水解反应中，反应物蔗糖是右旋性物质，比旋光度为 $[\alpha]_D^{20}=66.6°$，生成物中

葡萄糖也是右旋性物质，比旋光度为$[\alpha]_D^{20}=52.5°$，而果糖则是左旋性物质，$[\alpha]_{D\upsilon}^{20}=-91.9°$。随着反应的进行，右旋角不断减小。当反应进行到某一时刻，体系的旋光度经过零点，然后左旋角不断增加，当蔗糖完全转化时，左旋角达到最大值α_∞。设蔗糖尚未转化时，体系最初的旋光度为：

$$\alpha_0 = K_{反} c_0 \tag{3-4}$$

最终系统的旋光度为：

$$\alpha_\infty = K_{生} c_0 \tag{3-5}$$

当时间为t时，蔗糖浓度为c，此时旋光度为α_t

$$\alpha_t = K_{反} c + K_{生}(c_0 - c) \tag{3-6}$$

联立式(3-4)、式(3-5)、式(3-6)可得：

$$c_0 = \frac{\alpha_0 - \alpha_\infty}{K_{反} - K_{生}} = K(\alpha_0 - \alpha_\infty) \tag{3-7}$$

$$c = \frac{\alpha_t - \alpha_\infty}{K_{反} - K_{生}} = K(\alpha_t - \alpha_\infty) \tag{3-8}$$

将式(3-7)、式(3-8)代入速率方程即得：

$$\ln(\alpha_t - \alpha_\infty) = -kt + \ln(\alpha_0 - \alpha_\infty) \tag{3-9}$$

以$\ln(\alpha_t-\alpha_\infty)$对$t$作图可得一直线，从直线的斜率即可求得反应速率常数$k$，也可求反应的半衰期。

三、仪器和试剂

1. 仪器

旋光仪、水浴恒温槽、停表、50 mL 移液管、150 mL 锥形瓶、50 mL 烧杯、电子台秤、吸耳球。

2. 试剂

蔗糖(AR)、3 mol/L 盐酸溶液、蒸馏水。

四、实验步骤

1. 旋光仪的校正

(1)了解和熟悉旋光仪的构造和使用方法。

(2)开启水浴恒温槽的电源开关，并将水浴恒温槽的温度控制在 60 ℃。

(3)旋光仪零点的校正蒸馏水为非旋光性物质，可用来校正仪器的零点。将旋光管的一端盖子旋紧，由其另一端加入蒸馏水，然后旋紧套盖，但不要过紧，以不漏水为准。如果管中有气泡，可将气泡导入旋光管粗肚部分。用滤纸将旋光管外部擦干，旋光管两端的玻璃片可用擦镜纸擦净。打开光源，把旋光管放入旋光仪内，调整目镜焦距使视野清楚，然后旋转检偏镜至视野中所观察到明暗相等的三分视野为止。记下检偏镜的旋转角，重复数次，取其平均值，此值即为仪器的零点。

2. 测定

(1)配制蔗糖溶液。用天平称取 10.00 g(精确至 0.01g)蔗糖放入烧杯内，加少量蒸馏水溶解后转移到 50 mL 容量瓶中，用蒸馏水稀释至刻度。

(2)旋光度的测定。将 50 mL 配制好的蔗糖溶液，置于干净的锥形瓶中，再用移液管吸取 50.00 mL 3 mol · L^{-1} HCl 注入蔗糖溶液中。当 HCl 溶液流出一半时，用停表开始计时(作为反应开始的时间)。HCl 全加入后混合均匀，迅速用少量的混合液洗涤旋光管两次，然后将反应液加入旋光管内，测定 α_t，5 min、10 min、15 min、20 min、25 min、30 min、40 min、50 min、60 min，依次各测一次旋光度。

(3) α_∞ 的测定。将剩余的反应混合物放入 60 ℃恒温水浴中，加热 60 min，使反应充分后，冷却至室温后装入旋光管测定 α_∞。

五、注意事项

(1)速率常数 k 与浓度有关，所以酸的浓度必须精确，以保证反应体系中 H^+浓度与实验要求的相一致。

(2)在放置旋光管上的玻璃片时，将玻璃盖片沿管口轻轻推上盖好，再旋紧套盖，勿使其漏水或产生气泡。

(3)旋光仪使用中，若两次测定中间间隔时间较长，则应切断电源，让灯管休息一会，在下次使用时，提前 10 min 开启。

(4)对三分视野的明暗判断影响实验值的精度，因此要求判断时尽可能作到快而准。

六、数据记录与处理

1. 数据记录

实验过程的数据记录于表 3-1 中。

表 3-1 实验数据记录表

实验温度：__________ ℃ 盐酸浓度：__________ mol · L^{-1} 零点：__________ $-\alpha_\infty$：__________

反应时间/min	α_t	$\alpha_t-\alpha_\infty$	$\ln(\alpha_t-\alpha_\infty)$	K_1
5				
10				
15				
20				
25				
30				
40				
50				
60				

2. 数据分析

根据表 3-1 的数据，以 $\ln(\alpha_t-\alpha_\infty)$ 对 t 作图，线性拟合得到一条直线和一个线性方程，从而可知直线的斜率、截距。根据式(3-2)、式(3-3)、式(3-9)即可求得蔗糖水解反应的速率常数、半衰期。

已知蔗糖水解反应的理论速率常数为 0.03514，求出相对误差。

七、思考与讨论

1. 蔗糖水解反应速率常数和哪些因素有关？

2. 在旋光度的测量中为什么要对零点进行校正？它对旋光度的精确测量有什么影响？

在本实验中若不进行校正对结果是否有影响？

3. 记录反应开始的时间晚了一些，是否影响 k 值的测定？为什么？

实验十二　电导法测定乙酸乙酯皂化反应的速率常数

一、实验目的

1. 用电导率仪测定乙酸乙酯皂化反应进程中的电导率。
2. 学会用图解法求二级反应的速率常数，并计算该反应的活化能。
3. 学会使用电导率仪和恒温水浴。

二、基本原理

乙酸乙酯皂化是一个二级反应，其反应式为：

$$CH_3COOC_2H_5+Na^++OH^-\rightarrow CH_3COO^-+Na^++C_2H_5OH$$

在反应过程中，各物质的浓度随时间改变。某一时刻的 OH^- 离子浓度，可以用标准酸滴定，也可以通过测量溶液的某些物理性质求出。以电导率仪测定溶液的电导率值 κ 随时间的变化关系，可以监测反应的进程，进而可以求算反应的速率常数。二级反应的速率与反应物的浓度有关。方便起见，设计实验时反应物的浓度均采用 c_0 作为起始浓度，当反应时间为 t 时，反应所生成的 CH_3COO^- 和 C_2H_5OH 的浓度为 c，则 $CH_3COOC_2H_5$ 和 NaOH 的浓度为 (c_0-c)，设逆反应可以忽略，则有：

	$CH_3COOC_2H_5$	+	NaOH	→	CH_3COONa	+	C_2H_5OH
$t=0$	c_0		c_0		0		0
$t=t$	c_0-c		c_0-c		c		c
$t\rightarrow\infty$	$\rightarrow 0$		$\rightarrow 0$		$\rightarrow c_0$		$\rightarrow c_0$

二级反应的速率方程可表示为：

$$-\frac{dc}{dt}=k(c_0-c)^2 \tag{3-10}$$

积分式(3-10)得：

$$\frac{c}{c_0(c_0-c)}=kt \tag{3-11}$$

起始浓度 c_0 为已知，因此只要由实验测得不同时间 t 时的 c 值，以 $\frac{c}{(c_0-c)}$ 对 t 作图，应得一直线，从直线的斜率便可求出 k 值。

由于反应是在稀水溶液中进行的，因此可以假定 CH_3COONa 全部电离。溶液中参与导电的离子有 Na^+、OH^- 和 CH_3COO^- 等，而 Na^+ 在反应前后浓度不变，OH^- 的迁移率比 CH_3COO^- 大得多。随反应时间的增加，OH^- 不断减少，而 CH_3COO^- 不断增加，所以体系的电导值不断下降。在一定范围内可以认为体系的电导值减少量和 CH_3COONa 的浓度 c 的增加量呈正比，即

$$t=t\text{ 时},\ c=\beta(\kappa_0-\kappa_t) \tag{3-12}$$

$$t=\infty\text{ 时},\ c_0=\beta(\kappa_0-\kappa_\infty) \tag{3-13}$$

式(3-12)和式(3-13)中，κ_0 和 κ_t 分别为起始和 t 时的电导值，κ_∞ 为反应终了时的电导值，β 为比例常数。将式(3-12)和式(3-13)代入式(3-11)，得：

$$(\kappa_0 - \kappa_t)/(\kappa_t - \kappa_\infty) = c_0 kt \tag{3-14}$$

从直线方程式(3-14)可知，只要测定出 κ_0、κ_∞ 以及一组值以后，利用$(\kappa_0-\kappa_t)/(\kappa_t-\kappa_\infty)$对 t 作图，应得一直线，由斜率即可求得反应的速率常数 k，k 的单位为 $min^{-1}\cdot mol^{-1}\cdot dm^3$。由电导与电导率 κ 的关系式：

$$G = \kappa \frac{A}{l} \tag{3-15}$$

将式(3-15)代入式(3-14)得：

$$\kappa_t = \frac{1}{c_0 k}\cdot\frac{k_0 - k_t}{t} + \kappa_\infty \tag{3-16}$$

本实验可以不测 κ_∞，通过实验测定不同时间溶液的电导率 κ_t 和起始溶液的电导率 κ_0，以 κ_t 对$(\kappa_0-\kappa_t)/t$ 作图，也得一直线，从直线的斜率也可求出反应速率数 k 值。

在不同温度 T_1、T_2 时测出反应速率常数 $K(T_1)$、$K(T_2)$，则由阿伦尼乌斯(Arrhenius)公式求反应的活化能。

$$\ln\frac{k_2}{k_1} = \frac{E(T_2-T_1)}{RT_1T_2} \tag{3-17}$$

式(3-17)中，k_1 为 T_1 时测的反应速率常数；k_2 为 T_2 时测的反应速率常数；R 为摩尔气体常数；E 为反应的活化能。

三、仪器和试剂

1. 仪器

DDSJ-308A 型电导率仪、秒表、恒温水浴、双管电导池、2 支 10 mL 移液管、吸耳球。

2. 试剂

0.0100 $mol\cdot dm^{-3}$ NaOH 溶液、0.0200$mol\cdot dm^{-3}$ NaOH 溶液、0.0100 $mol\cdot dm^{-3}$ CH_3COONa 溶液、0.0200$mol\cdot dm^{-3}$ $CH_3COOC_2H_5$ 溶液。

四、实验步骤

(1)启动恒温水浴，调至所需温度。

(2)电导率仪的调节。

本实验采用 DDSJ-308A 型电导率仪，其正面图如图 3-1 所示。DDSJ-308A 型电导率仪是一台智能型的实验室常规分析仪器，它适用于实验室精确测量水溶液的电导率及温度、总溶解固体量(TDS)及温度，也可以测量纯水的纯度与温度，以及海水淡化处理中的含盐量的测定。对常数 1.0、10 类型的电导电极有“光亮”和“铂黑”两种形式。电导电极出厂时，每支电极都标有一定的电极常数。用户需将此值输入仪器。例如，电导电极常数为 0.98，则具体操作如下：在电导率测量状态下，按“电极常数”键，仪器显示很多字，其中“选择”指选择电极常数档次，“调节”指调节当前档次下的电极常数值。当电导率≥100.00 mS/cm 时，必须采用电极常数为 10 的电极($1\ \mu S=10^{-6}S$)。

电源插座接通通用电器源的电源，仪器可以进行正常操作。按下“ON/OFF”键，仪器将显示厂标、仪器型号、名称，即“DDSJ-308A 型电导率仪”。几秒后，仪器自动进入测量工作状态，此时仪器采用的参数为用户最新设置的参数。如果用户不需要改变参数，则无需进行任何操作，即可直接进行测量。测量结束后，按“ON/OFF”键，仪器关机。如果需要改变参数(如改变电极常数，改变测定模式)，可通过仪器提示进行参数改变。

(3) κ_0 和 κ_∞ 的测量(两个不同温度 25 ℃和 30 ℃下)

采用双管电导池，其装置如图 3-2 所示。

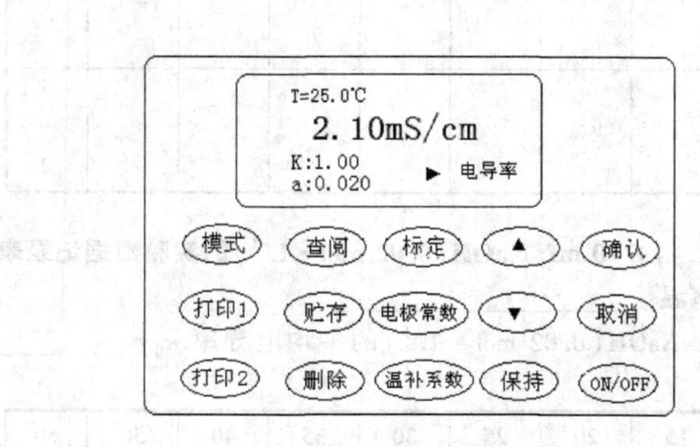

图 3-1　电导率仪正面图

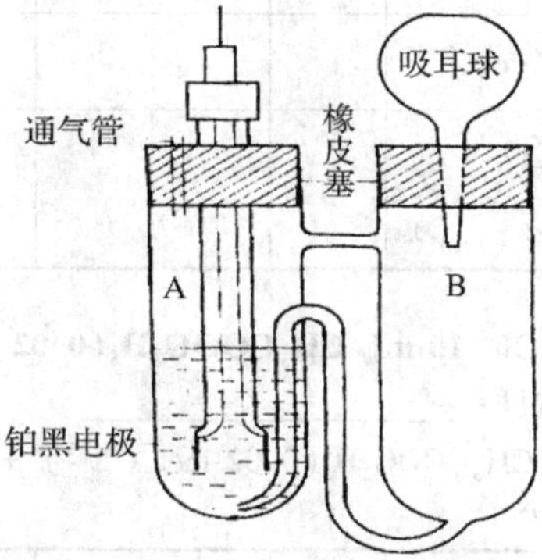

图 3-2　双管电导池装置示意

实验过程中，先将铂黑电极取出，浸入电导水中。然后取下橡皮塞，将双管电导池洗净烘干，加入适量 0.0100 mol · dm^{-3} NaOH 溶液，再将铂黑电极取出，用相同浓度的 NaOH 溶液淋洗。按图 3-2 组装电导池，置于恒温水浴 10 min。接上电导率仪，按实验步骤 3，测量溶液的电导率值，每隔 2 min 读一次数据，读三次取平均值 κ_0。以 0.0100 mol · dm^{-3} CH_3COONa 溶液的电导率值作为 κ_∞ 反应结束后，倾去反应物，洗净电导池，重新测量 κ_∞，如果与反应前的电导率值基本一致，可终止实验。(本实验中可以不测 κ_∞)

(4) κ_t 的测量(分别在 25 ℃和 30 ℃环境下)

双管电导池和电极的处理方法同前，安装后置于恒温水浴内，然后用移液管吸取 10 mL 0.0200 mol · dm^{-3} NaOH 注入 A 管，用移液管吸取 10 mL 0.0200 mol · dm^{-3} $CH_3COOC_2H_5$ 注入 B 管，置于恒温水浴 10 min，用吸耳球将 $CH_3COOC_2H_5$ 压入 A 管。注入一半时，记录时间。反复压几次，使溶液混合均匀，并立即开始测量其电导值，每隔 2 min 读一次数据，直至电导值变化不大时(一般反应时间为 45 min 至 1 h)，可停止测量。反应结束后，倾去反应物，洗净电导池，将铂黑电极侵入电导水中。

五、注意事项

(1) 为避免溶于水中的 CO_2 引起 NaOH 浓度的变化，要用无 CO_2(通常先煮沸)的冷却蒸馏水。

(2) 反应物 NaOH 和 $CH_3COOC_2H_5$ 的浓度相同，可确定为 2A 级反应；否则便是 A-B 级反应。

(3) 乙酸乙酯皂化反应是吸热反应，混合后最初几分钟测值偏低，故第 1 点应 5 min 之后。温度对实验数据的影响大，须待被测体系恒温 10 min，否则会引起始时温度的不恒定而使电导偏低或偏高，导致实验作图线性不佳。

六、数据记录与处理

1. 数据记录

实验过程的数据记录于表 3-2、表 3-3 中。

表 3-2　25 ℃下 10 mL $CH_3COOC_2H_5$(0.02 mol · L^{-1}) + 10 mLNaOH(0.02 mol · L^{-1})的实验数据记录表

初始浓度：＿＿＿＿＿＿＿＿＿＿　　室温：＿＿＿＿＿＿＿＿＿＿

t/min	3	6	9	12	15	20	25	30	35	40	50	60
$\kappa_t/\mu\Omega^{-1}\cdot cm^{-1}$												
$\frac{\kappa_0-\kappa_t}{t}$/ $\mu\Omega^{-1}\cdot cm^{-1}\cdot min^{-1}$												

表 3-3　35 ℃时 10 mL $CH_3COOC_2H_5$(0.02 mol · L^{-1}) + 10 mL NaOH(0.02 mol · L^{-1})的实验数据记录表

初始浓度：＿＿＿＿＿＿＿＿＿＿　　室温：＿＿＿＿＿＿＿＿＿＿

10 mL $CH_3COOC_2H_5$(0.02 mol · L^{-1}) + 10 mL NaOH(0.02 mol · L^{-1})的平均电导率 κ_0 = ＿＿＿＿＿ $\mu\Omega^{-1}\cdot cm^{-1}$

t/min	3	6	9	12	15	20	25	30	35	40	50	60
$\kappa_t/\mu\Omega^{-1}\cdot cm^{-1}$												
$\frac{\kappa_0-\kappa_t}{t}$ $/\mu\Omega^{-1}\cdot cm^{-1}\cdot min^{-1}$												

2. 数据分析

根据表 3-2 和表 3-3 的数据，计算出 25 ℃和 30 ℃下 10 mL $CH_3COOC_2H_5$(0.02 mol · L^{-1}) + 10 mL NaOH(0.02 mol · L^{-1})的平均电导率，然后以 κ_t 对$(\kappa_0-\kappa_t)/t$作图，线性拟合得到两条直线和两个线性方程，从而可知直线的斜率、截距，根据式(3-16)即可求得 25 ℃和 30 ℃下乙酸乙酯皂化反应的速率常数，由阿仑尼乌斯公式(3-17)，计算反应活化能和指前因子。

七、思考与讨论

1. 为何本实验要在恒温条件下进行，而且 $CH_3COOC_2H_5$ 和 NaOH 溶液在混合前还要预先恒温？

2. 反应分子数和反应级数是两个完全不同的概念，反应级数只能实验来确定。试问如何从实验结果来验证乙酸乙酯皂化反应为二级反应？

3．乙酸乙酯皂化反应为吸热反应，试问在反应过程中如何处置这一影响而使实验得到较好的结果？

4. 如果 NaOH 与 $CH_3COOC_2H_5$ 溶液均为浓溶液，试问能否用此方法求得 k 值？为什么？

5. 为什么用 0.01 mol · dm^{-3} NaOH 和 0.01 mol · dm^{-3} CH_3COONa 溶液测其电导率就可以认为是 κ_0和 κ_∞？

实验十三　量气法测定过氧化氢催化分解反应速率常数

一、实验目的

1. 学习使用量气法研究过氧化氢的分解反应。

2. 了解一级反应的特点，掌握用图解计算法求反应速率常数。

二、实验原理

H_2O_2 在室温下，没有催化剂存在时，分解反应进行得很慢，但加入催化剂(如 Pt、Ag、MnO_2、碘化物)时能促使其较快分解，分解反应按下式进行：

$$H_2O_2 \longrightarrow H_2O + \frac{1}{2}O_2 \tag{1}$$

在催化剂 KI 作用下，H_2O_2 分解反应的机理为：

$$H_2O_2 + KI \longrightarrow KIO + H_2O(\text{慢}) \tag{2}$$

$$KIO \longrightarrow KI + \frac{1}{2}O_2(\text{快}) \tag{3}$$

整个分解反应的速率由慢反应式(2)决定：

$$-\frac{dc_{H_2O_2}}{dt} = k_{H_2O_2}c_{KI}c_{H_2O_2} \tag{3-18}$$

式中，c 表示各物质的浓度，$mol \cdot L^{-1}$；t 为反应时间，s；$k_{H_2O_2}$ 为反应速率常数，它的大小仅取决于温度。

$$-\frac{dc_{H_2O_2}}{dt} = k_1 c_{H_2O_2} \tag{3-19}$$

式中，k_1 为表观反应速率常数。

此式表明，反应速率与 H_2O_2 浓度的一次方呈正比，故称为一级反应。将式(3-19)积分得：

$$\ln c_t = -k_1 t + \ln c_0 \tag{3-20}$$

式中，c_0，c_t 分别为反应物过氧化氢在起始时刻和 t 时刻的浓度。反应半衰期为：

$$t_{1/2} = \frac{\ln 2}{k_1} = \frac{0.693}{k_1} \tag{3-21}$$

由反应方程式可知，在常温下，H_2O_2 分解的反应速率与氧气析出的速率呈正比。析出的氧气体积可由量气管测量。令 V_∞ 表示 H_2O_2 全部分解所放出的 O_2 体积，V_t 表示 H_2O_2 在 t 时刻放出的 O_2 体积，则 $c_t \propto (V_\infty - V_t)$。将式(3-21)带入式(3-20)，得到：

$$\ln(V_\infty - V_t) = -k_1 t + \ln V_\infty \tag{3-22}$$

本实验采用静态法测定 H_2O_2 分解反应速率常数，实验装置如图 3-3 所示。

三、仪器和试剂

1. 仪器

H_2O_2 分解反应速率测量装置、分析天平、AB204-N 福廷式气压计、水银温度计(分度值±0.1 ℃)、秒表、100 mL 茄形瓶、10 mL 和 25 mL 移液管、50 mL 酸式滴定管、25 mL

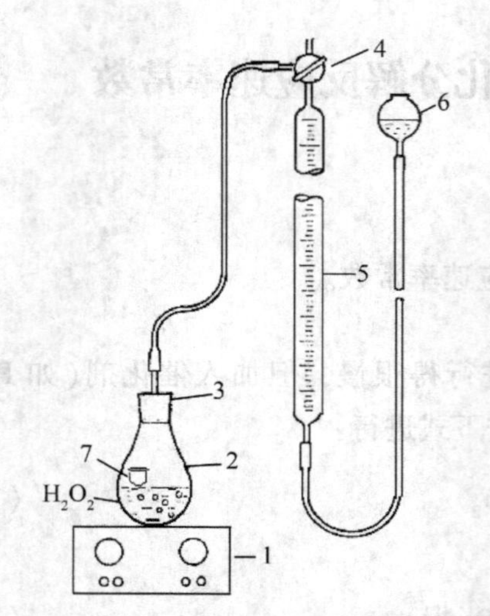

图 3-3 H_2O_2 分解反应速率测量装置

1. 电磁搅拌；2. 茄形瓶；3. 磨口塞；4. 活塞；5. 量气管；6. 水准瓶；7. 塑料盖

量筒、150 mL 锥形瓶、塑料盖、镊子。

2. 试剂

0.35 % H_2O_2 溶液（准确浓度待标定）、固体碘化钾（AR）、3 mol · L^{-1} H_2SO_4 溶液、0.02260 mol · L^{-1} $KMnO_4$、蒸馏水、凡士林、纸巾。

四、实验步骤

（1）用移液管移取 25.00 mL 浓度约为 0.35 %的 H_2O_2 溶液放入茄形瓶中，加入磁搅拌子。用分析天平准确称量约 0.0500 g（精确至 0.0001）固体碘化钾放入到小塑料盖内，再用镊子将其小心放入到盛有 H_2O_2 溶液的茄形瓶中，让盖子漂浮在液面上，不能让 H_2O_2 接触到固体碘化钾。

（2）试漏，旋转图 3-3 中 H_2O_2 分解反应速率测量装置的活塞 4，使量气管与大气相通，举高水准瓶，使液体充满量气管。然后旋紧磨口塞 3，通过反复调整水准瓶和活塞 4 到合适的位置，让反应体系和量气管相通而与大气隔绝的情况下，量气管内液面的位置在刻度 1.00 附近。读取量气管液面对应的读数。然后把水准瓶放在较低的位置，若量气管中的液面仅在初始有下降，而在随后 2 min 内保持不变，表示系统不漏气，否则应找出系统漏气的原因，并设法排除。

（3）用手摇动茄形瓶，使塑料盖中的固体碘化钾与 H_2O_2 充分混合，记录反应起始时间，同时开启电磁搅拌开关，调节搅拌速度至中档。

（4）每隔一定时间读取一次量气管内液面所对应的刻度，直至反应进行到 10 ~ 12 min 左右，记录的实验点有 7 ~ 8 个即可结束本次实验。为避免量气管内因气压增大而漏气，在液面下降的同时，应慢慢移动水准瓶，使两液面大致保持在同一水平面，直至反应结束。

（5）改变催化剂固体碘化钾的量分别为 100 mg 和 150 mg 左右重复上面的实验。

（6）H_2O_2 准确浓度的标定。移取 H_2O_2 溶液 10.00 mL 置于 150 mL 锥形瓶中，加入 10.00 mL 3 mol · L^{-1} H_2SO_4 溶液，用 0.0226 mol · L^{-1} $KMnO_4$ 标准溶液滴定至淡粉红色，读取消耗 $KMnO_4$ 标准溶液的体积。重复 3 次，取平均值。

五、注意事项

（1）读取量气管读数时务必使水准瓶内液面和量气管内液面处于同一水平。

（2）系统漏气多发生在茄形瓶磨口塞处，可涂抹凡士林或真空脂。

六、数据记录与处理

1. 实验中 V_∞ 可用化学分析法测定

先在酸性溶液中用 $KMnO_4$ 标准溶液滴定求出过氧化氢的起始浓度，滴定反应为：

$$2MnO_4^- + 6H^+ + 5H_2O_2 = 2Mn^{2+} + 5O_2\uparrow + 8H_2O \qquad (4)$$

再求所用过氧化氢按式（1）完全分解时产生 O_2 的摩尔数，根据理想气体状态方程就可以计算出 V_∞，即

$$V_{\infty} = \frac{n_{O_2}RT}{P_{大气} - P^*_{H_2O}} \tag{3-23}$$

式中，$P_{大气}$为大气压；$P^*_{H_2O}$为实验温度下水的饱和蒸气压；T为实验温度；R为摩尔气体常数。

严格地讲，用含水量气管测量气体体积时，都包含着水蒸气的分体积。若在某温度时，水蒸气已达饱和，则V_t应按下式计算：

$$V_t = V_{t,\ 测量}\left(1 - \frac{P^*_{H_2O}}{P_{大气}}\right) \tag{3-24}$$

2. 福廷式气压计读数的校正

气压计的校正公式为：

$$P_{大气} = P_t - \Delta_t - \Delta \tag{3-25}$$

式中，P_t为气压计的读数；Δ_t为温度校正项；Δ为重力加速度及气压计本身的误差校正项。本实验使用的福廷式气压计$\Delta = 0$。温度校正项Δ_t为：

$$\Delta_t = \frac{(\beta - \alpha)t}{1 + \beta t}P_t \tag{3-26}$$

已知在0~35 ℃时，汞的平均体膨胀系数$\beta = 0.0001815\ ℃^{-1}$，黄铜的平均线膨胀系数为$\alpha = 0.0000184\ ℃^{-1}$。

3. 水的饱和蒸气压（$P^*_{H_2O}$/Pa）与温度的关系（表3-4）

表3-4　水的饱和蒸气压与温度的关系

温度 T/℃	0.0	0.2	0.4	0.6	0.8
23	2808.83	2842.96	2877.49	2912.42	2947.75
24	2983.35	3019.48	3056.01	3092.80	3129.37
25	3167.20	3204.93	3243.19	3281.99	3321.32
26	3360.91	3400.91	3441.31	3481.97	3523.27
27	3564.90	3607.03	3649.56	3629.49	3735.82
28	3779.55	3823.67	3868.34	3913.53	3959.26
29	4005.39	4051.92	4098.98	4146.58	4194.44

七、思考与讨论

1. 若实验在开始测量时，已经先放掉了一部分氧气，这样做对实验结果有没有影响？为什么？

2. 读取O_2体积时，为什么要使水准瓶内液面和量气管内液面处于同一水平？

3. 反应中固体碘化钾起催化作用，它的浓度与实验测得的表观反应速率常数k_1的关系如何？

实验十四 纳米 TiO_2 光催化降解甲基橙

一、实验目的

1. 掌握确定反应级数的方法。
2. 测定甲基橙光催化降解反应速率常数和半衰期。
3. 了解光催化反应仪和可见分光光度计的使用方法。

二、基本原理

1972 年，Fujishima 和 Honda 发现光照的 TiO_2 单晶电极能分解水，推动了有机物和无机物光氧化还原反应的研究。1976 年，Cary 在近紫外光的照射下用二氧化钛的悬浊液可使多氯联苯脱氯，光催化反应逐渐成为人们关注的热点之一。

光催化法能有效地将烃类、卤代有机物、表面活性剂、染料、农药、酚类、芳烃类等有机污染物降解为相对环境友好的 CO_2、H_2O 等无机化，污染物中的 X 原子、S 原子、P 原子和 N 原子等则分别转化为 X^-、SO_4^{2-}、PO_4^{3-}、NH_4^+、NO_3^- 等无机离子。光催化法具有能够彻底消除有机污染物，无二次污染，且可在常温常压下进行等优点，因此，在消除污染物的研究领域日趋活跃。

光催化通常以半导体如 TiO_2、ZnO、CdS、Fe_2O_3、WO_3、SnO_2、ZnS、$SrTiO_3$、CdSe、CdTe、In_2O_3、FeS_2、GaAs、GaP、SiC、MoS_2 等作催化剂，其中 TiO_2 具有价廉无毒、化学及物理稳定性好、耐光腐蚀、催化活性好等优点，是目前广泛研究、效果较好的光催化剂。目前，纳米 TiO_2 的制备技术及在水和气相有机、无机污染物的光催化去除等研究取得很大进展，是极具前途的环境污染深度净化技术，在环境保护领域受到广泛关注。

半导体自身的光电特性决定其催化剂特性。半导体含有能带结构，一般是由一个充满电子的低能价带和一个空的高能导带构成，中间隔着禁带。当半导体价带上的电子吸收光能被激发到导带，在导带上产生带负电的高活性光生电子(e)，在价带上留下空穴产生带正电的光生空穴(h^+)，形成光生电子-空穴对，研究证明，当 pH = 1 时用能量等于或大于禁带宽度的光($\lambda < 388$ nm 的近紫外光)照射锐钛矿型 TiO_2 半导体光催化剂时，空穴的能量为 7.5 eV，具有强氧化性，电子则具有强还原性。

当光生电子和空穴到达表面时，可发生两类反应。第一类是简单的复合，如果光生电子与空穴没有被利用，则会重新复合，使光能以热能的形式散发掉，表示为：

$$e + h^+ \longrightarrow N + 能量(光能\ or\ 热能)$$

第二类是电子和空穴在移动到表面后，分别和表面物质反应生成高活性的氧化自由基。主要的一些反应如下：

$$TiO_2 \longrightarrow e + h^+$$

$$OH^- + h^+ \longrightarrow \cdot OH$$

$$H_2O + h^+ \longrightarrow \cdot OH + H^+$$

$$O_2 + e + H^+ \longrightarrow \cdot O_2^- + H^+ \rightarrow \cdot OOH$$

$$2HOO\cdot \longrightarrow O_2 + H_2O_2$$

$$\cdot O_2 + H_2O_2 \longrightarrow OH + OH^- + O_2$$

$$\cdot O_2^- + 2H^+ \longrightarrow H_2O_2$$

此外 ·OH，·OOH 和 H_2O_2 之间可以相互转化：

$$\cdot OH + H_2O_2 \longrightarrow \cdot OOH + H_2O_2$$

有机物即使是生物也难以降解的各种有机物，在光催化体系中利用高度活性的羟基自由基 ·OH 反应，被无选择性地氧化成无机化合物。甲基橙染料无挥发性，是一种工业上常见的偶氮类染料，其分子式如图 3-4 所示。

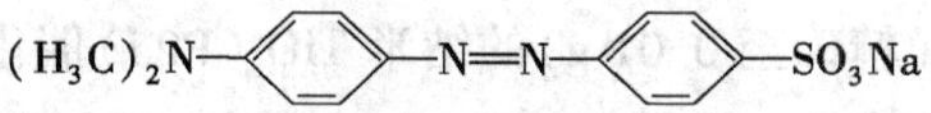

$$(H_3C)_2N-C_6H_4-N=N-C_6H_4-SO_3Na$$

图 3-4　甲基橙分子结构

实验证明甲基橙是较难降解的有机污染物，具有相当高的抗直接光分解和氧化的能力，且其浓度可采用分光光度法测定，方法简便，因而常被用做光催化反应的模型反应物（图 3-5）。

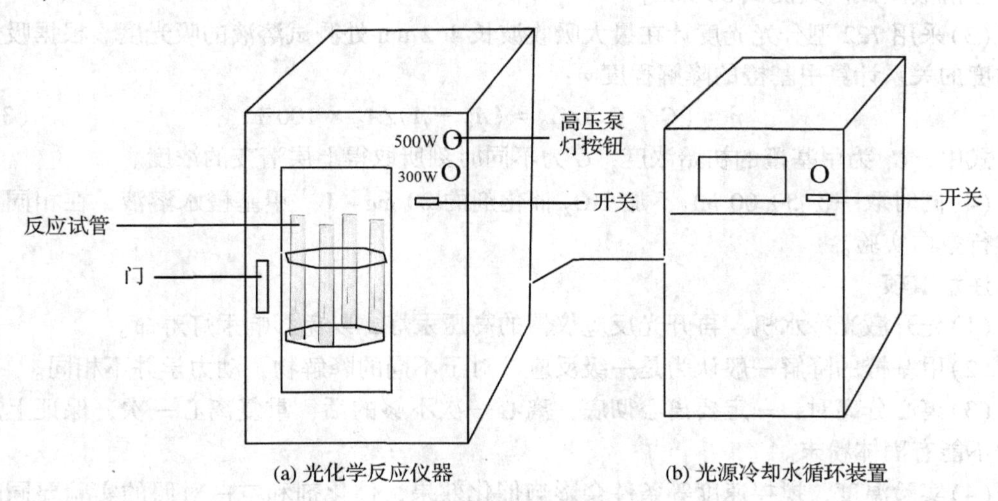

(a) 光化学反应仪器　　(b) 光源冷却水循环装置

图 3-5　实验装置示意

三、仪器和试剂

1. 仪器

722 型分光光度计、300 W 高压汞灯、光催化反应器、充气泵、恒温水浴、磁力搅拌器、离心机、电子台秤、秒表、10 mL 移液管、20 mL 移液管、500 mL 量筒、吸耳球、7 支离心管。

2. 试剂

1000 mg · L^{-1} 甲基橙贮备液、纳米 TiO_2(P25)、蒸馏水。

四、实验步骤

1. 配置 20 mg · L^{-1} 甲基橙溶液

向 500 mL 的容量瓶中加入 10.00 mL 的 1000 mg · L^{-1} 的甲基橙贮备液，用蒸馏水稀释至刻度，配成 20 mg · L^{-1} 的甲基橙溶液。

2. 调整分光光度计零点

打开722型分光光度计电源开关，预热至稳定。调节分光光度计的波长旋钮至462 nm。打开比色槽盖，即在光路断开时，调节“0”旋钮，使透光率值为0。取一只1 cm比色皿，加入参比溶液蒸馏水，擦干外表面(光学玻璃面应用擦镜纸擦拭)，放入比色槽中，确保放蒸馏水的比色皿在光路上，将比色槽盖合上，即光路通时，调节“100”旋钮使透光率值为100%。

3. 甲基橙光催化降解

(1)每次称取0.01 g(精确至0.01 g)的纳米TiO_2(P25)催化剂放入光催化反应器，并加入50.00 mL的20 mg · L^{-1}甲基橙水溶液，含催化剂的甲基橙水溶液首先在暗处预吸附30 min，使甲基橙在催化剂的表面达到吸附/脱附平衡。

(2)打开光反应仪器的光源，选取300 W高压汞灯，波长设置为254 nm。在磁力搅拌下，每隔5 min取约5.00 mL溶液，将所得样品在一定转速下离心分离5 min去除催化剂，取上层清液测试。共测试30 min。

(3)采用722型分光光度计在最大吸收波长462 nm处测试溶液的吸光度。根据吸光度与浓度的关系计算甲基橙的降解程度η:

$$\eta = (C - C_0)/C_0 = (A_0 - A)/A_0 \times 100\% \tag{3-27}$$

式中，C_0为甲基橙的初始浓度；C为不同时刻所取得上层清夜的浓度。

(4)同时取一份50.00 mL不加TiO_2催化剂的20 mg · L^{-1}甲基橙水溶液，在相同条件下进行空白实验。

五、注意事项

(1)先开激光冷水机，再开光反应仪器的高压汞灯，以免影响汞灯寿命。

(2)甲基橙的降解一般认为是一级反应，对于不同的降解物，动力学并不相同。

(3)离心分离时，一定要离心彻底，离心一次不够的话，重复离心一次，保证上层清夜中不能有固体粉末。

(4)实验温度、搅拌速度等条件会影响催化效果，催化剂和空白对照的实验要同时进行，并且保证反应条件一致。

六、数据记录与处理

1. 数据记录

将实验数据填入表3-5中，格式如下：

室温：__________℃　大气压：__________ kPa

表3-5　甲基橙光催化降解实验数据

时间 t/min	A	(A_0-A)	η	$\frac{1}{A}$	$\ln(\frac{1}{A})$
0					
5					
10					
15					

（续）

时间 t/min	A	(A_0-A)	η	$\frac{1}{A}$	$\ln(\frac{1}{A})$
20					
25					
30					

2. 数据分析

(1)采用积分法中的作图法，作 $\ln(1/A)-t$ 关系图，根据动力学相关知识，确定反应级数。

(2)由所得直线的斜率求出反应的速率常数 k_1。

(3)计算甲基橙光催化降解的半衰期 $t_{\frac{1}{2}}$。

(4)作 $\eta-t$ 图，分析甲基橙的降解率与时间的关系。

七、思考与讨论

1. 实验中，为什么用蒸馏水作参比溶液来调节分光光度计的透光率值为 100%？一般选择参比溶液的原则是什么？
2. 甲基橙溶液需要准确配制吗？
3. 甲基橙光催化降解速率与哪些因素有关？

实验十五　碘钟反应

一、实验目的

1. 了解浓度、温度对反应速率的影响。
2. 学习测定 $K_2S_2O_8$ 氧化 KI 的反应速率常数及活化能的原理和方法。
3. 练习用计算法、作图法处理实验数据。

二、实验原理

在水溶液中，$K_2S_2O_8$ 与 KI 发生如下离子反应式：

$$S_2O_8^{2-} + 3I^- \rightleftharpoons 2SO_4^{2-} + I_3^- \quad (1)$$

为了能够测定一定时间(Δt)内 $S_2O_8^{2-}$ 浓度的变化量，在混合过二硫酸铵、碘化钾溶液的同时加入一定体积已知浓度并含有淀粉(指示剂)的 $Na_2S_2O_3$ 溶液，在式(1)进行的同时，有下列反应进行：

$$2S_2O_3^{2-} + I_3^- \rightleftharpoons 2S_4O_6^{2-} + 3I^- \quad (2)$$

反应式(2)比反应式(1)进行得快，故反应式(1)生成的 I_3^- 立即与 $S_2O_3^{2-}$ 作用生成无色的 $S_4O_6^{2-}$ 和 I^-，因此反应开始一段时间内溶液无颜色变化，但当 $Na_2S_2O_3$ 耗尽，反应式(1)生成的微量碘很快与淀粉作用，而使溶液呈现特征性的蓝色，由于此时(即 Δt) $S_2O_3^{2-}$ 全部耗尽，所以 $S_2O_8^{2-}$ 的浓度变化相当于全部用于消耗 $Na_2S_2O_3$。由上可知，控制在每个反应中硫代硫酸钠的物质的量均相同，这样从反应开始到出现蓝色的这段时间可作为反应初速的计量，即可用来度量本反应的初速。由于这一反应能显示自身反应进程，故称为

"碘钟"反应。

1. 反应级数和速率常数的确定

当反应温度和溶液的离子强度一定时，式(1)的反应速率方程可写为：

$$-\frac{d[S_2O_8^{2-}]}{dt}=k[S_2O_8^{2-}]^m[I^-]^n \tag{3-28}$$

在测定反应级数的方法中，反应初速法能避免反应产物的干扰，求得反应物的真实级数。如果选择一系列的初始条件，测出对应析出碘量为 $\Delta[I_2]$ 的蓝色出现时间 Δt，则反应的初始速率为：

$$-\frac{d[S_2O_8^{2-}]}{dt}=\frac{d[I_3^-]}{dt}=\frac{\Delta[I_3^-]}{\Delta t} \tag{3-29}$$

根据式(3-29)的反应计量关系结合硫代硫酸钠的等量假设，可知：

$$\frac{\Delta[I_3^-]}{\Delta t}=\frac{2\Delta[S_2O_3^{2-}]}{\Delta t} \tag{3-30}$$

根据式(3-28)、式(3-29)、式(3-30)可知：

$$\frac{2\Delta[S_2O_3^{2-}]}{\Delta t}=k[S_2O_8^{2-}]^m[I^-]^n \tag{3-31}$$

移项，两边取对数可得：

$$\ln\frac{1}{\Delta t}=\ln\frac{k}{2\Delta[S_2O_3^{2-}]}+m\ln[S_2O_8^{2-}]+n\ln[I^-] \tag{3-32}$$

因而固定 $[I^-]$，以 $\ln\frac{1}{\Delta t}$ 对 $\ln[S_2O_8^{2-}]$ 作图，根据直线的斜率即可求出 m；固定 $[S_2O_8^{2-}]$，同理可以求出 n。然后根据求出的 m 和 n，计算出在室温下"碘钟反应"的反应速率常数 k。

2. 反应活化能的测定

根据阿仑尼斯方程(Arrhenius)：

$$\ln k=\ln A-\frac{E}{RT} \tag{3-33}$$

假设在室温范围内活化能不随温度改变，测出不同温度下从反应开始到出现蓝色所需的时间 Δt，计算出不同温度下的反应速率常数，以 $\ln k$ 对 $\frac{1}{T}$ 作图，根据直线的斜率即可求出活化能 E。

三、仪器和试剂

1. 仪器

恒温水浴槽、10 mL 移液管、5 mL 移液管、2 mL 移液管、吸耳球、秒表、玻璃棒、4 个 50 mL 烧杯。

2. 试剂

0.2 $mol \cdot L^{-1}$ $(NH_4)_2S_2O_8$ 或 $K_2S_2O_8$ 溶液、0.2 $mol \cdot L^{-1}$ KI 溶液、0.2 $mol \cdot L^{-1}$ $(NH_4)_2SO_4$ 或 K_2SO_4 溶液、0.4%淀粉溶液、0.01 $mol \cdot L^{-1}$ $Na_2S_2O_3$ 溶液。

四、实验步骤

1. *反应级数和速率常数的测定*

按照表3-6所列数据将每组的$(NH_4)_2S_2O_8$溶液、$(NH_4)_2SO_4$溶液和淀粉溶液放入烧杯A中混合均匀，KI溶液和$Na_2S_2O_3$溶液放入B烧杯中混合均匀，并放入恒温水浴锅中恒温10 min，设置恒温温度为25 ℃，然后将两份溶液混合，当混合至一半时开始计时，并不断搅拌，当溶液出现蓝色时即停止计时。

表3-6　"碘钟反应"动力学数据测量的溶液配制表

编号	$(NH_4)_2S_2O_8$/mL	$(NH_4)_2SO_4$/mL	KI/mL	$Na_2S_2O_3$/mL	淀粉指示剂/mL
1	10.00	6.00	4.00	5.00	2.00
2	10.00	4.00	6.00	5.00	2.00
3	10.00	2.00	8.00	5.00	2.00
4	10.00	0.00	10.00	5.00	2.00
5	8.00	2.00	10.00	5.00	2.00
6	6.00	4.00	10.00	5.00	2.00
7	4.00	6.00	10.00	5.00	2.00

2. *反应活化能的测定*

取5号溶液按照上述步骤作30 ℃、35 ℃、40 ℃的实验，求出活化能。

五、注意事项

(1)碘钟反应速率与温度有关。

(2)B烧杯中的溶液会随室温降低，KI以晶体析出，微热又溶解。

(3)A烧杯中的溶液不宜放置太久，否则过氧化氢分解失效而导致实验失败。

六、数据记录与处理

1. 取实验编号1、2、3、4的数据，以$\ln[\frac{1}{\Delta t}]$对$\ln[I^-]$作图，根据直线斜率求n；取实验编号4、5、6、7的数据，以$\ln[\frac{1}{\Delta t}]$对$\ln[S_2O_8{}^{2-}]$作图，同样根据直线斜率求m。

2. 根据实验所得数据按式(3-28)和式(3-29)计算反应速率常数，以$\ln k$对$1/T$作图求出反应活化能。

七、思考与讨论

1. 碘钟反应的基本条件是什么？
2. 根据实验原理及实验方法，活化能的测定是否可以简化？
3. 活化能与温度有无关系？活化能大小与反应速率有何关系？
4. 用反应初速法测定动力学参数优点是什么？

实验十六　电动势法测定甲酸氧化动力学

一、实验目的

1. 利用电动势法测定甲酸被溴氧化的反应动力学。

2. 了解一级反应动力学的特点、规律。

3. 加深对反应速率方程、反应级数、速率常数、活化能等重要概念的理解。

二、实验原理

宏观化学动力学将反应速率与宏观变量浓度、温度等联系起来，建立反应速率方程，方程包含速率常数、反应级数、活化能和指前因子等特征参数，动力学实验主要就是测定这些特征参数。本实验讨论甲酸氧化反应的动力学问题，一定条件下它是简单的一级反应。

甲酸被溴氧化的反应的计量方程式如下：

$$HCOOH + Br_2 \longrightarrow CO_2 + 2H^+ + 2Br^- \tag{1}$$

对此反应，除反应物外，$[Br^-]$和$[H^+]$对反应速率也有影响，严格的速率方程非常复杂。在实验中，当使Br^-和H^+过量、保持其浓度在反应过程中近似不变时，则反应速率方程式可写成：

$$-\frac{d[Br_2]}{dt} = k[HCOOH]^m[Br_2]^n \tag{3-34}$$

如果 HCOOH 的初始浓度比 Br_2 的初始浓度大得多，可认为在反应过程中保持不变，这时式(3-34)可写成：

$$-\frac{d[Br_2]}{dt} = k'[Br_2]^n \tag{3-35}$$

其中，

$$k' = k[HCOOH]^m \tag{3-36}$$

只要实验测得$[Br_2]$随时间变化的函数关系，即可确定反应级数 n 和速率常系 k'。如果在同一温度下，用两种不同浓度的[HCOOH]分别进行测定，则可得两个 k'值。

$$k'_1 = k[HCOOH]^m \tag{3-37}$$

$$k'_2 = k[HCOOH]^m \tag{3-38}$$

联立求解式(3-37)和式(3-38)，即可求出反应级数 m 和速率常数 k。

本实验采用电动势法跟踪 Br_2 浓度随时间的变化，以饱和甘汞电极（或 Ag | AgCl 电极）和放在含 Br_2 和 Br^-的反应溶液中的铂电极组成如下电池：

$$(-)Hg,\ Hg_2Cl_2|Cl^- \| Br^-Br_2,\ Pt(+)$$

该电池的电动势是：

$$E = E^{\ominus}_{Br_2/Br^-} + \frac{RT}{2F}\ln\frac{[Br_2]}{[Br^-]^2} - E_{甘汞} \tag{3-39}$$

在一定温度下，当$[Br^-]$很大，在反应过程中$[Br^-]$浓度可认为保持不变，式(3-39)可写成：

$$E = \text{const.} + \frac{RT}{2F}\ln[\mathrm{Br_2}] \tag{3-40}$$

若甲酸氧化反应对 Br_2 为一级，则：

$$-\frac{\mathrm{d}[\mathrm{Br_2}]}{\mathrm{d}t} = k'[\mathrm{Br_2}] \tag{3-41}$$

两边同时积分，得：

$$\ln[\mathrm{Br_2}] = \text{const.} - k't \tag{3-42}$$

将式(3-42)代入式(3-43)，并对 t 微分，得：

$$k' = -\frac{2F}{RT}\cdot\frac{\mathrm{d}E}{\mathrm{d}t} \tag{3-43}$$

因此，以 E 对 t 作图，如果得到的是直线，则证实上述反应对 Br_2 为一级，并可以从直线的斜率求得 k'。

上述电池的电动势约为 0. 8 V，而反应过程电动势的变化只 30 mV 左右。当用自动记录仪或电子管伏特计测量电势变化时，为了提高测量精度可以采用如图 3-6 所示的接线法。图中用蓄电池或用电池串接 1 kΩ 绕线电位器，于其中分出一恒定电压与电池同极连接，使电池电势对消掉一部分。调整电位器，使对消后剩下约 20～30 mV，因而可使测量电势变化的精度大大提高。

三、仪器和试剂

1. 仪器

SunyLAB200 无纸记录仪、超级恒温槽、分压接线闸、饱和甘汞电极（或 Ag | AgCl 电极）、铂电极、磁力搅拌器、有恒温夹套的反应池（图 3-6）、4 支 5 mL 移液管、1 支 10 mL 移液管、1 支 25 mL 移液管、洗瓶、吸耳球、废液缸。

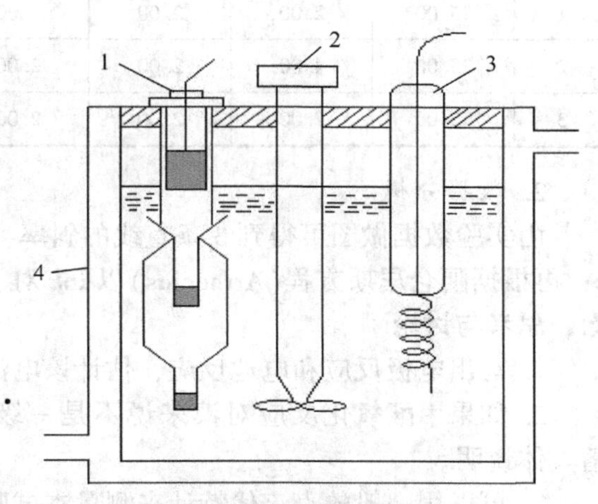

图 3-6　甲酸氧化反应装置示意

1. 甘汞电极；2. 搅拌器；3. 铂电极；4. 夹套反应器

2. 试剂

0. 0075 mol · L^{-1}溴试剂储备液、2. 00 mol · L^{-1} 和 4. 00 mol · L^{-1} 甲酸（HCOOH）溶液、2 mol · L^{-1} 盐酸（HCl）溶液、1 mol · L^{-1} 溴化钾（KBr）溶液、蒸馏水。

四、实验步骤

(1) 调节超级恒温槽至 25 ℃，开动循环泵，使循环水在反应池夹套中循环。

(2) 处理铂电极表面。

(3) 用移液管向反应池中分别加入 75. 00 mL 蒸馏水，10. 00 mL 1 mol · L^{-1} KBr 溶液，5. 00 mL 0. 0075 mol · L^{-1}溴试剂储备液，再加入 5. 00 mL 2 mol · L^{-1} HCl 溶液。

(4) 开动磁力搅拌器，使溶液在反应器内恒温，打开记录仪，调节使其读数可见，等到其读数不再改变，即迹线保持水平一段时间，调节示数到 2. 0 mV 左右，停止记录。取 5 mL 2. 00 mol · L^{-1}的 HCOOH 溶液快速加入反应池，重新开始数据记录，持续 10 min。

(5)使 HCOOH 浓度增大 1 倍(4.00 mol · L^{-1} HCOOH 溶液)，保持温度及其余组分浓度不变，用同样方法进行实验，记录数据。

(6)将温度升至 35 ℃，所加 HCOOH 溶液浓度为 2.00 mol · L^{-1}，其余组分浓度均不变，用同样方法进行实验，记录数据。

(7)用计算机软件在同一个坐标图中作出三次实验的 $E-t$ 图线。

(8)实验结束后，关闭实验仪器的电源，用去离子水冲洗反应池、铂电极。

五、注意事项

(1)实验中温度要恒定，测量必须在同一温度下进行。恒温槽的温度要控制在 25.0 ℃±0.1 ℃或 30.0 ℃±0.1 ℃。

(2)每次测定前，都必须将电导电极及电导池洗涤干净，以免影响测定结果。

六、数据记录与处理

1. 数据记录

将实验数据列表(表 3-7)，格式如下：

室温：________℃　　大气压：________kPa

表 3-7　甲酸氧化反应动力学实验数据记录

序号	温度 T/℃	[HCOOH] /mol · L^{-1}	[HCl] /mol · L^{-1}	[KBr] /mol · L^{-1}	[Br_2] /mol · L^{-1}	$k'\times10^3$	$k\times10^3$	$\ln k$	$\frac{1}{T/K}\times10^3$
1	25.00	2.00	2.00	2.00	2.00				
2	25.00	4.00	2.00	2.00	2.00				
3	35.00	2.00	2.00	2.00	2.00				

2. 数据分析

由实验数据做图可得到 3 条直线的斜率，根据式(3-43)求出 k'，再求出反应速率常数 k；再根据阿仑尼斯方程(Arrhenius)以 $\ln k$ 对 $1/T$ 作图计算反应的表观活化能。

七、思考与讨论

1. 写出电极反应和电池反应，估计该电池的理论电动势约为多少？

2. 如果甲酸氧化反应对溴来说不是一级，能否用本实验的方法测定反应速率系数？请具体说明。

3. 可以用一般的直流伏特计来测量本试验的电势差吗 ？ 为什么？

4. 为什么用记录仪进行测量时要把电池电势对消掉一部分？这样做对结果有无影响？

5. 本实验反应物之一溴是如何产生的？写出有关反应。为什么要加入 5 mL 盐酸？

实验十七　分光光度法测定丙酮碘化反应的速率方程

一、实验目的

1. 掌握用孤立法确定反应级数的方法。

2. 掌握分光光度计的使用和校正方法，实验数据的作图处理方法。

3. 测定用酸作催化剂时丙酮碘化反应的速率常数及活化能。

4. 初步认识复杂反应机理，了解复杂反应的表观速率常数的求算方法。

二、实验原理

$$\underset{\text{A}}{H_3C-\overset{\overset{\large O}{\|}}{C}-CH_3} + I_2 \xrightleftharpoons{H^+} \underset{\text{E}}{H_3C-\overset{\overset{\large O}{\|}}{C}-CH_2I} + I^- + H^+ \tag{1}$$

一般认为反应是按以下两步进行的：

$$\underset{\text{A}}{H_3C-\overset{\overset{\large O}{\|}}{C}-CH_3} \xrightleftharpoons{H^+} \underset{\text{B}}{H_3C-\overset{\overset{\large OH}{|}}{C}-CH_2} \tag{2}$$

$$\underset{\text{B}}{H_3C-\overset{\overset{\large OH}{\|}}{C}-CH_2} + I_2 \longrightarrow \underset{\text{E}}{H_3C-\overset{\overset{\large O}{\|}}{C}-CH_2I} + I^- + H^+ \tag{3}$$

反应(2)是丙酮的烯醇化反应，它是一个很慢的可逆反应。反应(3)是烯醇的碘化反应，它是一个快速且趋于进行到底的反应。因此，丙酮碘化反应的总速率是由丙酮的烯醇化的速率决定，丙酮的烯醇化反应的速率取决于丙酮及氢离子的浓度，如果以碘化丙酮浓度的增加来表示丙酮碘化反应的速率，则此反应的动力学方程式可表示为：

$$\frac{dc_E}{dt} = kc_A c_{H^+} \tag{3-44}$$

式中，c_E 为碘化丙酮的浓度；c_{H^+}为氢离子的浓度；c_A 为丙酮的浓度；k 表示丙酮碘化反应总的速率常数。由反应(3)可知：

$$\frac{dc_E}{dt} = \frac{dc_{I_2}}{dt} \tag{3-45}$$

因此，如果测得反应过程中各时刻碘的浓度，就可以求出$\frac{dc_E}{dt}$。由于碘在可见光区有一个比较宽的吸收带，所以可利用分光光度计来测定丙酮碘化反应过程中碘的浓度，从而求出反应的速率常数。若在反应过程中，丙酮的浓度远大于碘的浓度且催化剂酸的浓度也足够大时，则可把丙酮和酸的浓度看作不变，把式(3-44)代入式(3-45)中，积分得：

$$c_{I_2} = kc_A c_{H^+}\ t + B \tag{3-46}$$

按照朗伯—比耳(Lambert-Beer)定律，某指定波长的光通过碘溶液后的光强为I_t，通过蒸馏水后的光强为 I_0，则透光率可表示为：

$$T = \frac{I}{I_0} \tag{3-47}$$

并且透光率与碘的浓度之间的关系可表示为：

$$\lg T = -\varepsilon d c_{I_2} \tag{3-48}$$

式中，T 为透光率；ε 为比色槽的光径长度，取以 10 为底的对数时的摩尔吸收系数。将式(3-46)代入式(3-48)得：

$$\lg T = k\varepsilon d c_{A} c_{H^+} t + B' \tag{3-49}$$

由 $\lg T$ 对 t 作图可得一直线，直线的斜率为 $k\varepsilon d c_{A}\, c_{H^+}$。式(3-49)中，$\varepsilon d$ 可通过测定一已知浓度的碘溶液的透光率，由式(3-48)求得，当 c_A 与c_{H^+}浓度已知时，只要测出不同时刻丙酮、酸、碘的混合液对指定波长的透光率，就可以利用式(3-49)求出反应的总速率常数 k。

由两个或两个以上温度的速率常数，就可以根据阿累尼乌斯(Arrhenius)关系式估算反应的活化能。

$$E_a = 2.303R\frac{T_2 T_2}{T_2 - T_1}\lg\frac{k_2}{T_1} \tag{3-50}$$

或

$$E_a = \frac{RT_2 T_2}{T_2 - T_1}\ln\frac{k_2}{T_1} \tag{3-51}$$

为了验证上述反应机理，可以进行反应级数的测定。根据总反应方程式(3-51)，可建立关系式(3-52)：

$$V = \frac{\mathrm{d}c_E}{\mathrm{d}t} = kc_A^{\alpha}c_{H^+}^{\beta}c_{I_2}^{\gamma} \tag{3-52}$$

式中，α，β，γ 分别表示丙酮、氢离子和碘的反应级数。由于碘在可见光区有一个比较宽的吸收带，所以可利用分光光度计来测定丙酮碘化反应过程中碘的浓度，从而求出反应的速率常数。若在反应过程中，丙酮的浓度远大于碘的浓度且催化剂酸的浓度也足够大时，则可把丙酮和酸的浓度看作不变，由 $\lg(I_2)-t$ 作图，可得一直线，直线的斜率为反应速率。

若保持氢离子和碘的起始浓度不变，只改变丙酮的起始浓度，分别测定在同一温度下的反应速率，则：

$$\frac{V_2}{V_1} = \left[\frac{c_A(2)}{c_A(1)}\right]^{\alpha} \tag{3-53}$$

$$\alpha = \lg\left(\frac{V_2}{V_1}\right)/\lg\left[\frac{c_A(2)}{c_A(1)}\right] \tag{3-54}$$

同理可求出 β，γ：

$$\beta = \lg\left(\frac{V_3}{V_1}\right)/\lg\left[\frac{c_{H^+}(2)}{c_{H^+}(1)}\right] \tag{3-55}$$

$$\gamma = \lg\left(\frac{V_4}{V_1}\right)/\lg\left(\frac{c_A(2)}{c_A(1)}\right) \tag{3-56}$$

三、仪器和试剂

1. 仪器

752 型紫外-可见分光光度计、比色皿、烧杯、容量瓶、量筒、10 mL 吸量管、停表。

2. 试剂

0.02 $mol \cdot L^{-1}$ 碘溶液、1 $mol \cdot L^{-1}$ 盐酸标准溶液、4 $mol \cdot L^{-1}$ 丙酮溶液、蒸馏水。

四、实验步骤

(1)开机预热分光光度计，待稳定后将波长调到 565 nm。

(2)测定丙酮碘化反应的速率常数：取 10.00 mL 碘溶液加 40 mL 水，倒入比色皿，调整分光光度计为浓度模式，浓度值调为 400(代表实际浓度为 0.004 $mol \cdot L^{-1}$)，按确认键—参比溶液，然后再放入反应溶液，即可随时显示碘的浓度值。每 1 min 读一个数值，每种溶液读取 15 个数。

(3)测定表 3-8 中四组溶液的反应速率。

表 3-8　四组溶液反应速率

编号	0.02 $mol \cdot L^{-1}$ 碘溶液/mL	1 $mol \cdot L^{-1}$ 盐酸标准溶液/mL	4 $mol \cdot L^{-1}$ 丙酮溶液/mL	蒸馏水/mL	总体积/mL
1	10.0	6.0	10.0	14.0	50.0
2	10.0	3.0	10.0	17.0	50.0
3	10.0	6.0	5.0	24.0	50.0
4	5.0	6.0	10.0	19.0	50.0

五、注意事项

(1)温度影响反应速率常数，实验时体系始终要恒温。

(2)实验所需溶液均要准确配制。

六、数据记录与处理

1. 数据记录

将实验数据列表(表 3-9)，格式如下：

室温：________________℃　大气压：________________kPa

表 3-9　实验数据记录表

时间 t	吸光度 A			
	1	2	3	4
1				
2				
3				
…				

2. 数据分析

(1)由实验得到的数据，根据式(3-48)计算 εd 值。

(2)将表 3-9 中的 A 对 t 作图，得一直线，求直线的斜率，并求出反应的速率常数。丙酮碘化反应的速率常数(文献值)：k (25 ℃) = $1.71\times10^{-3}(mol \cdot L^{-1}) \cdot min^{-1}$，$k$(35 ℃) = $5.284\times10^{-3}(mol \cdot L^{-1}) \cdot min^{-1}$。

(3)根据四组溶液的实验测定数据，以 $\lg(I_2)$ 对 t 作图，得到四条直线，求出各直线斜率，即为不同起始浓度时的反应速率，再代入前述式(3-54)、式(3-55)和式(3-56)可求出 α，β，γ，即可求出反应的速率方程。

(4)利用25.0 ℃及35.0 ℃时的 k 值求丙酮碘化反应的活化能。

七、思考与讨论

1. 本实验中，丙酮碘化反应按几级反应处理，为什么？

2. 若想使反应按一级反应规律处理，在反应液配制时应采用什么手段？写出实验方案。

3. 影响本实验结果精确度的主要因素有哪些？

4. 本实验为什么必须选择工作波长为565 nm？

实验十八　弛豫法测定 CrO_4^{2-}—$Cr_2O_7^{2-}$ 反应速率常数

一、实验目的

1. 了解弛豫法测定反应速率的原理和方法。

2. 用体系浓度突变的扰动方法测定铬酸根离子(CrO_4^{2-})和重铬酸根离子($Cr_2O_7^{2-}$)平衡反应的速率常数。

二、实验原理

弛豫法是测定快速反应动力学参数的一种常用实验方法，适用于半衰期小于 10^{-3} 秒的反应。这种方法是将处于平衡状态下的反应体系，应用某种手段快速给其一个微小的扰动，即在极短的时间内，使体系的某一条件(如温度、压力、浓度、pH 值和电场强度等)发生急剧的改变，于是平衡受到破坏，迅速向新的平衡位置移动，再通过快速物理分析方法(如电泳法、分光光度法等)追踪反应体系的变化，直到建立新的平衡状态。平衡体系受到扰动后由不平衡态恢复达到新平衡态的过程称为弛豫，通过跟踪弛豫过程的速率，来测定反应动力学参数的方法称为弛豫法。

设有一平衡体系：

$$2A \underset{k_r}{\overset{k_f}{\rightleftharpoons}} B + C$$

现给其一个扰动，在扰动的瞬间($t=0$)，各组分仍处于原平衡时的浓度，用 $c_i^{\ominus}$ 表示。达到新的平衡后，体系各组分浓度不变，用 c_{ie} 表示，在达到新的平衡前的任意时刻，体系各组分距新平衡的浓度差为 Δc_i，因此任意时刻各组分的浓度可表示为：

$$c_i = c_{ie} + \Delta c_i \tag{3-57}$$

根据反应方程，具体关系式为：

$$-\frac{1}{2}\Delta c_A = \Delta c_B = \Delta c_C = \Delta c \tag{3-58}$$

上述反应体系的速率方程为：

$$\frac{\mathrm{d}c_B}{\mathrm{d}t} = \frac{\mathrm{d}(c_{Be} + \Delta c_B)}{\mathrm{d}t} = \frac{\mathrm{d}\Delta c}{\mathrm{d}t} = k_f(c_{Ae} - 2\Delta c)^2 - k_r(c_{Be} + \Delta c)(c_{Ce} + \Delta c) \tag{3-59}$$

体系平衡时有，$k_f\, c_{Ae}{}^2 = k_r c_{Be} \Delta c_{Ce}$，在有限的微扰内，$\Delta c$ 很小，可忽略二次项，整理得：

$$-\frac{\mathrm{d}\Delta c}{\mathrm{d}t} = [4k_f c_{Ae} + k_r(c_{Be} + c_{Ce})]\Delta c \tag{3-60}$$

积分上式，设 $t=0$ 时的初始浓度差为 Δc_0，则得：

$$\ln\frac{\Delta c}{\Delta c_0} = -\left[4k_f c_{Ae} + k_r(c_{Be} + c_{Ce})\right]t \tag{3-61}$$

或

$$\Delta c = \Delta c_0 \exp\left\{-\left[4k_f c_{Ae} + k_r(c_{Be} + c_{Ce})\right]\right\} \tag{3-62}$$

由式(3-62)可以看出，受到微扰的体系，是按指数衰减规律恢复平衡态的，即弛豫过程具有一级反应的动力学特征。对于这类过程，定义一个特征时间，即弛豫时间 τ 来衡量它衰减的速率，弛豫时间是体系与新平衡浓度之偏差 Δc 减小到初始浓度差 Δc_0 的 e^{-1} 所需要的时间。即当 $t=\tau$ 时，$\Delta c=\dfrac{\Delta c_0}{e}$，据式(3-61)可得：

$$\tau = \frac{1}{4k_f c_{Ae} + k_r(c_{Be} + c_{Ce})} \tag{3-63}$$

弛豫时间 τ 不仅依赖于反应机理及其某一反应的速率常数，还依赖于有关的平衡常数和反应物种的平衡浓度。显然，通过弛豫—时间的测定，结合平衡常数和平衡时各物质的浓度就可利用式(3-63)求出 k_f 和 k_r。

弛豫法以体系建立新的平衡状态作为讨论的基础，其突出的优点在于可以简化速率方程，它能用线形关系来表示，而与反应的级数无关。

本实验选择铬酸根离子(CrO_4^{2-})—重铬酸根离子($Cr_2O_7^{2-}$)体系，用弛豫法测定其反应速率常数，所采用的扰动方式为体系浓度的突变。

$CrO_4^{2-}-Cr_2O_7^{2-}$ 在水中的平衡反应为：

$$2H^+ + 2CrO_4^{2-} \rightleftharpoons 2Cr_2O_7^{2-} + H_2O$$

其反应机理为：

$$H^+ + CrO_4^{2-} \rightleftharpoons HCrO_4^- \quad 快$$

$$2HCrO_4^- \rightleftharpoons Cr_2O_7^{2-} + H_2O \quad 慢$$

反应体系达到平衡时：

$$K_1 = \frac{[HCrO_4^-]}{[H^+][CrO_4^{2-}]} \tag{3-64}$$

$$K_2 = \frac{[Cr_2O_7^{2-}]}{[HCrO_4^-]^2} \tag{3-65}$$

由于 k_1 和 k_{-1} 远大于 k_2 和 k_{-2}，式(3-64)在任何时刻都成立。因此，反应机理中第二步是决速步骤，其速率代表着整个反应体系的速率，其反应速率方程可写为：

$$\frac{d[Cr_2O_7^{2-}]}{dt} = k_2[HCrO_4^-] - k_{-2}[Cr_2O_7^{2-}][H_2O] \tag{3-66}$$

参照上述推理方法，可得体系趋向于新平衡的进展速率方程为：

$$-\frac{d\Delta[Cr_2O_7^{2-}]}{dt} = \left\{4k_2[HCrO_4^-] + k_{-2}[Cr_2O_7^{2-}] + [H_2O]\right\}\Delta[Cr_2O_7^{2-}] \tag{3-67}$$

由于$[H_2O]=[Cr_2O_7^{2-}]$，则式(3-67)可写为：

$$-\frac{d\Delta[Cr_2O_7^{2-}]}{dt}=\left\{4k_2[HCrO_4^-]+k_{-2}[H_2O]\right\}\Delta[Cr_2O_7^{2-}] \tag{3-68}$$

由式(3-68)可得：

$$\tau^{-1}=4k_2[HCrO_4^-]+k_{-2}[H_2O] \tag{3-69}$$

由式(3-69)可见，只要测得弛豫时间 τ，以 τ^{-1} 对$[HCrO_4^-]$作图，便可求得 k_2 和 k_{-2}。

为了求弛豫时间 τ，对式(3-68)作不定积分，可得：

$$-\ln\Delta[Cr_2O_7^{2-}]=\frac{t}{\tau}+a(\text{常数}) \tag{3-70}$$

由式(3-70)可见，只要以$-\ln\Delta[Cr_2O_7^{2-}]$对 t 作图，由直线斜率便可求得 τ，但由于浓度不易监测，需要做以下代换。

当给体系一个微扰时，对式(3-64)，则有下列关系：

$$\Delta[HCrO_4^-]=K_1\left\{[H^+]\Delta[CrO_4^{2-}]+[CrO_4^{2-}]\Delta[H^+]\right\} \tag{3-71}$$

由反应可知：

$$\Delta[H^+]=\Delta[CrO_4^{2-}] \tag{3-72}$$

故有：

$$\Delta[HCrO_4^-]=K_1\left\{[H^+]+[CrO_4^{2-}]\right\}\Delta[H^+] \tag{3-73}$$

令[Cr]表示以各种形态存在的铬(VI)离子浓度总和。即

$$[Cr]=[HCrO_4^-]+2[Cr_2O_7^{2-}]+[CrO_4^{2-}] \tag{3-74}$$

因 $\Delta[Cr]=0$，所以有：

$$\Delta[Cr_2O_7^{2-}]=-\frac{1}{2}\left\{\Delta[HCrO_4^-]+\Delta[H^+]\right\} \tag{3-75}$$

将式(3-73)代入式(3-75)得：

$$\Delta[Cr_2O_7^{2-}]=-\frac{1}{2}\left\{K_1([H^+]+[CrO_4^{2-}])+1\right\}\Delta[H^+] \tag{3-76}$$

由实验条件可知，$[H^+]=10^{-7}\sim10^{-6}\ mol\cdot dm^{-3}$

所以，$K_1([H^+]+[CrO_4^{2-}])\approx K_1[CrO_4^{2-}]\ll1$，且可视为常数，故有下列关系式：

$$-\ln\Delta[Cr_2O_7^{2-}]=-\ln\Delta[H^+]+b(\text{常数})=\frac{t}{\tau}+c(\text{常数}) \tag{3-77}$$

以$-\ln\Delta[H^+]$对时间 t 作图，其斜率为 τ^{-1}。

三、仪器和试剂

1. 仪器

精密数字酸度计、超级恒温槽、电磁搅拌器、秒表、带有恒温夹套的玻璃容器(内径 40 mm，高 110 mm)、50 mL 和 250 mL 容量瓶各 3 个、10 mL、25 mL 和 50 mL 移液管各 1 支、0. 25 mL、1. 0 mL、2. 0 mL 注射器各 1 支，碱式滴定管。

2. 试剂

0. 0600 $mol\cdot dm^{-3}$ KNO_3 溶液、0. 0500 $mol\cdot dm^{-3}$ $K_2Cr_2O_7$ 溶液（含 0. 0600 $mol\cdot dm^{-3}$ KNO_3）、2. 0 $mol\cdot dm^{-3}$ KOH 溶液、0. 5000 $mol\cdot dm^{-3}$ HNO_3 溶液、pH＝4. 008 的邻苯二甲

酸氢甲缓冲溶液(25 ℃)、pH=6.865 的混合磷酸盐(25 ℃)。

四、实验步骤

1. 校正温度

用两点校正法校正 pH 计，恒温槽温度调至 25.0 ℃±0.1 ℃。

2. 扰动液的配制

分别移取 25.00 mL 和 10.00 mL $K_2Cr_2O_7$ 溶液于 50 mL 容量瓶中，用 KNO_3 溶液稀释至刻度，摇匀，得到浓度分别为 2.5×10^{-2} mol · dm^{-3} 和 1.0×10^{-2} mol · dm^{-3} 的两个 $K_2Cr_2O_7$ 溶液 A_1 和 A_2。

3. 被扰动液的配制

分别移取 50.00 mL、25.00 mL 和 10.00 mL $K_2Cr_2O_7$ 溶液于三个 250 mL 容量瓶中，以滴定管滴入适量 KOH 溶液，再用离子强度调节剂 KNO_3 溶液稀至刻度，摇匀，得被扰动液 B_1、B_2、B_3，其 pH 值约在 6.0~7.3 之间，所含 $K_2Cr_2O_7$ 浓度分别为 1×10^{-2} mol · L^{-1}、5×10^{-3} mol · L^{-1} 和 2×10^{-3} mol · L^{-1}。

4. 测量

准确移取 50.00 mL 被扰动液 B 于玻璃容器中，开启搅拌器，插入电极和温度传感器(或温度计)测定 pH 值，并用 KOH 溶液和 HNO_3 溶液进一步调节体系的 pH 值，使之处于 6.0~7.3 之间的某一合适的数值(图 3-7)。待体系温度恒定在 25.0 ℃ ±0.1 ℃，精确记录初始值，用注射器吸取适量扰动液 A 迅速注入被扰动体系 B 中，并精确记录 pH 值随时间的变化关系，可在 pH 值每变化 0.002 单位时，读取时间 t，整个过程需时近百秒。最后等体系到达新的平衡(pH 值恒定 2 min 以上不变)，准确读取其 pH 值。至少测定 6 组不同配比的实验数据。

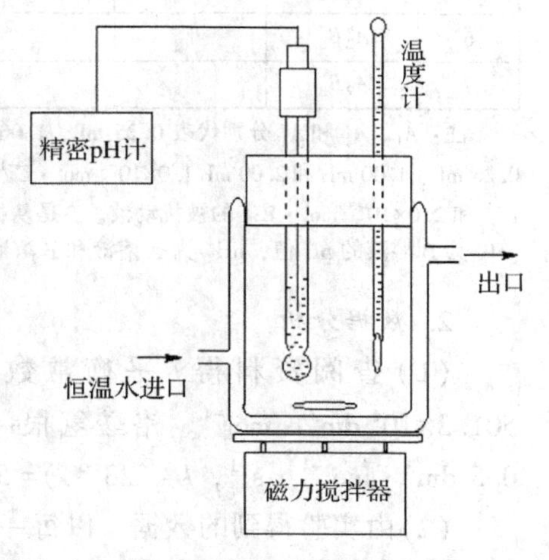

图 3-7　浴法测定 pH 值装置

根据上述所配的两种浓度的扰动液，注射器规格以及三种浓度的被扰动液，可以组成 18 种不同配比的溶液。但为了满足微扰条件，必须控制扰动液 A 的加入量，使体系扰动前后 Cr(Ⅵ) 离子总浓度改变量小于 5%。18 种配比中只有 7 种满足条件。

令A_1、A_1' 和 A_1'' 分别代表 0.25 mL、1.00 mL 和 2.00 mL 2.5×10^{-2} mol · L^{-1} 的扰动液；A_2、A_2' 和 A_2'' 分别代表 0.25 mL、1.00 mL 和 2.00 mL 1.0×10^{-2} mol · L^{-1} 的扰动液；B_1、B_2 和 B_3 分别代表 1.0×10^{-2} mol · L^{-1}、5.0×10^{-3} mol · L^{-1} 和 2.0×10^{-3} mol · L^{-1} 的被扰动液。

满足条件的 7 种配比分别为：A_1B_1、$A_1'B_1$、A_1B_2、A_2B_2、$A_2'B_2$、$A_2''B_2$、A_2B_3。

五、注意事项

(1)被扰动液的值直接影响着的[$HCrO_4^-$]浓度，为了得到较为适宜的 pH 值，可以预先按配制方法移取 50.00 mL 的溶液，用溶液稀释至 230 mL，然后用滴定管滴定一定体积的 KOH 溶液，并测定其 pH 值，以 pH 值对 V_{KOH} 做工作曲线，为实验中调节值提供参考。

(2)式中 Cr(Ⅵ)浓度可以通过所加扰动液和被扰动液的浓度和体积计算。在精密测定中，可以在反应结束后用碘量法滴定。

六、数据记录与处理

1. 数据记录

将实验数据列表(表 3-10)，格式如下：

室温：＿＿＿＿＿℃　大气压：＿＿＿＿＿kPa

表 3-10　实验数据记录表

编号	溶液名称	时间 t/s	$pH_{始}$	$pH_{终}$	ΔpH	$\Delta[H^+]$	$\ln\Delta[H^+]$	水浴温度/℃
1	A_1B_1							
2	$A_1'B_1$							
3	A_1B_2							
4	A_2B_2							
5	$A_2'B_2$							
6	$A_2''B_2$							
7	A_2B_3							

注：A_1、A_1' 和 A_1'' 分别代表 0.25 mL、1.00 mL 和 2.00 mL 2.5×10^{-2} mol · L^{-1} 的扰动液；A_2、A_2' 和 A_2'' 分别代表 0.25 mL、1.00 mL 和 2.00 mL 1.0×10^{-2} mol · L^{-1} 的扰动液；B_1、B_2 和 B_3 分别代表 1.0×10^{-2} mol · L^{-1}、5.0×10^{-3} mol · L^{-1} 和 2.0×10^{-3} mol · L^{-1} 的被扰动液。T 是从微扰开始(即用扰动液 A 向 B 溶液快速混合)至反应达到平衡的时间；$pH_{始}$为 B 溶液的 pH 值；$pH_{终}$为 A 溶液和 B 溶液快速混合后的 pH 值。

2. 数据分析

(1)查阅资料得，平衡常数 K_1(25 ℃) = 1.3×10^6 dm^3 · mol^{-1}，K_2(25 ℃) = 501.3×10^6 dm^3 · mol^{-1}。铬酸氢根—重铬酸根离子反应的速率常数：k_2(23 ℃) = 1.4 ± 0.5 dm^3 · mol^{-1} · s^{-1}，k_{-2}(23 ℃) = 5.3×10^{-4} dm^3 · mol^{-1} · s^{-1}。

(2)由实验得到的数据，以每一种浓度配比以 $\ln\Delta[H^+]$对 t 作图，由直线斜率求得τ^{-1}。

(3)根据式(3-78)求算，填入表 3-11。

$$[HCrO_4^-] = \frac{1}{4K_2}\left\{-\left(1+\frac{1}{K_1[H^+]}\right)+\left(1+\frac{1}{K_1[H^+]}\right)^2+8K_2[Cr(Ⅵ)]\right\} \quad (3\text{-}78)$$

表 3-11　实验数据处理结果

编号	溶液名称	$[HCrO_4^-]\times10^{-3}$ mol · L^{-1}	$\tau^{-1}\times10^2$ s^{-1}
1	A_1B_1		
2	$A_1'B_1$		
3	A_1B_2		
4	A_2B_2		
5	$A_2'B_2$		
6	$A_2''B_2$		
7	A_2B_3		

(4)由表 3-11 中的数据，以τ^{-1}对[$HCrO_4^-$]作图，由式(3-66)求得k_2和k_{-2}。

七、思考与讨论

1. 计算[$HCrO_4^-$]浓度时，为什么用反应达到新的平衡后的 pH 值?

2. 为什么体系的 pH 值选择在 6.0~7.3 之间?

实验十九　催化剂活性的测定—甲醇分解反应

一、实验目的

1. 测量甲醇分解反应中 ZnO 催化剂的催化活性，了解反应温度对催化活性的影响。

2. 熟悉动力学实验中流动法的特点，掌握流动法测定催化剂活性的实验方法。

二、实验原理

催化剂的活性是催化剂催化能力的量度，通常用单位质量或单位体积催化剂对反应物的转化百分率来表示。复相催化时，反应在催化剂表面进行，所以催化剂比表面(单位质量催化剂所具有的表面积)的大小对活性起主要作用。评价测定催化剂活性的方法大致可分为静态法和流动法两种。

1. 静态法

指反应物不连续加入反应器，产物也不连续移去的实验方法；流动法则相反，反应物不断稳定地进入反应器发生催化反应，离开反应器后再分析其产物的组成。

2. 流动法

当流动的体系达到稳定状态后，反应物的浓度就不随时间而变。流动法操作难度较大，计算也比静态法麻烦，保持体系达到稳定状态是其成功的关键，因此各种实验条件(温度、压力、流量等)必须恒定。另外，应选择合理的流速，流速太大时反应物与催化剂接触时间不够，反应不完全，太小则气流的扩散影响显著，有时会引起副反应。

三、仪器和试剂

1. 仪器

管式炉、控温仪、饱和器湿式流量计、氮气钢瓶、电子台秤。

2. 试剂

甲醇(AR)、ZnO 催化剂。

四、实验步骤

(1)检查装置各部件是否接妥，饱和器温度为 40.0 ℃ ±0.1 ℃，杜瓦瓶中放入碎冰和盐。

(2)将空反应管放入炉中，开启氮气钢瓶，通过稳流阀调节气体流量在 100 mL · min^{-1}±5 mL · min^{-1} 内，记下毛细管流速计的压差。开启控温仪使炉子升温到 350℃。在炉温恒定、毛细管流速计压差不变的情况下，每 5 min 记录湿式气体流量计读数一次，连续记录 30 min。

(3)用电子台秤称量 4.00 g(精确至 0.01 g)催化剂，取少量玻璃棉置于反应管中，装好催化剂，其位置应处于反应管的中部。

(4)将装有催化剂的反应管装入炉中，热电偶刚好处于催化剂的中部，控制毛细管流速计的压差与空管时完全相同，待其不变及炉温恒定后，每 5 min 记录湿式气体流量计读数一次，连续记录 30 min。

(5) 调节控温仪使炉温升至 420℃，不换管，重复步骤(4)的测量，完成测量后停止实验。

五、注意事项

(1) 实验中应确保毛细管流速计的压差在有无催化剂时均相同。

(2) 系统必须不漏气。

(3) 实验前需检查湿式流量计的水平和水位，并预先运转数圈，使水与气体饱和后方可进行计量。

六、数据记录与处理

1. 数据记录

将实验数据列表(表 3-12)，格式如下：

室温：____________℃　室内大气压：____________kPa

表 3-12　实验数据记录表

催化剂用量/g	炉温/℃	时间 t/min	流量/L
0.00	350		
	420		
理论：4.00 实称：	350		
	420		

2. 数据处理

(1) 分别以空管及装入催化剂后炉温为 350 ℃、420 ℃时的流量对时间作图，得三条直线，并由三条直线分别求出 30 min 内通入 N_2 的体积 V_{N_2} 和分解反应所增加的体积$V_{N_2}+CO$。

(2) 计算 30 min 内进入反应管的甲醇质量m_{CH_3OH}。

(3) 计算 30 min 内不同温度下，催化反应中分解掉甲醇的质量m'_{CH_3OH}。

(4) 计算不同温度下 ZnO 催化剂的活性。

七、思考与讨论

1. 为什么氮气的流速要始终控制不变？

2. 冰盐冷却器的作用是什么？是否盐加得越多越好？

3. 试评论本实验评价催化剂的方法有什么优缺点。

实验二十　非平衡过程动力学 BZ 震荡反应

一、实验目的

1. 了解 Belousov-Zhabotinsli 反应的基本原理。

2. 初步理解自然界中普遍存在的非平衡非线性问题。

二、实验原理

1. 自催化反应

在给定条件下的反应体系，反应开始后逐渐形成并积累了某种产物或中间体，这些产物具有催化功能，使反应经过一段诱导期后出现大大加速的现象，这种作用称为自(动)催化作用，其特征之一是存在着初始的诱导期。

大多数自动氧化过程都存在自催化作用。油脂腐败，橡胶变质以及塑料制品的老化均属于包含链反应的自动氧化过程，反应开始时进行很慢，但都被其所产生的自由基所加速。

2. 化学振荡

有些自催化反应有可能使反应体系中某些物质的浓度随时间(或空间)发生周期性的变化，即发生化学振荡，而化学振荡反应的必要条件之一是该反应必须自催化反应。化学振荡现象的发生必须满足如下几个条件：①反应必选是敞开体系且远离平衡态，即 $\Delta_r G_m$ 为较负的值；②反应历程中应包含自催化的步骤；③体系中必须能有两个准定态存在。

曾经提出过不少模型来研究化学振荡的反应机理，下面介绍洛特卡(Lotka) –沃尔特拉(Voltella)的自催化模型。

$$A + X \xrightarrow{k_1} 2X \tag{1}$$

$$r_1 = -\frac{d[A]}{dt} = k_1[A][X] \tag{3-79}$$

$$X + Y \xrightarrow{k_2} 2Y \tag{2}$$

$$r_2 = -\frac{d[A]}{dt} = k_2[X][Y] \tag{3-80}$$

$$Y \xrightarrow{k_3} E \tag{3}$$

$$r_3 = -\frac{d[E]}{dt} = k_3[Y] \tag{3-81}$$

其净反应是 $A \rightarrow E$。对微分方程式(3-79)、式(3-80)和式(3-81)求解得

$$k_2[X] - k_3\ln[X] + k_2[Y] + k_1[A]\ln[Y] = 常数 \tag{3-82}$$

这一方程的具体解可用两种方法表示：一种是用$[X]$和$[Y]$对 t 作图，如图 3-8 所示，其浓度随时间呈周期性变化；另一种是以$[X]$对$[Y]$作图得反应轨迹曲线，如图 3-9 所示，为一封闭椭圆曲线。反应轨迹曲线为封闭曲线，则 X 和 Y 的浓度就能沿曲线稳定地周期变化，反应变化呈振荡现象。

中间产物 X、Y(它们同时也是反应物)的浓度的周期性变化可解释为：反应开始时其速率可能并不快，但由于反应(1)生成了 X，而 X 又能自催化反应(1)，所以 X 骤增，随着 X 的生成，使反应(2)发生。开始 Y 的量可能是很少的，故反应(2)较慢，使反应(2)生成的 Y 又能自催化反应(2)，使 Y 的量骤增，但是增加 Y 的同时是要消耗 X 的，则反应(1)的速率下降，生成 X 的量下降，而 X 量的下降又导致反应(2)速率变慢。随着 Y 量变少，消耗 X 的量也减少，从而使 X 的量再次增加，如此反复进行，表现为 X、Y 浓度的周期变化。浓度最高值、最低值所在的点对应着两个准定态。

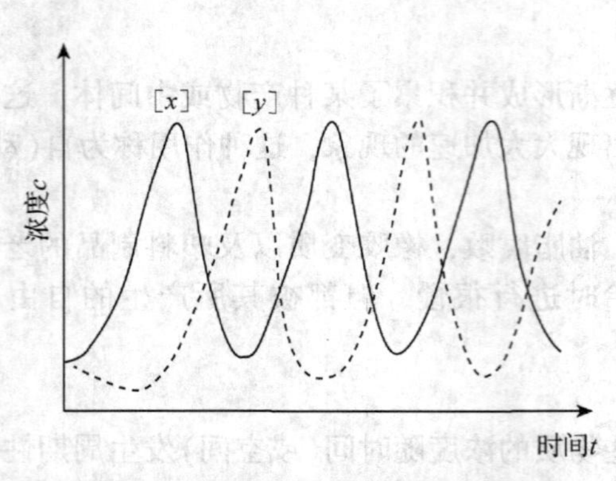

图 3-8 [X]和[Y]随时间的周期性变化

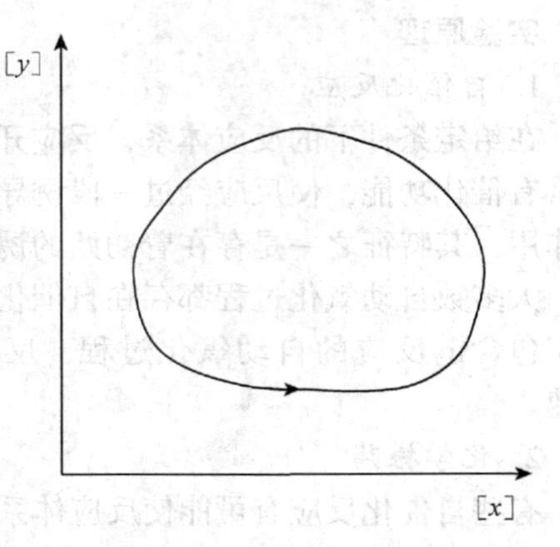

图 3-9 反应轨迹曲线

3. 非平衡非线性理论和耗散结构

非平衡非线性问题是自然科学领域中普遍存在的问题。化学的基本规律是非平衡的，这容易理解，因为处于平衡态的化学反应系统不会发生宏观的化学变化。化学的基本规律又是非线性的。非线性是相对于线性而言的，而线性是指因变量与自变量满足线性关系的函数特性。化学中涉及的许多函数关系都是非线性的，例如，化学反应速率通常是参加反应的各种组分的浓度的非线性函数等。

传统化学热力学理论(平衡理论)和动力学理论(线性理论)不能解释一些现象，如某些反应系统中自发产生时间上或空间上高度有序状态的现象(自组织现象)，而这可以用非平衡非线性理论加以解释。自 20 世纪 60 年代以来，非平衡非线性理论引起了人们的重视。非平衡非线性理论研究的主要问题是耗散结构。

耗散结构论认为：二个远离平衡态的开放体系，通过与外界交换物质和能量，在一定条件下，可能从原来的无序状态转变为一种在时间、空间或功能上有序的状态，形成的新的有序结构是靠不断耗散物质和能量来维持的，称为耗散结构。

耗散结构是在开放和远离平衡的条件下，在与外界环境交换物质和能量的过程中通过内部的非线性动力学机制来耗散环境传来的能量与物质从而形成和维持宏观时空有序的结构。

4. BZ 振荡反应

BZ 体系是指在酸性介质中，有机物在有(或无)金属离子催化的条件下，被溴酸盐氧化构成的体系。这个体系在反应过程中某些中间组分的浓度发生周期性变化，外观表现为反应溶液呈黄色和无色的交替变化，即发生化学振荡现。BZ 化学振荡反应具有耗散结构的特征，是最典型的耗散结构，它是在 1958 年由苏联科学家别诺索夫(Belousov)和柴伯廷斯基(Zhabotinski)发现而得名。

1972 年，R. J. Ficla、E. Koros、R. Noyes 等人通过 BrO_3^-—Ce^{4+}—MA—H_2SO_4 体系的实验对 BZ 振荡反应作出了解释，即提出了 FKN 机理。其主要思想是：当体系中存在着两个受溴离子浓度控制的过程 A 和 B，当$[Br^-]$高于临界浓度$[Br^-]_{crit}$时发生 A 过程，当$[Br^-]$低于$[Br^-]_{crit}$时发生 B 过程，也就是说$[Br^-]$起着开关的作用，它控制着从 A 到 B 的过程，再由 B 到 A 的过程的转变。在 A 过程由于反应的消耗$[Br^-]$降低，当$[Br^-]<[Br^-]_{crit}$时，B 过程发生；在 B 过程中$[Br^-]$再生，$[Br^-]$增加，当$[Br^-]>[Br^-]_{crit}$时，A 过程再次发生，这样体系就在 A，B 过程之间往复振荡。下面以 FKN 机理对 $BrO_3^-—Ce^{4+}—MA—H_2SO_4$ 体系加以解释。

当$[Br^-]>[Br^-]_{crit}$时，发生下列过程：

$$BrO_3^- + Br^- + 2H^+ \xrightarrow{K_1} HBrO_2 + HOBr \quad K_1 = 2.1\ mol^{-3} \cdot L^9 \cdot s^{-1},\ 25℃ \tag{4}$$

$$HBrO_2 + Br^- + H^+ \xrightarrow{K_2} 2HOBr \quad K_2 = 2 \times 10^9\ mol^{-2} \cdot L^6 \cdot s^{-1},\ 25℃ \tag{5}$$

其中第一步是速率控制步，当达到标准态时，有$[HBrO_2]=\frac{K_1}{K_2}[Br_3^-][H^+]$。

当$[Br^-]<[Br^-]_{crit}$时，发生下列过程，Ce^{3+}被氧化，即

$$BrO_3^- + HBrO_2 + H^+ \xrightarrow{K_3} 2BrO_2 + H_2O \quad K_3 = 1 \times 10^4\ mol^{-2} \cdot L^6 \cdot s^{-1},\ 25℃ \tag{6}$$

$$BrO_2 + Ce^{3+} + H^+ \xrightarrow{K_4} HBrO_2 + Ce^{4+} \quad K_4 = 快速 \tag{7}$$

$$2HBrO_2 \xrightarrow{K_5} BrO_3^- + HOBr + H^+ \quad K_5 = 4 \times 10^7\ mol^{-1} \cdot L \cdot s^{-1},\ 25℃ \tag{8}$$

反应式(6)是速率控制步，反应经式(6)、式(7)将自催化产生 $HBrO_2$，到达准定态时：

$$[HBrO_2] \approx \frac{K_3}{2K_5}[BrO_3^-][H^+] \tag{3-83}$$

由反应式(5)和式(6)可以看出 Br^- 和 BrO_3^- 是竞争 $HBrO_2$ 的。当 $K_2[Br^-] > K_3[BrO_3^-]$时，自催化过程式(6)不能发生。自催化是 BZ 振荡反应中必不可少的步骤，否则振荡反应不能发生。Br^-的临界浓度为：

$$[Br^-]_{crit} = \frac{K_3}{K_2}[BrO_3^-] = 5 \times 10^{-6}[BrO_3^-] \tag{3-84}$$

Br^-的再生可通过反应式(9)实现：

$$4Ce^{4+} + BrCH(COOH)_2 + H_2O + HOBr \xrightarrow{K_6} 2Br^- + 4Ce^{4+} + 3CO_2 + 6H^+ \tag{9}$$

该体系的总反应是：

$$2H^+ + 2BrO_3^- + 3CH_2(COOH)_2 \longrightarrow 2BrCH(COOH)_2 + 3CO_2 + 4H_2O \tag{10}$$

振荡的控制物种是 Br^-。

5. *实验装置及有关电势曲线的解释*

本实验的装置如图 3-10 所示，电池由铂电极、甘汞电极和反应溶液组成。记录仪记录的电势是溶液中各种电对电位的综合电势，其中起主导作用的是 Ce^{4+}/Ce^{3+} 氧化还原电对。

图 3-11 是实验记录电势—时间曲线的示意。电势—时间曲线反映了体系实测电势与时间的关系，曲线也反映了因 Ce^{4+}/Ce^{3+} 电对的活度比变化产生的电势变化特点，曲线也反映了振荡过程中中间组分的浓度—时间的关系，从而可以得到振荡反应的特征并加以研究。

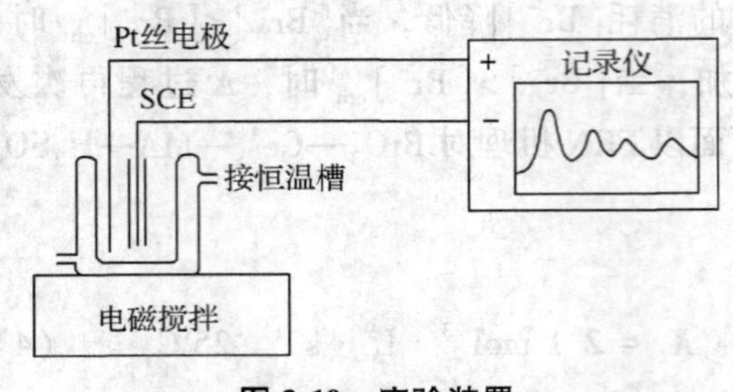

图 3-10 实验装置

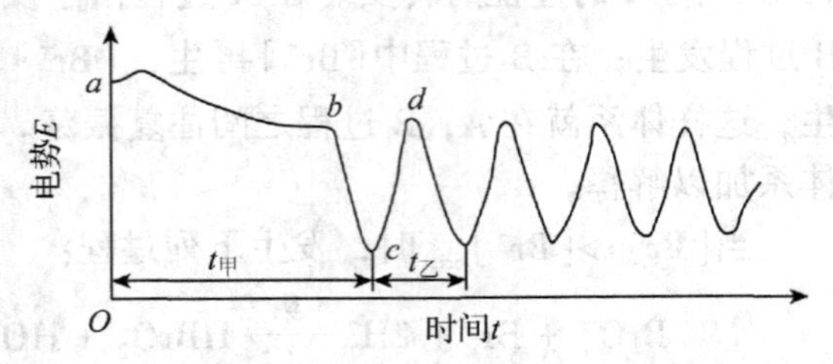

图 3-11 是实验记录电势—时间曲线

硫酸铈铵溶液加入体系后，体系中主要存在的是 Ce^{4+}，而 Ce^{3+} 量较少，此时 $\varphi(Ce^{4+}/Ce^{3+})$ 较大(对应于电势曲线中的 a 点)。反应式(9)缓慢地进行，Ce^{4+} 逐渐减少，同时生成 Br^-(对应于 ab 段)。当 $[Br^-]$ 达到 $[Br^-]_{crit}$ 时(对应于 b 点)，发生 A 过程，所产生的 HOBr 加速了反应式(9)的进行，Ce^{4+} 的量骤减，Ce^{3+} 的量骤增，$\varphi(Ce^{4+}/Ce^{3+})$ 急剧下降(对应于 bc 段)，实验现象表现为溶液由黄色逐渐变为无色。随着 Ce^{4+} 的减少，反应式(9)的速率减慢，生成 Br^- 量减少，而 A 过程消耗 Br，使 $[Br^-]$ 下降。当 $[Br^-]$ 下降到 $[Br^-]_{crit}$ 时(对应于 c 点)，发生 B 过程。这是一个自催化过程，Ce^{4+} 的量骤增，Ce^{3+} 的量骤减，$\varphi(Ce^{4+}/Ce^{3+})$ 急剧上升(对应于 cd 段)，实验现象表现为溶液由无色逐渐变为黄色。Ce^{4+} 的增多使反应式(9)提速，$[Br^-]$ 上升，直到 $[Br^-]_{crit}$(对应于 d 点)。

整个体系处于化学振荡过程中，振荡的控制物种是 Br^-，$[Br^-]$、$[Ce^{4+}]$、$[Ce^{3+}]$ 都周期性变化。c 点 $[Ce^{3+}]$ 有极小值，$[Ce^{4+}]$ 有极大值，d 点 $[Ce^{4+}]$ 有极大值，$[Ce^{3+}]$ 有极小值，这两个点对应着体系的两个准定态。

在不同的温度下测定电势—时间曲线，分别从曲线中得到诱导时间 t_u 和 t_z，根据 Arrhenius 方程，$\ln(1/t_u)$ [或 $\ln(1/t_z)$] $=-E/RT+\ln A$，分别作 $\ln(1/t_u)-1/T$ 和 $\ln(1/t_2)-1/T$ 图，从图中曲线斜率分别得到表观活化能 Eu 和 Ez，同时也可得到经验常数 Au 和 Az。

三、仪器和试剂

1. 仪器

100 mL 反应器、100 mL 容量瓶、20 mL 吸量管、吸耳球、超级恒温槽、磁力搅拌器、数字电压表。

2. 试剂

丙二酸(AR)、溴酸钾(GR)、硝酸铈铵(AR)、浓硫酸(AR)、蒸馏水。

四、实验步骤

(1)按图 3-10 联好仪器，打开超级恒温槽，将温度调节至 25.0 ℃。

(2)配置 0.45 $mol\cdot L^{-1}$ 丙二酸溶液 100 mL、0.25 $mol\cdot L^{-1}$ 溴酸钾溶液 100 mL(需水浴加热溶解)、3.00 $mol\cdot L^{-1}$ 硫酸溶液 100 mL、0.004 $mol\cdot L^{-1}$ 硝酸铈铵硫酸溶液 100 mL(在 0.20 $mol\cdot L^{-1}$ 硫酸介质中配制)。

(3)在 100 mL 反应器中加入已配好的丙二酸溶液、溴酸钾溶液、硫酸溶液各 15.00 mL，恒温 5 min 后加入硝酸铈铵硫酸溶液 15.00 mL，观察溶液颜色的变化，由显示的电势曲线到达第一个峰值时记下相应的诱导时间 $t_{诱}$。

(4)用上述方法改变温度为 30 ℃、35 ℃、40 ℃、45 ℃、50 ℃ 重复试验(后三个温度需做两次取均值)。

五、注意事项

(1)实验中溴酸钾纯度要求高，溴酸钾溶解度小，需用热水浴加热溶解。

(2)配制 0.004 $mol \cdot L^{-1}$ 硫酸铈铵溶液时，一定要在 0.20 $mol \cdot L^{-1}$ 硫酸介质中配制，防止发生水解呈混浊。

(3)反应容器一定要冲洗干净，电极要插入液面下，转子位置和速度要加以控制，不能碰到电极。

(4)反应溶液(包括硫酸铈铵溶液)需预热。

六、数据记录与处理

1. 数据记录

将实验数据列表(表 3-13)，格式如下：

室温：________________℃　　室内大气压：________________ kPa

表 3-13　实验数据记录表

溴酸钾溶液浓度：5 $mol \cdot L^{-1}$，硫酸溶液浓度 3.00 $mol \cdot L^{-1}$						
温度 T/℃	$t_{诱}$/s			$t_{周}$/s		
	1	2	平均值	1	2	平均值
30		—	—		—	—
35		—	—		—	—
40						
45						
50						

2. 数据处理

根据表 3-13 中的实验数据，作 $\ln(1/t_{诱})-1/T$ 图，求出表观活化能。

七、思考与讨论

1. 影响诱导期的主要因素有哪些?

2. 本实验的电势主要代表什么意思，与 Nernst 方程求得的电位有什么不同?

第四章　电化学实验

实验二十一　原电池电动势的测定

一、实验目的

1. 测定 Cu-Zn 电池的电动势和 Cu、Zn 电极的电极电势。
2. 学会一些电极的制备和处理方法。
3. 掌握电位差计的测量原理和正确使用方法。

二、实验原理

原电池电动势不能直接用伏特计来测量，因为电池与伏特计接通后有电流通过，在电池两极上会发生极化现象，使电极偏离平衡状态。另外，电池本身有内阻，伏特计所量得的仅是不可逆电池的端电压。

准确测定电池的电动势只能在无电流(或极小电流)通过电池的情况下进行，需用对消法测定原电池电动势，基本原理示意如图 4-1 所示，在待测电池上并联一个大小相等、方向相反的外加电势差，这样待测电池中没有电流通过，外加电势差的大小即等于待测电池的电动势。

电池由正、负两极组成，电池在放电过程中，正极起还原反应，负极起氧化反应。电池内部还可能发生其他反应，电池反应是电池中所有反应的总和。电池除可用来作为电源

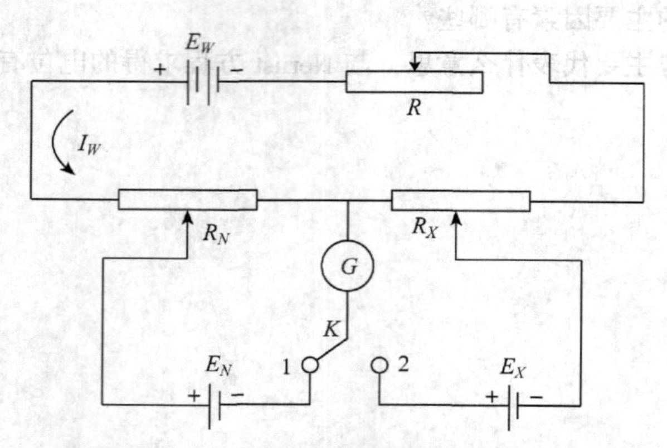

图 4-1　原电池电动势测定基本原理示意

E_W. 工作电源；E_N. 标准电池；E_X. 待测电池；R. 调节电阻；I_W. 工作电流；

R_X. 待测电池电动势补偿电阻；R_N. 标准电池电动势补偿电阻；K. 转换电键；G. 检流计

外，还可用它来研究构成此电池的化学反应的热力学性质。从化学热力学知道，在恒温、恒压、可逆条件下，电池反应有以下关系：

$$\Delta G = -nFE \tag{4-1}$$

式中，ΔG 是电池反应的吉布斯自由能增量；n 为电极反应中得失电子的数目；F 为法拉第常数，其数值为 96500 C；E 为电池的电动势。

测出该电池的电动势 E 后，便可求得 ΔG，进而又可求出其他热力学函数。但必须注意，首先要求电池反应本身是可逆的，即要求电池电极反应是可逆的，并且不存在任何不可逆的液接界。同时要求电池必须在可逆情况下工作，即放电和充电过程都必须在准平衡状态下进行，此时只允许有无限小的电流通过电池。因此，在用电化学方法研究化学反应的热力学性质时，所设计的电池应尽量避免出现液接界，在精确度要求不高的测量中，出现液接界电势时，常用“盐桥”来消除或减小。

在进行电池电动势测量时，为了使电池反应在接近热力学可逆条件下进行，采用电位差计测量。原电池电动势主要是两个电极的电极电势的代数和，如能测定出两个电极的电势，就可计算得到由它们组成的电池的电动势。由式(4-1)可推导出电池的电动势以及电极电势的表达式。下面以铜-锌电池为例进行分析。

电池表示式为：$Zn|ZnSO_4(m_1)\|CuSO_4(m_2)|Cu$

符号“|”代表固相(Zn 或 Cu)和液相($ZnSO_4$ 或 $CuSO_4$)两相界面；“‖”代表连通两个液相的“盐桥”；m_1 和 m_2 分别为 $ZnSO_4$ 和 $CuSO_4$ 的质量摩尔浓度。

当电池放电时，

负极起氧化反应：　$Zn \rightarrow Zn^{2+}(\alpha_{Zn^{2+}})+2e$

正极起还原反应：　$Cu^{2+}(\alpha_{Cu^{2+}})+2e \rightarrow Cu$

电池总反应为：　$Zn+Cu^{2+}(\alpha_{Cu^{2+}}) \rightarrow Zn^{2+}(\alpha_{Zn^{2+}})+Cu$

电池反应的吉布斯自由能变化值为：

$$\Delta G = \Delta G^{\ominus} + RT\ln \frac{\alpha_{Zn^{2+}} \cdot \alpha_{Cu}}{\alpha_{Cu^{2+}} \cdot \alpha_{Zn}} \tag{4-2}$$

式中，$\Delta G^{\ominus}$ 为标准态时自由能的变化值；α 为物质的活度，纯固体物质的活度等于 1，则有：

$$\alpha_{Zn} = \alpha_{Cu} = 1 \tag{4-3}$$

在标准态时，$\alpha_{Zn^{2+}} = \alpha_{Cu^{2+}} = 1$，则有：

$$\Delta G = \Delta G^{\ominus} = -nFE^{\ominus} \tag{4-4}$$

式(4-4)中，$E^{\ominus}$ 为电池的标准电动势。

由式(4-1)至式(4-4)可解得：

$$E = E^{\ominus} - \frac{RT}{nF}\ln \frac{\alpha_{Zn^{2+}}}{\alpha_{Cu^{2+}}} \tag{4-5}$$

对于任一电池，其电动势等于两个电极电势之差值，其计算式为：

$$E = \varphi_{+}(\text{右，还原电势}) - \varphi_{-}(\text{左，还原电势}) \tag{4-6}$$

对铜—锌电池而言：

$$\varphi_{+}=\varphi^{\ominus}_{Cu^{2+},\ Cu}-\frac{RT}{2F}\ln\frac{1}{\alpha(Cu^{2+})} \tag{4-7}$$

$$\varphi_{-}=\varphi^{\ominus}_{Zn^{2+},\ Zn}-\frac{RT}{2F}\ln\frac{1}{\alpha(Zn^{2+})} \tag{4-8}$$

式(4-7)和式(4-8)中，$\varphi^{\ominus}_{Cu^{2+},Cu}$ 和$\varphi^{\ominus}_{Zn^{2+},Zn}$ 是当$\alpha_{Zn^{2+}}=\alpha_{Cu^{2+}}=1$时，铜电极和锌电极的标准电极电势。

对于单个离子，其活度是无法测定的，但强电解质的活度与物质的平均质量摩尔浓度和平均活度系数之间有以下关系：

$$\alpha_{Zn^{2+}}=\gamma_{\pm}m_1 \tag{4-9}$$

$$\alpha_{Cu^{2+}}=\gamma_{\pm}m_2 \tag{4-10}$$

三、仪器和试剂

1. 仪器

UJ25 型电位差计、标准电池、检流计、直流稳压电源、电流表、电压表、饱和甘汞电极、铜、锌电极、电极管、镊子、金相砂纸、洗瓶、脱脂棉、50 mL 小烧杯。

2. 试剂

镀铜溶液(每升含五水合硫酸铜 150 g、硫酸 50 mL、乙醇 50 mL)、硫酸锌(AR)、五水合硫酸铜(AR)、饱和氯化钾溶液、饱和硝酸亚汞、蒸馏水。

四、实验步骤

1. 电极制备

(1)锌电极

先用稀硫酸溶液(约 3 mol · dm^{-3})洗净锌电极表面的氧化物，再用蒸馏水淋洗，然后浸入饱和硝酸亚汞溶液中 3~5 s，用镊子夹住一小团清洁的湿棉花轻轻擦拭电极，使锌电极表面上有一层均匀的汞齐，再用蒸馏水冲洗干净(用过的棉花不要随便乱丢，应投入指定的有盖广口瓶内，以便统一处理)。汞齐化的目的是消除金属表面机械应力不同的影响，使它获得重复性较好的电极电势。把处理好的锌电极插入清洁的电极管内并塞紧，将电极管的虹吸管管口插入盛有 0.1000 mol · dm^{-3} $ZnSO_4$ 溶液的小烧杯内，用针管或吸耳球自支管抽气，将溶液吸入电极管至高出电极约 1 cm，停止抽气，旋紧夹子。电极的虹吸管内(包括管口)不可有气泡，也不能有漏液现象。

(2)铜电极

先用稀硫酸溶液(6 mol · dm^{-3})洗净铜电极表面的氧化物，再用蒸馏水淋洗，然后把它作为阴极，另取一块铜片作为阳极，在硫酸铜溶液内进行电镀，其装置如图 4-2 所示。电镀的条件是：电流密度为 25 mA · cm^{-2} 左右，电镀时间为 20~30 min，电镀后应使铜电极表面有一紧密的镀层，取出铜电极，用蒸馏水冲洗干净。由于铜表面极易氧化，故须在测量前进行电镀，且尽量使铜电极在空气中暴露的时间少一些。装配铜电极的方法与锌电极相同。

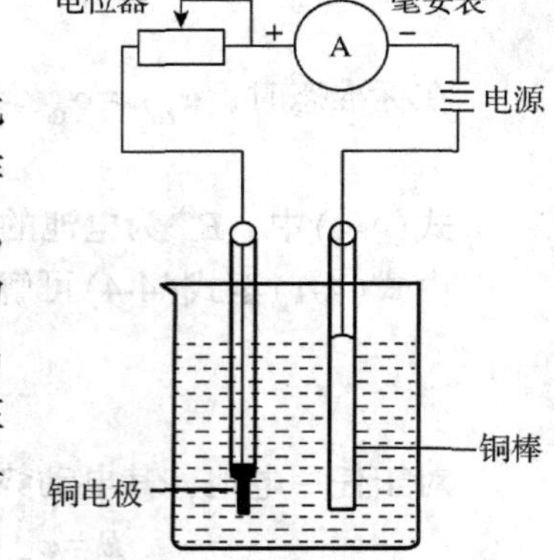

图 4-2 制备铜电极的电镀装置

2. 电池组合

按图 4-3 所示，将饱和 KCl 溶液注入 50 mL 的小烧杯内作为盐桥，将上面制备的锌电极的虹吸管置于小烧杯内并与 KCl 溶液接触，再放入饱和甘汞电极，即成下列电池：

$Zn | ZnSO_4(0.1000\ mol \cdot dm^{-3}) \| KCl(饱和) \| CuSO_4(0.1000\ mol \cdot dm^{-3}) | Cu$

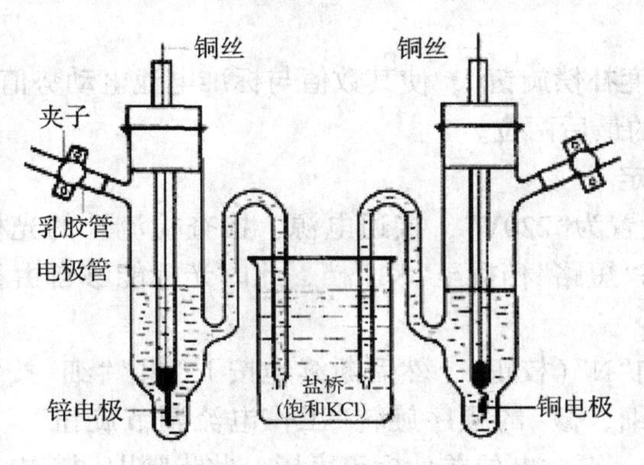

图 4-3　电池装置示意

同法分别组成下列电池进行测量：

$$Zn | ZnSO_4(0.1000\ mol \cdot dm^{-3}) \| KCl(饱和) \| Hg_2Cl_2(s) | Hg$$

$$Hg | Hg_2Cl_2(s) \| KCl(饱和) \| CuSO_4(0.1000\ mol \cdot dm^{-3}) | Cu$$

$$Cu | CuSO_4(0.0100\ mol \cdot dm^{-3}) \| KCl(饱和) \| CuSO_4(0.1000\ mol \cdot dm^{-3}) | Cu$$

3. 电动势测定装置组装和调试

UJ-25 型电位差的操作面板如图 4-4 所示。按着接线柱的标注连接好检流计、标准电池、待测电池和工作电池。工作电池采用精密稳压直流电源，串联精密直流电表，调节输出电压为 3V，负极接电位差计的“-”端，正极接电位差计的“2.9-3.3”端。

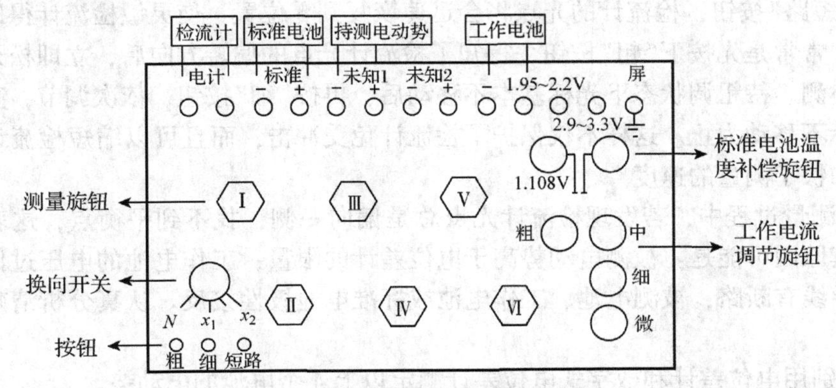

图 4-4　UJ-25 型电位差计板面示意

然后按以下步骤进行测量：

(1) 标准电池电动势的温度校正

由于标准电池电动势是温度的函数，所以调节前须首先计算出标准电池电动势的准确值。常用的镉-汞标准电池电动势的温度校正公式为：

$$E_t/\mathrm{V} = E_{20}/\mathrm{V} - [39.94(t/℃ - 20) + 0.929(t/℃ - 20)^2 - 0.0090(t/℃ - 20)^3 + 0.00006(t/℃ - 20)^4] \times 10^{-6} \quad (4\text{-}11)$$

$$E_{20} = 1.01862\mathrm{V}$$

式中，E_t 为温度为 t 时标准电池的电动势；t 为测量时室内温度；E_{20} 为 20 ℃时标准电池的电动势。

调节“标准电池温度补偿旋钮”，使其数值与标准电池电动势值一致，其中的两旋钮数值分别对应着 E_t 数值的最后两位。

(2) 电位差计的标定

将检流计的电源设置为“220V”，接通电源，检查检流计的光标是否出现。将检流计的波段开关由保护状态“短路”档拨至“×1”档，此时光标能够自由移动，用“调零”旋钮将光标置零位。

将“换向开关”扳向“N”(校正)，然后断续地按下“粗”“细”按钮，视检流计光点的偏转情况，依“粗、中、细、微”的顺序旋转“工作电流调节旋钮”，通过可变电阻的调节，使检流计光点指示零位，至此电位差计标定完毕。此步骤即调节电位差计的工作电流。

(3) 未知电动势的测量

将“换向开关”扳向“X_1”或“X_2”(测量)，与上述操作相似，断续地按下“粗”“细”按钮，根据检流计光点的偏转方向，旋转各“测量旋钮”(顺序依次由Ⅰ~Ⅵ)至检流计光点指示零位。此时，六个测量档所示电压值总和即为被测量电动势 E_x。

五、注意事项

(1) 由于工作电池电压的不稳定，将导致工作电流的变化，所以在测量过程中要经常对工作电流进行核对，即每次测量操作的前、后都应进行电位差计的标定操作，按照标定—测量—标定的步骤进行。

(2) 标定与测量的操作中，可能遇到电流过大、检流计受到“冲击”的现象。为此，应迅速按下“短路”按钮，检流计的光点将会迅速恢复到零位置，使灵敏检流计得以保护。实际操作时，常常是先按下“粗”按钮，得知了检流计光点的偏转方向后，立即松开，进行调节后再次检测。待粗调状态下光标基本不移动后，再按“细”按钮，依次调节，直至再细调状态下光标不移动为止。这样不仅保护了检流计免受冲击，而且可以缩短检流计光点的摆动时间，加快了测量的速度。

(3) 在测量过程中，若发现检流计光点总是偏向一侧，找不到平衡点，这表明没有达到补偿，其原因可能是：被测电动势高于电位差计的限量；工作电池的电压过低；线路接触不良或导线有断路；被测电池、工作电池或标准电池极性接反。认真分析清楚，不难排除此故障。

(4) 分别用电位差计和数字式电位差计测定以上 4 个电池的电动势。

六、数据记录与处理

1. 计算室温 T 下饱和甘汞电极的电极电势。

$$\varphi_{饱和甘汞}/\mathrm{V} = 0.2415 - 7.61 \times 10^{-4}(T/K - 298)$$

2. 根据测定的各电池的电动势，分别计算铜、锌电极的 φ_T，$\varphi_T^\ominus$，$\varphi_{298}^\ominus$。

3. 根据有关公式计算 Cu-Zn 电池的理论 $E_{理}$ 并与实验值 $E_{实}$ 进行比较。

4. 有关文献数据见表 4-1。

表 4-1 Cu、Zn 电极的温度系数及标准电极电位

电极	电极反应式	$\alpha\times10^3/(V\cdot K^{-1})$	$\beta\times10^6/(V\cdot K^{-2})$	$\varphi^{\ominus}_{298}/V$
Cu^{2+}, Cu	$Cu^{2+}+2e^-=Cu$	-0.016	—	0.3419
Zn^{2+}, Zn(Hg)	$(Hg)+Zn^{2+}+2e^-=Zn(Hg)$	0.100	0.62	-0.7627

七、思考与讨论

1. 在用电位差计测量电动势过程中，若检流计的光点总是向一个方向偏转，可能是什么原因？

2. 用 Zn(Hg) 与 Cu 组成电池时，有人认为锌表面有汞，因而铜应为负极，汞为正极。请分析此结论是否正确？

3. 选择“盐桥”液应注意什么问题？

实验二十二 电势—pH 值曲线的测定及其应用

一、实验目的

1. 测定 Fe^{3+}/Fe^{2+}-EDTA 络合体系在不同 pH 条件下的电极电势，绘制电势—pH 值曲线。

2. 了解电势—pH 图的意义及应用。

3．掌握电极电势、电池电动势和 pH 值的测量原理和方法。

二、基本原理

许多氧化还原反应的发生，都与溶液的 pH 值有关，此时电极电势不仅随溶液的浓度和离子强度变化，还随溶液的 pH 值不同而改变。如果指定溶液的浓度，改变其酸碱度，同时测定相应的电极电势与溶液的 pH 值，然后以电极电势对 pH 值作图，这样就绘制出电势—pH 值曲线，也称为电势—pH 值图。图 4-5 为 Fe^{3+}/Fe^{2+}-EDTA 和 S/H_2S 体系的电势与 pH 值的关系示意。

对于 Fe^{3+}/Fe^{2+}-EDTA 体系，在不同 pH 值时，其络合物有所差异。假定 EDTA 的酸根

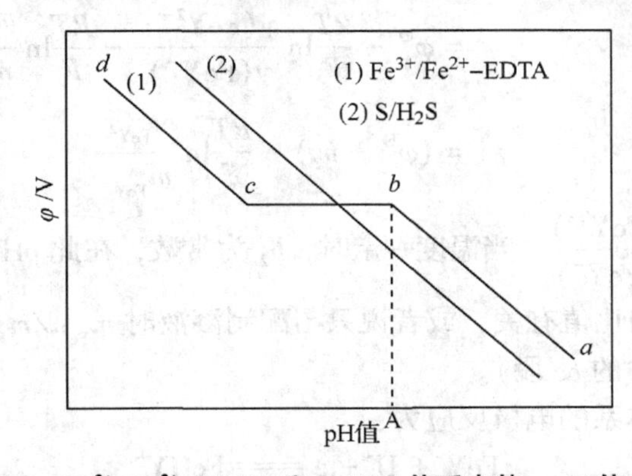

图 4-5 Fe^{3+}/Fe^{2+}-EDTA 和 S/H_2S 体系电势—pH 值曲线

离子为 Y^{4-}，下面我们将 pH 值分成三个区间来讨论其电极电势的变化。

(1)在高 pH 值(图 4-5 中的 ab 区间)时，溶液的络合物为 $Fe(OH)Y^{2-}$ 和 FeY^{2-}，其电极反应为：

$$Fe(OH)Y^{2-} + e \rightleftharpoons FeY^{2-} + OH^-$$

根据能斯特(Nernst)方程，其电极电势为：

$$\varphi = \varphi^\ominus - \frac{RT}{F}\ln \frac{a(FeY^{2-}) \cdot a(OH^-)}{a[Fe(OH)Y^{2-}]} \tag{4-12}$$

式中，$\varphi^\ominus$ 为标准电极电势；a 为活度。

由 a 与活度系数 γ 和质量摩尔浓度 m 的关系可得：

$$a = \gamma \cdot m \tag{4-13}$$

同时考虑到在稀溶液中水的活度积 K_W 可以看作水的离子积，又按照 pH 值定义，则式(4-12)可改写为：

$$\varphi = \varphi^\ominus - \frac{RT}{F}\ln \frac{\gamma(FeY^{2-}) \cdot K_W}{\gamma[Fe(OH)Y^{2-}]} - \frac{RT}{F}\ln \frac{m(FeY^{2-})}{m[Fe(OH)Y^{2-}]} - \frac{2.303RT}{F}pH \tag{4-14}$$

令 $b_1 = \frac{RT}{F}\ln \frac{\gamma(FeY^{2-})K_W}{\gamma[Fe(OH)Y^{2-}]}$，在溶液离子强度和温度一定时，$b_1$ 为常数。则

$$\varphi = (\varphi^\ominus - b_1) - \frac{RT}{F}\ln \frac{m(FeY^{2-})}{m[Fe(OH)Y^{2-}]} - \frac{2.303RT}{F}pH \tag{4-15}$$

在 EDTA 过量时，生成的络合物的浓度可近似地看作配置溶液时铁离子的浓度，即 $m_{FeY^{2-}} \approx m_{Fe^{2+}}$，$m_{Fe(OH)Y^{2-}} \approx m_{Fe^{3+}}$。当 $m_{Fe^{3+}}$ 与 $m_{Fe^{2+}}$ 比例一定时，φ 与 pH 值呈线性关系，即图 4-5 中的 ab 段。

(2)在特定的 pH 范围内，Fe^{2+} 与 Fe^{3+} 与 EDTA 生成稳定的络合物 FeY^{2-} 和 FeY^-，其电极反应为：

$$FeY^- + e \rightleftharpoons FeY^{2-}$$

电极电势表达式为：

$$\begin{aligned}\varphi &= \varphi^\ominus - \frac{RT}{F}\ln \frac{a(FeY^{2-})}{a(FeY^-)} \\ &= \varphi^\ominus - \frac{RT}{F}\ln \frac{\gamma(FeY^{2-})}{\gamma(FeY^-)} - \frac{RT}{F}\ln \frac{m_{FeY^{2-}}}{m_{FeY^-}} \\ &= (\varphi^\ominus - b_2) - \frac{RT}{F}\ln \frac{m_{FeY^{2-}}}{m_{FeY^-}}\end{aligned} \tag{4-16}$$

式中，$b_2 = \frac{RT}{F}\ln \frac{\gamma(FeY^{2-})}{\gamma(FeY^-)}$，当温度一定时，$b_2$ 为常数，在此 pH 范围内，该体系的电极电势只与 $m_{FeY^{2-}}/m_{FeY^-}$ 的比值有关，或者说只与配制溶液时 $m_{Fe^{2+}}/m_{Fe^{3+}}$ 的比值有关。曲线中出现平台区(如图 4-5 中的 bc 段)。

(3)在低 pH 时，体系的电极反应为：

$$FeY^- + H^+ + e \rightleftharpoons FeHY^-$$

同理可求得：

$$\varphi = (\varphi^{\ominus} - b_3) - \frac{RT}{F}\ln\frac{m_{FeHY^-}}{m_{FeY^-}} - \frac{2.303RT}{F}pH \tag{4-17}$$

在 $m(Fe^{2+})/m(Fe^{3+})$ 不变时，φ 与 pH 呈线性关系(即图 4-5 中 *cd* 段)。

由此可见，只要将体系(Fe^{3+}/Fe^{2+}-EDTA)用惰性金属(Pt 丝)作导体组成一电极，并且与另一参比电极(饱和甘汞电极)组合成一原电池测量其电动势，即可求得体系(Fe^{3+}/Fe^{2+}-EDTA)的电极电势。与此同时采用酸度计测出相应条件下的 pH 值，从而可绘制出相应体系的电势—pH 值曲线。

三、仪器与试剂

1. 仪器

PZ91 型直流数字电压表、PHS-25 型酸度计、150 mL 四颈瓶、饱和甘汞电极、玻璃电极、铂电极、79HW-1 型恒温磁力搅拌器、分析天平、40 mL 量筒。

2. 试剂

$(NH_4)_2Fe(SO_4)_2 \cdot 6H_2O$(AR)、$(NH_4)Fe(SO_4)_2 \cdot 12H_2O$(AR)、EDTA(AR)、2.00 mol·L^{-1}NaOH 溶液、4.00 mol·L^{-1}HCl 溶液、蒸馏水。

四、实验步骤

1. 仪器装置

仪器装置如图 4-6 所示。

2. 溶液配制

预先称量 0.7230 g $NH_4Fe(SO_4)_2$、0.5880 g $(NH_4)_2Fe(SO_4)_2$ 和 2.9230 g EDTA，然后按下列次序将试剂加入四颈瓶中：EDTA→40 mL 蒸馏水→$NH_4Fe(SO_4)_2$→35 mL 蒸馏水→$(NH_4)_2Fe(SO_4)_2$，配制成约 75 mL 溶液。

3. 电极电势和 pH 的测定

打开电磁搅拌器，待搅拌子旋转稳定后，再插入玻璃电极，然后用 2.00 mol·L^{-1}NaOH 调节溶液的 pH 值(溶液颜色变为红褐色，大约 pH 位于 7.5~8.0)。在数字电压表上和酸度计上，直接读取电动势与相应的 pH 值。然后用滴管滴加 HCl 溶液调节 pH 值，每次改变量约 0.3，待搅拌 30 s，使两者读数均稳定，记录此时的 pH 值和电动势 E 值，直到溶液的 pH 值为 3.0 左右，即可停止实验，并及时取出玻璃电极和甘汞电极，用水冲洗干净，然后使仪器复原。

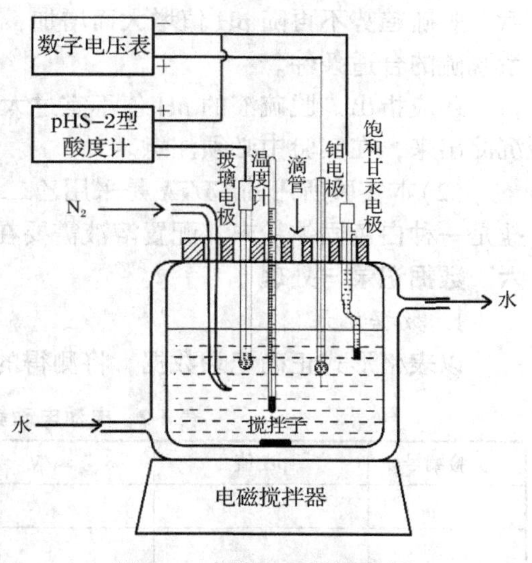

图 4-6 电势-pH 测定装置

五、注意事项

(1)电势—pH 值曲线在电化学分析工作中具有广泛的实际应用价值。本实验讨论的 Fe^{3+}/Fe^{2+}-EDTA 体系可用于天然气脱硫。在天然气中含有 H_2S，它是一种有害物质。利用 Fe^{3+}-EDTA 溶液可将 H_2S 氧化为元素 S 而过滤除去，溶液中的 Fe^{3+}-EDTA 络合物还原为 Fe^{2+}-EDTA 络合物，通入空气又可使 Fe^{2+}-EDTA 迅速氧化为 Fe^{3+}-EDTA，从而使溶液得到再生，循环利用。其反应如下：

$$2FeY^- + H_2S \longrightarrow 2FeY^{2-} + 2H^+ + S$$
$$2FeY^{2-} + 1/2O_2 + H_2O \longrightarrow 2FeY^- + 2OH^-$$

因此，可利用测定的 Fe^{3+}/Fe^{2+}-EDTA 络合体系电势-pH 曲线选择较合适的脱硫条件。例如，低含硫天然气 H_2S 含量约为 $1\times10^{-4}\sim6\times10^{-4}$ kg · m^{-3}，在 25 ℃时相应的 H_2S 的分压为 7. 29~43. 56 Pa。

根据电极反应：

$$S + 2H^+ + 2e = H_2S(g)$$

在 25 ℃时，其电极电势 $\varphi/V = -0.072 - 0.0296\lg\left(\frac{p(H_2S)}{P^{\ominus}}\right) - 0.0591\text{pH}$。将 φ、$p(H_2S)$ 和 pH 三者关系，在电势—pH 图中画出，如图 4-5 曲线(2)所示。

从图 4-5 中可以看出，对任何具有一定 $m(Fe^{3+})/m(Fe^{2+})$ 比值的脱硫液而言，此脱硫液的电极电势与反应 $S + 2H^+ + 2e = H_2S(g)$ 的电极电势之差值在电势平台区的 pH 值范围内随着 pH 值的增大而增大，到平台区的 pH 上限时，两电极电势的差值最大，超过此 pH 值，两电极电势差值不再增大而是为定值。这一事实表明，任何具有一定 $m(Fe^{3+})/m(Fe^{2+})$ 比值的脱硫液在它的电势平台区的 pH 上限时，脱硫的热力学趋势达到最大，超过此 pH 值后，脱硫趋势不再随 pH 值增大而增加，由图 4-5 可见 A 点以及大于 A 点的 pH 值是该体系脱硫的合适条件。

还应指出，脱硫液的 pH 值不宜过大，实验表明，如果 pH 值大于 12，会有 $Fe(OH)_3$ 沉淀出来，在实验中必须注意。

(2)本实验所用的 EDTA 是采用乙二胺四乙酸二钠，也可用乙二胺四乙酸四钠。二钠盐是一种白色固体粉末，配置溶液需要在碱性水溶液中加热溶解。

六、数据记录与处理

1. 数据记录

以表格形式正确记录数据，将测得的电池电动势 ε 和 pH 数据列于表 4-2 中。

表 4-2 电池电动势 ε 和 pH 值实验数据记录表

实验编号	pH 值	ε/V	实验编号	pH 值	ε/V

2. 数据处理

将测定的电极电势换算成相对标准氢电极的电势，然后以测得的电动势为纵轴，pH 为横轴，做出 Fe^{3+}/Fe^{2+}-EDTA 络合体系的电势—pH 曲线。

最后，根据式(4-18)和式(4-19)，由曲线确定 FeY^- 和 FeY^{2-} 稳定的 pH 范围。

$$E_{电池} = \varphi_{Pt} - \varphi_{sce} \tag{4-18}$$

$$\varphi_{sce} = 0.2415 - 7.6\times10^{-4}(T/K - 298) \tag{4-19}$$

七、思考与讨论

1. 写出 Fe^{3+}/Fe^{2+}-EDTA 体系的电势平台区、低 pH 和高 pH 值时，体系的基本电极反应及其所对应的电极电势公式的具体表示式，并指出各项的物理意义。

2. 脱硫液的 $m(Fe^{3+})/m(Fe^{2+})$ 比值不同，测得的电势-pH 曲线有什么差异？

实验二十三　希托夫法离子迁移数的测定

一、实验目的

1. 掌握希托夫(Hittorf)法测定电解质溶液中离子迁移数的基本原理和操作方法。

2. 测定 $CuSO_4$ 溶液中 Cu^{2+} 和 SO_4^{2-} 的迁移数。

二、实验原理

电解质溶液依靠例子的定向迁移而导电，为了使电流能够通过电解质溶液，需将两个导体作为电极浸入溶液，使电极与溶液直接接触。当电流通过电解质溶液时，溶液中的正负离子各自向阴、阳两极迁移，同时电极上有氧化还原反应发生。根据法拉第定律，在电极上发生物质量的变化多少与通入电量呈正比。通过溶液的电量等于正、负离子迁移电量之和。由于各种离子的迁移速率不同，各自所带过去的电量也必然不同。每种离子所带过去的电量与通过溶液的总电量之比，称为该离子在此溶液中的迁移数，用符号 t 表示。其中，t 为无量纲的量。若正负离子传递电量分别为 q^+ 和 q^-，通过溶液的总电量为 Q，则正负离子的迁移数分别为：

$$t^+ = q^+/Q \tag{4-20}$$

$$t^- = q^-/Q \tag{4-21}$$

离子迁移数与浓度、温度、溶剂的性质有关，增加某种离子的浓度则该离子传递电量的百分数增加，离子迁移数也相应增加；温度改变，离子迁移数也会发生变化，但温度升高正负离子的迁移数差别较小；同一种离子在不同电解质中迁移数是不同的。

离子迁移数可以直接测定，方法有希托夫法、界面移动法和电动势法等。本实验选用希托夫法。希托夫法是根据电解前后，两电极区电解质数量的变化来求算离子的迁移数。

用希托夫法测定 $CuSO_4$ 溶液中 Cu^{2+} 和 SO_4^{2-} 的迁移数时，在溶液中间区浓度不变的条件下，分析通电前原溶液及通电后阳极区(或阴极区)溶液的浓度，比较等质量溶剂所含 $CuSO_4$ 的量，可计算出通电后迁移出阳极区(或阴极区)的 $CuSO_4$ 的量。通过溶液的总电量 Q 由串联在电路中的电量计测定，可算出 t_+ 和 t_-。

以 Cu 为电极，电解稀 $CuSO_4$ 溶液为例。通电时，溶液中的 Cu^{2+} 在阴极上发生还原，而在阳极上金属铜溶解生成 Cu^{2+}。电解后，阴极附 Cu^{2+} 浓度变化是由两种原因引起的：①Cu^{2+} 迁移入；②Cu 在阴极上发生还原反应，即

$$\frac{1}{2}Cu^{2+} + e \longrightarrow \frac{1}{2}Cu(s)$$

因而有 Cu^{2+} 的物质量的变化为(阴极区)：

$$n_{迁} = n_{后} - n_{前} + n_{电} \tag{4-22}$$

$$t_{Cu^{2+}} = \frac{n_{迁}}{n_{电}} \tag{4-23}$$

$$t_{SO_4^{2-}} = 1 - t_{Cu^{2+}} \tag{4-24}$$

式中，$n_{前}$为电解前阴极区存在的 Cu^{2+} 的物质的量；$n_{后}$为电解后阴极区存在的 Cu^{2+} 的物质的量；$n_{电}$为电解过程中阴极还原生成的 Cu 的物质的量；$n_{迁}$为电解过程中迁入阴极区的 Cu^{2+} 的物质的量。

根据电解前后 $CuSO_4$ 总量未变，阳极区 $CuSO_4$ 增加的物质的量是阴离子迁入造成的，理论上同一种离子在阳极区与阴极区的迁移数应该相等。可以看出希托夫法测定离子的迁移数至少包括两个假定：

(1)电的输送者只是电解质的离子，溶剂水不导电，这一点与实际情况接近。

(2)不考虑离子水化现象。

实际上正、负离子所带水量不一定相同，因此电极区电解质浓度的改变，部分是由于水迁移所引起的，这种不考虑离子水化现象所测得的迁移数称为希托夫迁移数。若考虑水的迁移对浓度的影响，算出阳离子或阴离子实际上的迁移数量，这种迁移数称为真实迁移数。

三、仪器与试剂

1. 仪器

迁移管、铜电量计、分析天平、电子台秤、精密稳流电源、100 mL 碱式滴定管、4 个 250 mL 锥形瓶、10 mL 移液管、迁移管固定架、滴管若干。

2. 试剂

硫酸铜($CuSO_4$)电解液(100 mL 水中含 15 g $CuSO_4 \cdot 5H_2O$、5 mL 浓硫酸、5 mL 无水乙醇)、0.05 $mol \cdot L^{-1}$ $CuSO_4$ 溶液、1 $mol \cdot L^{-1}$ 硝酸(HNO_3)溶液、10%碘化钾(KI)溶液、0.5%淀粉指示剂、0.0500 $mol \cdot L^{-1}$ 硫代硫酸钠($Na_2S_2O_3$)溶液、1 $mol \cdot L^{-1}$ 乙酸(HAc)溶液、无水乙醇(AR)、蒸馏水。

四、实验步骤

(1)希托夫法测定离子迁移数装置如图 4-7 所示。

水洗干净迁移管后用 0.05$mol \cdot L^{-1}$ 的 $CuSO_4$ 溶液荡洗两次(注意迁移管活塞下的尖端部分也要荡洗)，盛满 $CuSO_4$ 溶液(注意迁移管活塞下的尖端部分也要充满溶液)，并安装到迁移管固定架上。电极表面有氧化层用细砂纸打磨，处理洁净并用 $CuSO_4$ 溶液淋洗后装入迁移管中，然后 A、B 活塞导通。

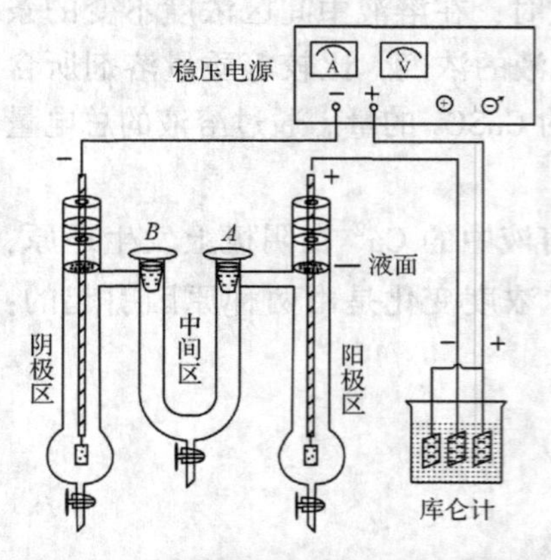

图 4-7 希托夫法测定离子迁移数装置

(2)将铜电量计中阴极铜片取下，铜电量计有三片铜片，中间那片为阴极。先用细砂纸磨光，除去表面氧化层，用蒸馏水洗净，在 1 $mol \cdot L^{-1}$ HNO_3 溶液中稍微洗涤一下，以除去表面的氧化层，用蒸馏水冲洗后，用无水乙醇淋洗并吹干(注意温度不能太高)，在分析天平上称重，装入盛有 $CuSO_4$ 电解液电量计中。

(3)按图 4-7 所示的电路图连接好迁移管、离子迁移数测定仪(图 4-8)和铜电量计(注意铜电量计中的阴、阳极切勿接错)。

(4)接通电源，按下“稳流”键，调节电流强度为 18 mA，连续通电 90 min(通电时要注意电流稳定)，记录下平均室温。

(5)停止通电后，立即关闭 A、B 活塞。取出库仑计中的铜阴极，用蒸馏水洗净，用无水乙醇淋洗并吹干，在分析天平上称重。

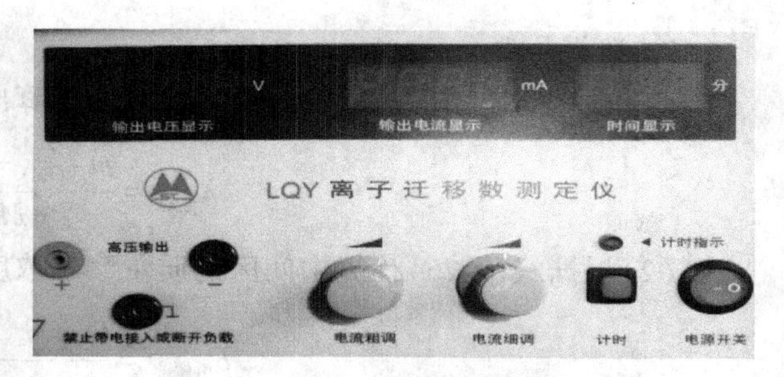

图 4-8　离子迁移数测定仪

(6)将迁移管中的溶液以 4 : 2 : 4 的体积比例分为“阳极区”“中间区”和“阴极区”三份，分别缓慢放入已称量过的干燥洁净的锥形瓶中，标记好后再称量各锥形瓶(从迁移管中取溶液时电极需要稍稍打开，尽量不要搅动溶液，阴极区和阳极区的溶液需要同时放出，防止中间区溶液的浓度改变)。

(7)用移液管取 10.00 mL 10%的碘化钾、10.00 mL 1mol · L^{-1} HAc 溶液加入各锥形瓶，用标准 $Na_2S_2O_3$ 溶液滴定至淡黄色，加入 1 mL 0.5%淀粉指示剂，再滴至紫色消失。

五、注意事项

(1)实验中的铜电极必须是纯度为 99.999%的电解铜。

(2)实验过程中凡是能引起溶液扩散，搅动等因素必须避免。

(3)电极阴、阳极的位置能对调，迁移数管及电极不能有气泡，两极上的电流密度不能太大。

(4)本实验中各部分的划分应正确，不能将阳极区与阴极区的溶液错划入中部，否则会引起实验误差。

(5)本实验由铜库仑计的增重计算电量，因此称量及前处理都很重要，需仔细进行。

六、数据记录与处理

1. 数据记录

正确记录数据(表 4-3)，格式如下：

电流强度 I=________A　通电时间 t=________s

实验温度：________℃　$Na_2S_2O_3$ 标准溶液浓度________mol · L^{-1}

通电前铜阴极质量 $m_{前(Cu)}$ = ________g　通电后铜阴极质量 $m_{后(Cu)}$ = ________g

表 4-3　$Na_2S_2O_3$ 标准溶液对反应后三极区的滴定结果记录表

	锥形瓶/g		溶液质量/g	消耗的 $Na_2S_2O_3$ 标准溶液体积/mL		
	$m_{空瓶}$	$m_{总}$	$\Delta m=m_{总}-m_{空瓶}$	V_1	V_2	ΔV
阴极区						
中间区						
阳极区						

2. 数据处理

(1)根据通电前后阴极铜板的质量差，计算出 $n_{电解}$，即

$$n_{电解}=\frac{m_{后(Cu)}-m_{前(Cu)}}{M_{Cu}} \tag{4-25}$$

(2)根据式(4-26)计算中间区的质量摩尔浓度，即

$$b_{电解前}=\frac{c_{Na_2S_2O_3}\times\Delta V_{中间区}}{\Delta m_{中间区}} \tag{4-26}$$

(3)以阴极区电解质溶液的浓度计算$t_{Cu^{2+}}$，即

$$n_{电解后}=c_{Na_2S_2O_3}\times\Delta V_{阴极区} \tag{4-27}$$

$$n_{电解前}=b_{电解前}\times\Delta m_{阴极区} \tag{4-28}$$

$$t_{Cu^{2+}}=\frac{n_{电解后}-n_{电解前}+n_{电解}}{n_{电解}} \tag{4-29}$$

七、思考与讨论

1. 通过电量计阴极的电流密度为什么不能太大？
2. 通过电前后中部区溶液的浓度改变，须重做实验，为什么？
3. 0.1 mol·L^{-1}KCl 和 0.1 mol·L^{-1}NaCl 中的 Cl^-迁移数是否相同？
4. 如以阳极区电解质溶液的浓度计算 $t(Cu^{2+})$，应如何进行？

实验二十四　电动势法测定化学反应的热力学函数

一、实验目的

1. 学习电动势的测量方法。
2. 掌握用电动势法测定化学反应热力学函数值的原理和方法。

二、基本原理

原电池由正、负两极和电解质组成。电池在放电过程中，正极上发生还原反应，负极则发生氧化反应，电池反应是电池中所有反应的总和。对于电池(1)

$$Ag-AgCl\,|\,KCl(饱和)溶液\,\|\,Hg_2Cl_2-Hg$$

根据电极电位的能斯特公式，银电极的电极电位：

$$\varphi_{Ag/Ag^+}=\varphi^{\ominus}_{Ag/Ag^+}-\frac{RT}{F}\ln\frac{1}{\alpha_{Ag^+}} \tag{4-30}$$

饱和甘汞电极的电极电位：

$$\varphi_{饱和甘汞}=\varphi^{\ominus}_{饱和甘汞}-\frac{RT}{F}\ln\frac{1}{\alpha_{Cl^-}} \tag{4-31}$$

根据电池电动势 $E=\varphi_+-\varphi_-$，可以算出该电池电动势的理论值，与测定值比较即可。

电池除可用作电源外，还可用它来研究构成此电池的化学反应的热力学性质，从化学热力学得知，在恒温、恒压、可逆条件下，电池反应有如式(4-32)的关系，即

$$\Delta G = -nFE \tag{4-32}$$

式中，n 为电极反应中转移的电子数；E 为电池的电动势；F 为法拉第常数，其值为 96485.3383 C·mol^{-1}±0.0083 C·mol^{-1}。

根据吉布斯—亥姆霍兹公式，有

$$\Delta S = -nF\left(\frac{\partial E}{\partial T}\right)_p \tag{4-33}$$

$$\Delta H = -nFE + nFT\left(\frac{\partial E}{\partial T}\right)_p \tag{4-34}$$

分别测定“1”中电池在各个温度下的电动势，作 E-T 图，从曲线斜率可求得任一温度下的 $\left(\frac{\partial E}{\partial T}\right)_p$，利用式(4-31)、式(4-32)和式(4-33)即可求得该电池反应的 $\Delta_r G_m$、$\Delta_r S_m$、$\Delta_r H_m$。

三、仪器与试剂

1. 仪器

电势差计及附件、超级恒温槽、银—氯化银电极、U 形电极管、饱和甘汞电极。

2. 试剂

饱和氯化钾溶液。

四、操作步骤

(1) 打开超级恒温槽，调节温度比室温高 2～3 ℃。

(2) 组合电池。将 Ag-AgCl 电极、饱和甘汞电极插入装有饱和氯化钾溶液的电极管中，如图 4-9 所示。

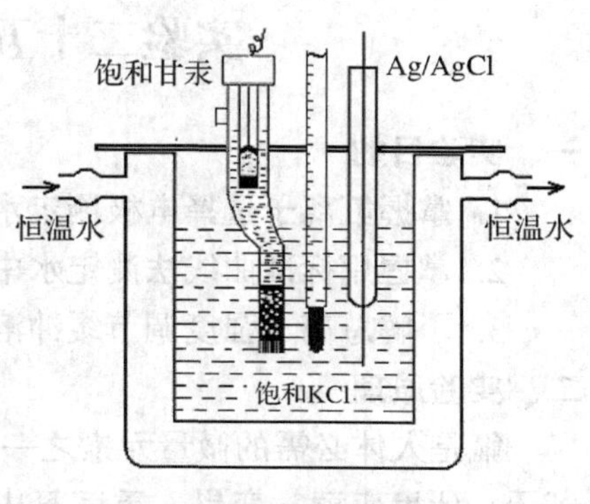

图 4-9　组合原电池的装置

即得下列电池：

Ag，AgCl｜KCl 溶液(饱和)｜Hg_2Cl_2，Hg

(3) 电池电动势的测量。恒温 20 min，用电势差计测量上述电池的电动势，每次测量差应小于 0.0002 V，取三次以上测量的平均值。

(4) 改变实验温度，每次升高 2～3 ℃，重复第 3 步。

(5) 测 5 个不同温度下的电动势。

五、注意事项

(1) 所用容器应充分洗涤干净，最后用重蒸馏水冲洗。

(2) 氯化钾溶液的浓度要和离子选择性电极中的溶液浓度一致，都应为饱和溶液。

六、数据记录与处理

1. 数据记录

将实验数据列表(表 4-4)，格式如下：

室温：＿＿＿＿＿＿＿＿℃　　室内大气压：＿＿＿＿＿＿＿＿kPa

表 4-4 不同温度下的电动势数据记录表

温度 T/℃	电动势 E/mV			
	1	2	3	平均值

2. *数据处理*

根据表 4-4 中的实验数据，以测得的电动势为纵轴，温度为横轴，做出电势-温度曲线，利用式(4-31)、式(4-32)和式(4-34)求得该电池反应的 $\Delta_r G_m$、$\Delta_r S_m$、$\Delta_r H_m$。

七、思考与讨论

1. 用测电动势的方法求热力学函数有何优越性？
2. 可逆原电池应满足哪些要求？在设计时应注意哪些问题？
3. 如何用所测定的电池电动势数据来求算电池反应的热力学函数变化值？
4. 本实验中的电池电动势与电池中氯化钾的浓度是否有关？为什么？

实验二十五 离子选择电极法测定 F^-

一、实验目的

1. 掌握氟离子选择电极测定水中氟离子含量的原理、方法。
2. 掌握用标准曲线法测定水中氟的含量。
3. 了解总离子强度调节缓冲溶液的组成和作用。

二、实验原理

氟是人体必需的微量元素之一，可坚固骨骼和牙齿，预防龋齿。轻度氟中毒症状：氟斑牙，牙齿变黄，变黑。重度氟中毒症状：氟骨症，骨头变形，丧失劳动和生活自理能力。一旦中毒，终生成疾。我国生活饮用水卫生标准规定，饮用水中氟化物含量应小于 1.0 $mg \cdot L^{-1}$。

测定氟含量可采用直接电位法，即以氟离子(F^-)选择电极作指示电极，以饱和甘汞电极作参比电极，组成的电池为：

$$Ag/AgCl, Cl^-(0.1M), F^-(0.1M) \mid LaF_3 \mid F^-\text{试液} \mid \text{饱和甘汞电极}$$

此电池的电动势 E 与试液中 F^- 活度符合能斯特方程，即

$$E = \text{常数} - 0.0592\ \lg c_{F^-}\ (25\ ℃) \tag{4-35}$$

因此，电池的电动势与溶液 F^- 活度的对数呈直线关系。一般 F^- 电极的测定范围为 $10^{-6} \sim 10^{-1}\ mol \cdot L^{-1}$。使用时，$F^-$ 选择电极的适宜 pH 值范围 5~6，因此应在测定中加入乙酸-乙酸钠(HAc-NaAc)缓冲溶液；测定体系中的某些阳离子如 Fe^{3+}、Al^{3+} 等会与 F^- 形成稳

定的配合物而干扰滴定，需加入柠檬酸盐消除干扰；为使溶液的活度系数为常数，应在体系中加入离子强度调节剂，如 KNO_3、NaCl 等。为减少操作程序，常将这几种溶液混合到一起，称为总离子强度调节缓冲液(total ionic strength adjustment buffer solution，TISAB 溶液)。

本实验测定 F^- 采用电位标准曲线法。先测定一系列已知 F^- 浓度的标准溶液的电位 E，以电位 E 对 $\lg C_{F^-}$ 作工作曲线，由测得的未知样品电位值，在 E-$\lg C_{F^-}$ 曲线上求出水样中 F^- 的浓度。在制作工作曲线和测定水样时，在各溶液中加入等量的 TISAB。

三、仪器与试剂

1. 仪器

F^- 选择电极、饱和甘汞电极、电磁搅拌器、搅拌磁子、分析天平、电子台秤、1 L 容量瓶、250 mL 容量瓶、100 mL 容量瓶、酸度计、50 mL 塑料烧杯、100 mL 量杯、50 mL 比色管、20 mL 移液管、10 mL 吸量管、洗瓶、滴管、烘箱、干燥器、聚乙烯塑料瓶。

2. 试剂

20 μg · mL^{-1} F^- 标准溶液[配制方法：将氟化钠(NaF，AR)于 110 ℃干燥 2 h，冷却后准确称量 0.2210 g(精确至 0.0001 g)至烧杯中，加入去离子水溶解，定量转移至 1 L 的容量瓶中，加去离子水定容至 1 L，摇匀，储存至聚乙烯塑料瓶中。用移液管取 20.00 mL 溶液定容至 100 mL 容量瓶中]、TISAB 溶液[配制方法：将 7.50 g(精确至 0.01 g)柠檬酸钠、15.00 g(精确至 0.01 g)NaCl 溶于 100.00 mL 去离子水，用 1 : 1 盐酸调至溶液的 pH=6，稀释至 250 mL]、含氟待测液、去离子水。

四、实验步骤

1. 仪器的连接

将 F^- 选择性电极与饱和甘汞电极分别与电位计的接口相连接，开启仪器开关，预热仪器。

2. 清洗电极

取去离子水 50.00 mL 置于塑料烧杯中，放入搅拌磁子，插入 F^- 选择性电极与饱和甘汞电极，开动电磁搅拌器，清洗至读数恒定。

3. F^- 标准溶液系列的配制及标准曲线的绘制

(1)用 10 mL 吸量管移取 20 μg · mL^{-1} F^- 标准溶液 0.50 mL、2.00 mL、4.00 mL、6.00 mL、8.00 mL 和 10.00 mL 至 50 mL 比色管中，分别加入 TISAB 10.00 mL，用去离子水稀释至 50 mL 刻度，混合均匀。

(2)将上述配制溶液按照浓度由低到高的顺序转入塑料烧杯，然后放在电磁搅拌器上，放一枚磁力搅拌子，插入 F^- 选择性电极与饱和甘汞电极，开动搅拌器，测量各溶液的平衡电动势(-mV)值。注意：每测定一个样品前，必须用去离子水清洗电极，然后将电极放入去离子水中，放一枚磁力搅拌子，打开磁力搅拌器和测量开关，使电动势达到-320 mV 以下，取下烧杯，用滤纸擦干电极后进行测试，平行测定 2 次，记录数据。

(3)以各溶液的标准电位 e(mV)为纵坐标，以 $\lg c_{F^-}$ 为横坐标作图，即得工作曲线。

4. 含氟待测液中 F^- 的测定

(1)用 10 mL 吸量管移取 5.00 mL 含氟待测液至 50 mL 比色管中，分别加入 TISAB

10.00 mL，用去离子水稀释至50 mL刻度，混合均匀。加入10.00 mL TISAB，按上述操作方法测量其电位值，平行测定2次，记录数据。

(2)在工作曲线中求出该水样中F^-的浓度，乘以稀释倍数，计算出待测液中$[F^-]$。

五、注意事项

1. 测量标准溶液时，浓度应由稀至浓，每次测定后，用被测试液清洗电极、烧杯及搅拌子。

2. 绘制工作曲线时，测定一系列标准溶液后，应将电极清洗至原空白电位值，然后再测定未知液的电位。

3. 测定过程中，搅拌溶液的速度应恒定。

六、数据记录与处理

1. *数据记录*

以表格形式正确记录数据，将各溶液测得的电动势数据列于表4-5中。

表4-5 溶液测得的电动势数据记录表

体积 V / mL	F^-标准溶液						稀释的含氟待测液
	0.50	2.00	4.00	6.00	8.00	10.00	5.00
c_{F^-}/μg/mL							
$\lg c_{F^-}$							
E_1/mV							
E_1/mV							
$\bar{E}$/mV							

2. *数据处理*

(1)工作曲线的绘制

根据表4-5中的数据，以电位值E对$\lg c_{F^-}$作工作曲线，由测得的含氟待测液电位值，在E-$\lg c_{F^-}$曲线上求出稀释的待测液中F^-的浓度。

(2)待测液中F^-的浓度的计算依据下式进行。

$$c_{F^-} = A \times 稀释倍数 \tag{4-36}$$

式中，A为待测液电位值E在标准曲线上查得的$\lg c_{F^-}$反对数。

七、思考与讨论

1. 电极法所测的是试液中离子活度，而且其活度系数将随着溶液中的离子强度的变化而变化，这和采用工作曲线法测定氟浓度是否矛盾？

2. 为什么在测试过程中要加入TISAB？

3. 溶液酸度对F^-测定有何影响？

实验二十六　镍在硫酸溶液中的电化学行为

一、实验目的

1. 了解金属钝化行为的原理和测量方法。
2. 掌握用线性扫描伏安法测定镍在硫酸溶液中的阳极极化曲线。
3. 了解氯离子浓度对镍钝化行为的影响。

二、实验原理

电流通过电极时，由于电极反应的不可逆而使电极电位偏离平衡电位的现象称为极化，其偏差值称为过电位，也叫超电势 η 或极化值，是有电流通过时的电极电位(极化电位)与静止电位(平衡电位)的差值。

影响超电势的因素很多，如电极材料、电极的表面状态、电流密度、温度、电解质的性质、浓度及溶液中的杂质等，种类主要有电化学超电势、浓差超电势和欧姆超电势。

在以金属作阳极的电解池中，通过电流时，通常会发生金属阳极的溶解过程：

$$M \longrightarrow M^{n+} + ne^-$$

此过程只有在电极电位大于其平衡电位时才能发生。当阳极的极化不太大时，金属溶解速率随着电势变正而逐渐增大，这是金属的正常阳极溶解。但是在某些介质中，当电极电势达到某一数值时，其溶解速率达到最大，而后随着电极电势继续变正，金属的表面发生了某种突变，致使金属的溶解速率急剧下降，这种现象称为金属的钝化。

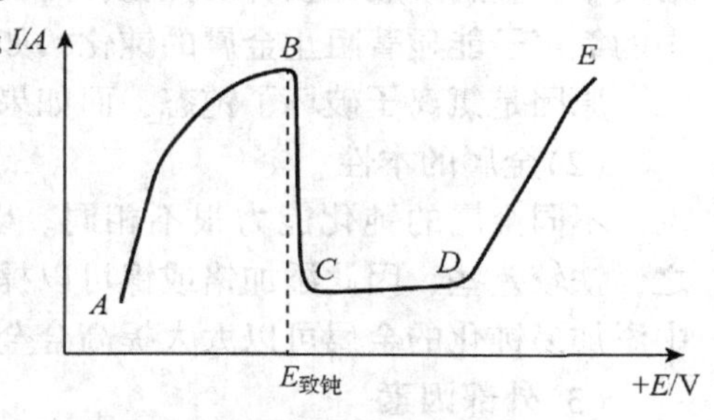

图 4-10　典型的金属阳极钝化曲线

图 4-10 是采用恒电位法测定的典型的金属阳极钝化曲线，一般可分为四个区域：活化区 *AB*，钝化过渡区 *BC*，稳定钝化区 *CD* 和过钝化区 *DE*，每个区域具有不同的特征。*AB* 区(活化区)从金属的 E_{corr} 开始，服从正常的阳极溶解规律；当电位达到某一临界值后，金属表面状态发生突变，电流急剧下降，对应的 *BC* 区称为钝化过渡区，*B* 点对应的电位称为临界钝化电位或致钝电位 $E_{致钝}$，对应的电流密度称为致钝电流密度 $i_{致钝}$。*CD* 区(稳定钝化区)金属处于稳定的钝化状态，此时金属电极的溶解电流密度称为“维钝电流密度($i_{维钝}$)”，$i_{维钝}$很小，而且与电位无关，是维持金属表面稳定钝化状态所必需的电流密度，如果对金属通入维钝电流，再用维钝电流保持其表面的钝化膜不消失，则金属的腐蚀速率将大大降低，这就是阳极保护的基本原理。电位继续增加即进入 *DE* 区(过钝化区)，电流再次随电位的增加而急剧增加，钝化状态被破坏，有新的电极反应发生。

金属钝化一般可分为两种：化学钝化和电化学钝化。化学钝化是由金属与介质中的氧化剂自然作用而产生的，如把铁放在稀硝酸中，铁会腐蚀得很快，有大量氢气放出。开始时硝酸的浓度越大，腐蚀速率越大，但当硝酸的浓度增加到 35%附近时，铁的腐蚀会突然停止，这是铁在硝酸中的钝化现象，钝化后的铁重新放入稀硝酸中也不容易溶解，这是因为铁处于钝态。电化学钝化是在外加阳极极化电流作用下，当金属的电位被极化到一定值时，金属出现的钝化现象，所以这种钝化也被称为阳极钝化，如 Fe、Ni、Cr、Mo 等金属在稀硫酸中均可发生阳极钝化。

金属钝化是一种界面现象，它没有改变金属本体的性能，只是使金属表面在介质中的稳定性发生了变化。产生钝化的原因较为复杂，对其机理还存在着不同的看法，还没有一个完整的理论可以解释所有的钝化现象，目前认为能较满意地解释大部分实验事实的两种理论是：成相膜理论和吸附理论。成相膜理论认为金属阳极的溶解在金属表面生成了一层致密的固体产物薄膜，把金属表面与介质隔离开来，阻碍阳极过程的进行，导致金属溶解速率大大降低，使金属转入钝态。吸附理论认为金属钝化是由于表面生成氧或含氧粒子的吸附层，改变了金属/溶液界面的结构，并使阳极反应的活化能显著提高，因而发生了钝化。

与钝化相反的过程称为活化过程，有利于活化的因素将不利于钝化。影响金属钝化过程的因素主要有以下几点：

(1)溶液的组成

溶液中氧化剂如 CrO_4^{2-} 的存在可以促进金属的钝化，相反还原剂会引起活化。在中性溶液中，金属一般比较容易钝化，而在酸性或某些碱性溶液中金属的钝化则较困难。溶液中的氯离子能显著阻止金属的钝化，如铝在平常条件下不易腐蚀，但在海水中却很容易腐蚀，原因是氯离子破坏了钝态，而如果溶液中加入少量缓蚀剂可以起到减缓腐蚀的作用。

(2)金属的本性

不同金属的钝化能力很不相同。以铁、镍、铬三种金属为例，铬最容易钝化，镍次之，铁较差些，因此添加铬或镍可以提高钢铁的钝化能力，如不锈钢。一般来说，在合金中添加易钝化的金属可以大大提高合金的钝化能力及钝态的稳定性。

(3)外部因素

降温有利于钝化，升温则有利于活化；光滑的表面有利于钝化，而粗糙的表面有利于活化；阳极极化会引起钝化，而阴极极化则是活化的因素；金属表面的机械损伤可以使许多钝化了的金属活化。

金属处于钝化状态溶解速率很小，能保护金属，这对金属防腐及电镀时作为不溶性阳极是有利的，但有时为了保证金属能正常参与反应而溶解，又必须防止钝化，如对化学电源、电冶金和电镀中的可溶性阳极等，金属的钝化就非常有害。

研究金属在介质中的电化学行为，需要测定其极化曲线，通常有恒电位法和恒电流法。

(1)恒电位法

将被研究金属例如铁、镍、铬或其合金材料置于硫酸或其他介质中构成研究电极，以铂电极作为对电极(辅助电极)，饱和甘汞电极或硫酸亚汞电极作为参比电极，组成三电极体系，如图 4-11 所示。以镍作阳极为例，三电极体系可以分为两部分：一是研究电极和对电极构成的电流回路；另一是由研究电极和参比电极构成的电压回路。电流回路可以使研究电极处于极化状态，电压回路可以确定研究电

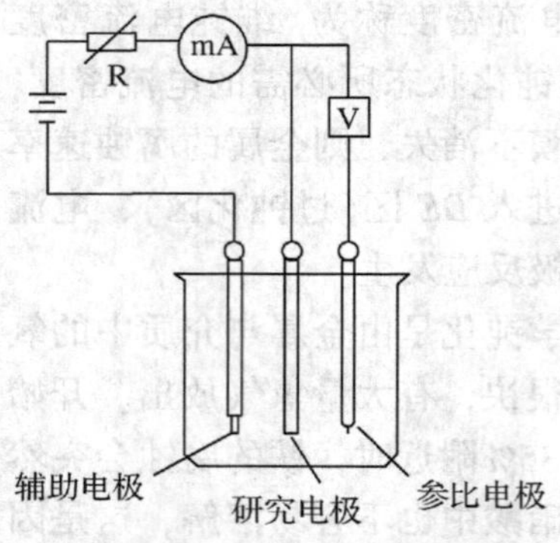

图 4-11　三电极体系示意

极的电位。

将研究电极的电位控制在某一数值，测量对应于该电位下的电流。由于电极表面状态在未建立稳定状态之前，电流会随时间而改变，故一般测出来的曲线为“暂态”极化曲线。在实际测量中，常采用的控制电位测量方法有下列两种：

①静态法　将电极电位较长时间地维持在某一恒定值，同时测量电流随时间的变化，直到电流值基本上达到某一稳定值。如此每隔20~50 mV逐点地测量各个电极电位下的稳定电流值，即可获得完整的极化曲线，又称电位阶跃法。

②动态法　控制电极电位以较慢的速率连续地改变(扫描)，并测量对应电位下的瞬时电流值，并以瞬时电流与对应的电极电位作图，获得整个的极化曲线。扫描速率(即电位变化的速率)需要根据研究体系的性质选定。一般来说，电极表面建立稳态的速率越慢，则扫描速率也应越慢，这样才能使所测得的极化曲线与采用静态法的接近，又称慢扫描法。

上述两种方法都已获得了广泛的应用。从测定结果的比较，静态法测量结果虽较接近稳态值，但测量的时间较长；动态法虽距稳态值相对较差，但测量的时间较短，故在实际工作中，常采用动态法来进行测量，本实验采用动态法。

(2)恒电流法

将研究电极的电流恒定在某定值下，测量其对应的电极电位，得到的极化曲线。采用恒电流法测定极化曲线时，由于种种原因，给定电流后，电极电势往往不能立即达到稳态，不同的体系，电势趋于稳态所需要的时间也不相同，因此在实际测量时一般电势接近稳定(如1~3 min内无大变化)即可读数，或人为自行规定每次电流恒定的时间。

三、仪器与药品

1. 仪器

CHI660C电化学工作站、三电极电解池、镍电极(研究电极)、铂片电极(辅助电极)、饱和甘汞电极或硫酸亚汞电极(参比电极)、金相砂纸、蒸馏水。

2. 试剂

0.50 mol·L^{-1} H_2SO_4溶液、0.50 mol·L^{-1} H_2SO_4+0.01 mol·L^{-1} KCl混合溶液、0.50 mol·L^{-1} H_2SO_4+0.02 mol·L^{-1} KCl混合溶液、0.50 mol·L^{-1} H_2SO_4+0.05 mol·L^{-1} KCl混合溶液、0.50 mol·L^{-1} H_2SO_4+0.1 mol·L^{-1} KCl混合溶液、丙酮。

四、实验步骤

(1)电极预处理

用金相砂纸将镍电极打磨至表面平整光亮，用丙酮洗涤除油，再用二次蒸馏水冲洗干净，擦干后备用。

(2)连接线路

将预处理好的镍电极放入装有0.50 mol·L^{-1} H_2SO_4溶液的三电极电解池中，分别装好辅助电极和参比电极，接好测量线路，其中红色夹子接辅助电极，绿色夹子接研究电极，白色夹子接参比电极。

(3)线性扫描伏安法测定镍在H_2SO_4溶液中的阳极极化曲线

①打开CHI660C电化学工作站和计算机的电源开关，通过计算机使CHI660C电化学工作站进入Windows工作界面。

②测定开路电位，点击工具栏中“Control”，选中“Open Circuit Potential-Time”，对话框中的RunTime（s）可选择10 min左右，也可用输入更长时间，其他使用仪器默认参数，开始实验，屏幕上显示的是镍工作电极相对于参比电极的开路电位值，一般当电位变化小于2 mV/min即可认为电位已稳定，这时可以停止测量，记下该数值。

③线性扫描伏安法测定镍在硫酸溶液中的阳极极化曲线，方法同(2)，选中“Linear Sweep Voltammetry（线性扫描伏安法）”，在“参数设定”中，初始电位(Init E)设为比先前所测得的开路电位负0.1 V，终止电位(Final E)设为1.7 V，扫描速率(Scan Rate)设为0.01 V/s，采样间隔(Sample Interval)设为默认值，等待时间(Quiet Time)设为300 s，灵敏度(Sensitivity)设为0.01 A。参数设定后，点击“OK”，然后点击工具栏中的运行键，开始实验，幕上显示当时的工作状况和极化曲线，扫描结束后保存实验结果。

④重新处理电极，依次降低扫描速率至所得曲线不再明显变化，保存该曲线为实验测定的稳态极化曲线。

(4)考察Cl^-对镍阳极钝化的影响

重新处理电极，采用慢扫描法按步骤(3)中的②、③分别测定镍电极在0.50 mol·L^{-1} H_2SO_4+0.01 mol·L^{-1} KCl混合溶液、0.50 mol·L^{-1} H_2SO_4+0.02 mol·L^{-1} KCl混合溶液、0.50 mol·L^{-1} H_2SO_4+0.05 mol·L^{-1} KCl混合溶液和0.50 mol·L^{-1} H_2SO_4+0.1 mol·L^{-1} KCl混合溶液中的极化曲线。

五、注意事项

1. 实验前请仔细阅读仪器使用说明书，弄清楚仪器的使用方法。
2. 研究电极表面要仔细处理，保证表面干净、光亮、平整。
3. 开路电位稳定后才能开始下一步的恒电位扫描实验。
4. 严禁研究电极与辅助电极短路。
5. 考察不同浓度Cl^-对镍阳极钝化的影响时，测试方式和测试条件应保持一致。

六、数据记录与处理

1. 数据记录

将实验数据列成表格(表4-6)。

表4-6 实验数据记录表

溶液组成	开路电位/V	初始电位/V	钝化电位/V	致钝电流密度($i_{致钝}$)	稳定钝化区间电压范围/V	维钝电流密度($i_{维钝}$)
H_2SO_4(0.50 mol·L^{-1})						
H_2SO_4(0.50 mol·L^{-1})+ KCl (0.01 mol·L^{-1})						
H_2SO_4(0.50 mol·L^{-1})+ KCl (0.02 mol·L^{-1})						
H_2SO_4(0.50 mol·L^{-1})+ KCl (0.05 mol·L^{-1})						
H_2SO_4(0.50 mol·L^{-1})+ KCl (0.1 mol·L^{-1})						

2. 数据处理

(1)根据表4-6中的实验数据，以电流密度为纵坐标，电极电位(相对于参比电极)为横坐标，绘出极化曲线。

(2)讨论 Cl^- 浓度对镍阳极钝化的影响。

七、思考与讨论

1. 为什么要用恒电位法测定阳极极化曲线，阳极极化曲线可否用恒电流法测定？

2. 为什么要用三电极体系测定极化曲线？

3. 恒电位法测定极化曲线时，电流和电位哪个是自变量，哪个是应变量？恒电流法测定极化曲线时，电流和电位哪个是自变量，哪个是应变量？

4. 试说明你实验所得的钝化曲线中各个部分的意义。

实验二十七 电解质溶液活度因子的测定

一、实验目的

1. 掌握用电动势法测定电解质溶液平均活度因子的基本原理和方法。

2. 理解活度、活度因子、平均活度和平均活度因子的概念。

3. 了解德拜-休克尔极限定律的适用范围，并加以验证。

二、实验原理

离子活度因子，或称离子活度系数，是溶液中离子的不理想程度的一种表示方法。在电解质溶液中，离子相互作用使得离子通常不能完全发挥其作用，离子实际发挥作用的浓度称为活度。离子活度因子 γ 与活度 a、电解质溶液质量摩尔浓度 m 之间的关系为：

$$a=\gamma\cdot\frac{m}{m^{\ominus}} \tag{4-37}$$

在理想溶液中，离子间相互作用趋于零，此时活度系数趋于1，活度等于溶液的实际浓度，但在实际溶液中，γ 通常小于1。对于电解质溶液，由于溶液中正、负离子是同时存在的，所以单个离子的活度和活度因子是不可测量的，因而引入平均离子活度因子 $\gamma_{\pm}$ 和平均离子活度 $a_{\pm}$ 的概念。离子平均活度因子 $\gamma_{\pm}$ 与平均活度 $a_{\pm}$、平均质量摩尔浓度 $m_{\pm}$ 之间的关系为：

$$a_{\pm}=\gamma_{\pm}\cdot\frac{m_{\pm}}{m^{\ominus}} \tag{4-38}$$

离子的平均质量摩尔浓度 $m_{\pm}$ 与离子的质量摩尔浓度之间的关系为：

$$m_{\pm}=(m_{+}^{\nu^{+}}\cdot m_{-}^{\nu^{-}})^{\frac{1}{\nu}} \tag{4-39}$$

其中，

$$m_{+}=\nu_{+}m_{B} \tag{4-40}$$

$$m_{-}=\nu_{-}m_{B} \tag{4-41}$$

因此，可以从电解质溶液的质量摩尔浓度 m_B 求离子的平均质量摩尔浓度 $m_{\pm}$，将式(4-38)和式(4-39)带入式(4-37)，得到：

$$m_{\pm}=(\nu_{+}{}^{\nu^{+}}\nu_{-}{}^{\nu^{-}})^{\frac{1}{\nu}}m_B \tag{4-42}$$

离子的平均活度 $a_{\pm}$ 与离子活度之间的关系为：

$$a_{\pm}=(a_{+}^{\nu^{+}}\cdot a_{-}^{\nu^{-}})^{\frac{1}{\nu}} \tag{4-43}$$

离子的平均活度因子 $\gamma_{\pm}$ 与离子活度因子之间的关系为：

$$\gamma_{\pm}=(\gamma_{+}^{\nu^{+}}\cdot\gamma_{-}^{\nu^{-}})^{\frac{1}{\nu}} \tag{4-44}$$

已知电解质溶液的质量摩尔浓度，只要测定溶液的离子平均活度因子 $\gamma_{\pm}$，通过式(4-38)可以求算离子的平均活度 $a_{\pm}$。

本实验采用电动势法测定溶液的离子平均活度因子。用待测电解质的水溶液作为原电池的电解质溶液，用与电解质阳离子可逆的电极作为原电池的负极，与电解质阴离子可逆的电极作为正极，测定电池的电动势，用能斯特方程计算电解质溶液的平均离子活度因子。

以 $CdCl_2$ 溶液为例，电动势法测定溶液平均活度因子的原理如下：用 Ag-AgCl 电极、镉电极和一定浓度的 $CdCl_2$ 溶液构成如下单液化学电池：

$$Cd(s)\mid CdCl_2(a)\mid AgCl(s)\mid Ag(s)$$

电池反应为：

$$Cd(s)+2AgCl(s)=2Ag(s)+Cd^{2+}(a_{Cd^{2+}})+2Cl^{-}(a_{Cl^{-}})$$

其电动势为：

$$E=\varphi^{\ominus}_{AgCl/Ag}-\varphi^{\ominus}_{Cd^{2+}/Cd}-\frac{RT}{zF}\ln[(a_{Cd^{2+}})(a_{Cl^{-}})^2]=E^{\ominus}-\frac{RT}{zF}\ln(a_{\pm})^3$$

$$=E^{\ominus}-\frac{RT}{zF}\ln(m_{\pm})^3-\frac{RT}{zF}\ln(\gamma_{\pm})^3 \tag{4-45}$$

式中，$E^{\ominus}=\varphi^{\ominus}_{AgCl/Ag}-\varphi^{\ominus}_{Cd^{2+}/Cd}$ 是电池的标准电动势，其中 $\varphi^{\ominus}_{AgCl/Ag}=0.222$ V，$\varphi^{\ominus}_{Cd^{2+}/Cd}=-0.403$ V，$E^{\ominus}=\varphi^{\ominus}_{AgCl/Ag}-\varphi^{\ominus}_{Cd^{2+}/Cd}=0.625$ V。

在一定温度下，分别测出由不同浓度的 $CdCl_2$ 溶液构成的单液电池的电动势 E 值，已知 $E^{\ominus}$ 值，即可求得不同浓度 $CdCl_2$ 溶液的离子平均活度因子 $\gamma_{\pm}$。

在强电解质稀溶液中，平均活度因子与离子强度的关系可用德拜—休克尔(Debye-Hückel)极限方程式表示：

$$\lg\gamma_{\pm}=-A\mid z_{+}z_{-}\mid\sqrt{I}=-A'\sqrt{I} \tag{4-46}$$

计算 $CdCl_2$ 溶液的离子强度

$$I=\frac{1}{2}\sum m_i z_i=3m_B \tag{4-47}$$

式中，m_B 为溶液的质量摩尔浓度，$mol\cdot kg^{-1}$。

在稀溶液中，可用溶液的体积摩尔浓度 c 代替质量摩尔浓度($mol\cdot L^{-1}$)，但在浓溶液中需用式(4-46)进行换算：

$$m_B=\frac{c}{\rho} \tag{4-48}$$

式中，c 为溶液的体积摩尔浓度，在配制溶液时即可知道；ρ 为密度可用比重管测定。

用 $\lg\gamma_{\pm}$ 对 $\sqrt{I}$ 作图，可以验证 Debye-Hückel 极限方程。

三、仪器与试剂

1. 仪器

恒温装置、电位差计、标准电池(惠斯登电池)2 节、250 mL 容量瓶、6 个 100 mL 容量瓶、10 mL 移液管、5 mL 移液管、100 mL 烧杯 2 个、比重管、Ag/AgCl 电极、镉电极、细砂纸。

2. 试剂

$CdCl_2$(AR)、去离子水，稀 HCl 溶液、无水乙醇(AR)、丙酮(AR)。

四、实验步骤

(1)配制标准溶液。用去离子水准确配制浓度为 1.0 mol · L^{-1} 的 $CdCl_2$ 标准溶液 250 mL 作储备液。将 $CdCl_2$ 储备液稀释成 0.001 mol · L^{-1}、0.005 mol · L^{-1}、0.010 mol · L^{-1}、0.020 mol · L^{-1}、0.050 mol · L^{-1} 和 0.100 mol · L^{-1} 标准溶液各 100 mL。

(2)测定溶液的密度。用比重管测定不同浓度溶液的密度，并将体积摩尔浓度换算成质量摩尔浓度。

(3)预处理 Cd 电极。将镉电极用细砂纸打磨至光亮，用无水乙醇、丙酮等除去电极表面的油，再用稀 HCl 溶液浸泡片刻以除去表面的氧化物(观察到表面出现气泡即可)，取出用去离子水冲洗干净备用。

(4)校正电位差计。用标准电池对电位差计进行校正。

(5)测定不同浓度 $CdCl_2$ 溶液的电池电动势。将配制的 $CdCl_2$ 标准溶液，按由稀到浓的次序分别装入电池管，恒温 25.0 ℃±0.1 ℃。将镉电极和 Ag/AgCl 电极分别插入装有 $CdCl_2$ 溶液的电池管中，用电位差计分别测定不同浓度 $CdCl_2$ 电池的电动势，记录实验数据。

(6)实验结束后，将电池、电极等洗净备用。

五、注意事项

(1)测量电动势时注意电池的正、负极不能接错。

(2)镉电极表面要仔细处理，保证表面干净、光亮、平整，否则会影响实验结果。

(3)Ag/AgCl 电极要避光保存，若表面的 AgCl 层脱落，须重新电镀后再使用。

六、数据记录与处理

1. 数据记录

(1)记录不同浓度 $CdCl_2$ 溶液的密度，将体积摩尔浓度 c 换算成质量摩尔浓度 m_B，计算 $CdCl_2$ 溶液的平均质量摩尔浓度 $m_{\pm}$ 和离子强度 I。

(2)记录不同浓度 $CdCl_2$ 溶液的电池电动势，要求每种溶液平行记录 3 次电动势(每次记录偏差不超过±0.5 mV)，取平均值作为该电池的电动势。

2. 数据处理

(1)根据电动势值计算不同浓度 $CdCl_2$ 溶液的 $\lg\gamma_{\pm}$ 和 $\gamma_{\pm}$，算出不同浓度 $CdCl_2$ 溶液的离子平均活度 $a_{\pm}$ 值，完成表 4-7。

(2)对 $\lg\gamma_{\pm}$ 与 $\sqrt{I}$ 作图，讨论 Debye-Hückel 极限方程适用范围。

表 4-7 实验数据记录表

编号	c/mol · L^{-1}	ρ/kg · L^{-1}	m_B/mol · kg^{-1}	$m_\pm$/mol · kg^{-1}	I	$\sqrt{I}$	E/V	$\lg\gamma_\pm$	$\gamma_\pm$	$a_\pm$
样 1	0.001									
样 2	0.005									
样 3	0.01									
样 4	0.02									
样 5	0.05									
样 6	0.1									

七、思考与讨论

1. 试述电动势法测定离子平均活度因子的基本原理。
2. 除了电动势法外，还有哪些方法可以测定离子平均活度因子？
3. 本实验为什么选用单液电池测定平均离子活度因子？

实验二十八　电导法测定难溶盐的溶解度和溶度积

一、实验目的

1. 掌握电导测定的原理和电导仪的使用方法。
2. 通过实验验证电解质溶液电导与浓度的关系。
3. 掌握电导法测定硫酸钡($BaSO_4$)的溶度积的原理和方法。

二、实验原理

导体导电能力的大小常以电阻 R 的倒数表示，即

$$G=\frac{1}{R} \tag{4-49}$$

式中，G 为电导，单位是西门子(S)。

导体的电阻 R 与其长度 l 呈正比与其截面积 A 呈反比，即

$$R=\rho\frac{l}{A} \tag{4-50}$$

式中，ρ 是比例常数，称为电阻率或比电阻。

根据电导与电阻的关系则有：

$$G=\kappa\left(\frac{A}{l}\right) \tag{4-51}$$

式中，κ 称为电导率或比电导，即

$$\kappa=\frac{1}{\rho} \tag{4-52}$$

对于电解质溶液，浓度不同则其电导亦不同。如取 1 mol 电解质溶液来量度，即可在给定条件下就不同电解质溶液来进行比较。1 mol 电解质溶液全部置于相距为 1 m 的两个平行电极之间溶液的电导称为摩尔电导，以 λ 表示。如溶液的摩尔浓度以 c 表示，则摩尔电导可表示为：

$$\lambda = \frac{\kappa}{1000c} \tag{4-53}$$

式中，λ 的单位是 $S \cdot m^2 \cdot mol^{-1}$，$c$ 的单位是 $mol \cdot L^{-1}$。λ 的数值常通过溶液的电导率 κ 式计算得到，即

$$\kappa = \frac{l}{A}G \quad 或 \quad \kappa = \frac{l}{A} \cdot \frac{1}{R} \tag{4-54}$$

对于确定的电导池来说 l/A 是常数，称为电导池常数。电导池常数可通过测定已知电导率的电解质溶液的电导(或电阻)来确定。

在测定电导率时，一般使用电导率仪。使用电导电极置于被测体系中，体系的电导值通过电子线路处理后，通过表头或数字显示。每支电极的电导池常数一般出厂时已经标出，如果时间太长，对于精密的测量，也需进行电导池常数校正。仪器输出的值为电导率，有的电导仪有信号输出，一般为 0~10 mV 的电压信号。

在测定难溶盐 $BaSO_4$ 的溶度积时，其电离过程为

$$BaSO_4 \rightarrow Ba^{2+} + SO_4^{2-}$$

根据摩尔电导率 Λ_m 与电导率 κ 的关系：

$$\Lambda_m(BaSO_4) = \frac{\kappa_{BaSO_4}}{c_{BaSO_4}} \tag{4-55}$$

电离程度极小，认为溶液是无限稀释，则可 Λ_m 用 Λ_m^∞ 代替，即

$$\Lambda_m \approx \Lambda_m^\infty = \lambda_m^\infty(Ba^{2+}) + \lambda_m^\infty(SO_4^{2-}) \tag{4-56}$$

式中，$\lambda_m^\infty(Ba^{2+})$，$\lambda_m^\infty(SO_4^{2-})$ 可通过查表获得。又因：

$$\Lambda_m(BaSO_4) = \frac{\kappa_{BaSO_4}}{c} = \frac{\kappa_{溶液} - \kappa_{H_2O}}{c} \tag{4-57}$$

而

$$c_{BaSO_4} = c_{SO_4^{2-}} = c_{Ba^{2+}} \tag{4-58}$$

所以：

$$Ksp = c_{Ba^{2+}} \cdot c_{SO_4^{2-}} = c^2 \tag{4-59}$$

这样，难溶盐的溶度积和溶解度是通过测定难溶盐的饱和溶液的电导率来确定的。很显然，测定的电导率是由难溶盐溶解的离子和水中的 H^+ 和 OH^- 所决定的，故还必须要测定电导水的电导率。

三、仪器与试剂

1. 仪器

DDS-11C 型电导仪、电子台秤、电导电极(铂黑)、电热套、250 mL 锥形瓶、100 mL 量筒、100 mL 烧杯、洗瓶。

2. 试剂

$BaSO_4$(AR)、蒸馏水。

四、实验步骤

1. 蒸馏水的电导测定

取约 100 mL 重蒸的蒸馏水加入一干燥烧杯内，插入电极，读 3 次，取平均值。

2. 测定 $BaSO_4$ 的溶度积

(1)称取 1.00 g(精确至 0.01 g) $BaSO_4$ 放入 250 mL 锥形瓶内，加入 100 mL 蒸馏水，摇动并加热至沸腾，倒掉上层清液，以除去可溶性杂质，重复 2 次。

(2)再加入 100 mL 蒸馏水，加热至沸腾，使之充分溶解。冷却至室温，将上层清液倒入一干燥烧杯中，插入电极，测其电导值，读 3 次，取平均值。

五、注意事项

(1)蒸馏水是电的不良导体。但由于溶有杂质，如二氧化碳和可溶性固体杂质，它的电导显得很大，影响电导测量的结果，因而需对蒸馏水进行处理。处理方法：向蒸馏水中加入少量高锰酸钾，用硬质玻璃烧瓶进行蒸馏。本实验要求水的电导率应小于 $1\times10^{-4}\ S\cdot m^{-1}$。

(2)实验过程中温度必须恒定，稀释的电导水也需要在一定恒温条件下使用。

(3)测量 $BaSO_4$ 溶液时，一定要沸水洗涤多次，以除去可溶性离子，减小实验误差。

六、数据记录与处理

1. 数据记录

$BaSO_4$ 溶液与重蒸馏水的电导率测定结果记录于表 4-8。

表 4-8 $BaSO_4$ 溶液与重蒸馏水的电导率测定结果

次数	$\kappa_{BaSO_4溶液}/\mu s\cdot cm^{-1}$	$\kappa_{H_2O}/\mu s\cdot cm^{-1}$
1		
2		
3		
平均值		

2. 数据分析

根据表 4-8 的数据，利用式(4-53)、式(4-55)、式(4-57)，计算 $BaSO_4$ 的溶度积，并与文献值进行比较。

七、思考与讨论

1. 本实验为何需要测量水的电导率？

2. 实验中为何用镀铂黑的电极？使用时注意事项有哪些？

3. 在连续滴定法中，混和液体积的计算是近似的，为什么？如何控制实验条件，尽量地减少误差？

实验二十九　铁的极化曲线和钝化曲线的测定

一、实验目的

1. 理解和掌握极化曲线测定的原理和实验方法。

2. 了解极化曲线的意义和应用。

3. 掌握恒电位仪的使用方法。

二、实验原理

在研究可逆电池的电池反应和电动势的时候，电极处于平衡状态，与之相对应的电势是平衡电势，随着电极上电流密度的增加，电极的不可逆程度越来越大，其电势值对平衡电势值的偏离也越来越大，在有电流通过电极时，电极电势偏离于平衡值的现象称为电极的极化。根据实验测出的数据来描述电流密度与电极电势之间的关系曲线称为极化曲线。阳极极化不大时，阳极溶解速率随电位变正而逐渐增大，这是金属正常的阳极溶解。但在某些化学介质中，当阳极电位正移到某一数值时，阳极溶解速率随电位变正而大幅度降低，这种现象称为阳极的钝化。

铁在硫酸(H_2SO_4)溶液中，将不断被溶解，同时产生 H_2，即

$$Fe + 2H^+ \xlongequal{} Fe^{2+} + H_2 \tag{1}$$

Fe/H_2SO_4 体系是一个二重电极，即在 Fe/H^+界面上同时进行两个电极反应：

$$Fe \xlongequal{} Fe^{2+} + 2e^- \tag{2}$$

$$2H^+ + 2e^- \xlongequal{} H_2 \tag{3}$$

由于反应式(3)存在，反应式(2)才能不断进行(根据氧化还原原理，金属在进行氧化的同时，必然要有另一个与之相共轭的氧化剂起还原作用，也称共轭反应)，这就是铁在酸性介质中腐蚀的主要原因。当对电极进行阳极极化(即加更大正电势)时，反应式(3)被抑制，反应式(2)加快，通过测定对应的极化电势和极化电流，就可得到 Fe/H^+体系的阳极极化曲线。

图 4-12 是铁在 0.5 mol·L^{-1} H_2SO_4 溶液中的阳极极化和钝化曲线。在 0.5 mol·L^{-1} H_2SO_4 溶液中，在极化开始之前，铁的稳态电势约为 −0.25 V (NHE)。当电势逐步增加，电流强度 I 也随之增加(ab 段，活化区)，电流与电压之间有塔菲尔(Tafel)关系，bc 线出现极限扩散电流约 200 mA·cm^{-2}，也称临界钝化电流 I_c，其大小与溶液的流动有关，也与电势变化的速率有关(c 点，临界钝化点)。当进一步极化时，由于 Fe 的大量快速溶解，Fe^{2+}离子与溶液中的 SO_4^{2-}离子形成 $FeSO_4$ 沉淀层，阻碍了阳极反应，使 H^+离子不易到达 $FeSO_4$层的内部，Fe 表面的 pH 值增加，在电势超过 E_P(钝化电势，−0.6 V)时，Fe_2O_3 开始在铁的表面生成，形成了致密的氧化物膜(10^{-9}~10^{-10}m)，极大地阻碍了铁的溶解，因而出现了钝化现象(cd 段，称为钝化过渡区)，钝化电流 I_P 一般有几个 μA·cm^{-2} 的数值，由于 Fe_2O_3 在高电势范围内稳定存在，故铁能保持在钝化状态，电势增加，电流不变(de 段，称为稳定钝化区)。当电势超过 O_2/H_2O 体系的平衡电势(1.23 V NHE)相当多时(1.6 V NHE)，有氧气析出，电流增加(ef 段，超钝化区)。

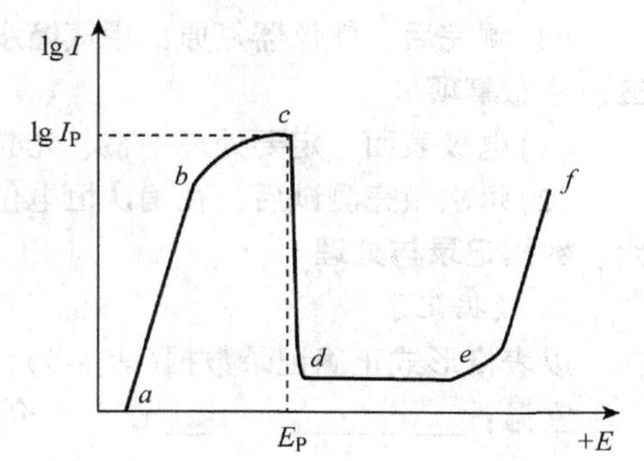

图 4-12 铁在 0.5 mol·L^{-1} H_2SO_4 溶液中的阳极极化和钝化曲线

对于大多数金属而言，阳极极化曲线具有与图 4-12 相似的形式。金属钝化现象在实际中有很多应用。金属处于钝化状态，这对于防止金属的腐蚀和在电解中保护不溶性的阳极是极为重要的。而在另一些情况下，钝化现象却十分有害，如在化学电源、电镀中的可溶性阳极等，则应尽力防止阳极钝化现象的发生。凡能促使金属保护层破坏的因素都能使钝化后的金属重新活化，或防止金属钝化，例如，加热、通入还原性气体、阴极极化、加

入某些活性离子(如 Cl^-)、改变 pH 等均能使钝化后的金属重新活化或能防止金属的钝化。

三、仪器与试剂

1. 仪器

恒电位仪、电解池、辅助电极(铂电极)、带盐桥的饱和甘汞电极、铁工作电极、金相砂纸、滤纸。

2. 试剂

Al_2O_3 抛光粉(1 μm、0.3 μm、0.05 μm)和抛光垫(根据需要选用)、饱和碳酸氢铵-氨水混合溶液、蒸馏水。

四、实验步骤

(1)工作电极用金相砂纸抛光，蒸馏水冲洗干净，用滤纸吸去表面多余水分。

(2)安装实验装置。采用三室电解池，辅助电极室和工作电极室采用玻璃砂隔板。

(3)打开恒电位仪开关，将工作方式调至"参比"，负载选择"电解池"，通/断置"通"，测量自然电位(应大于0.8 V，如果不符，电极可用稀盐酸溶液稍作处理)；按通/断至断，工作方式选择"恒电位"，负载选择"模拟"，通/断置"通"，调节内给定旋钮使电压至自然电位；将负载选择为"电解池"，通/断置"通"，从自然电位开始，数值每减小 20 mV(0.020 V)电势，停留约 5 s，记录一次相应的电流值，直到过钝化区为止。

(4)测完后，使仪器复原，用蒸馏水清洗电极，记录室温。

五、注意事项

(1)电极表面一定要处理平整、光亮、干净，不能有点蚀孔。

(2)每次做完测试后，在确认恒电位仪在非工作的状态下，关闭电源，取出电极。

六、数据记录与处理

1. 数据记录

以表格形式正确记录数据(表 4-9)，格式如下：

室温：________℃　　介质条件：________

表 4-9　实验记录表

实验	E/mV	I/mA
1		
2		
3		
4		
…		

2. 数据处理

(1)以电位为横坐标，电流为纵坐标，作出铁的极化和钝化曲线。

(2)从曲线上找出活化区、钝化过渡区、稳定钝化区和过钝化区，并找出钝化电流、钝化电位。

七、思考与讨论

1. 请举例说明钝化现象的实际应用，以及实际应用中必须防止极化和减小极化的实例。

2. 要做好本实验应注意哪些方面？

实验三十　极化曲线法评定缓蚀剂性能

一、实验目的

1. 掌握用极化曲线塔菲尔(Tafel)区外推法测定金属的腐蚀速率的原理和方法。
2. 掌握评定缓蚀剂性能的原理和方法。
3. 评定乌洛托品在盐酸溶液中对碳钢的缓蚀效率。

二、基本原理

利用近代的电化学测试技术，可以测得以自腐蚀电位为起点的完整的极化曲线，如图 4-13 所示。

开始时，把极化电位控制得很低，然后逐渐提高极化电位，这样的极化曲线可以分为三个区：①线性区——*AB* 段；②弱极化区——*BC* 段；③塔菲尔(Tafel)区——直线 *CD* 段。把塔菲尔(Tafel)区 *CD* 段(φ-lg$I$ 图上)外推与自腐蚀电位的水平线相交于 O 点，此点所对应的电流密度即为金属的自腐蚀电流密度 I_C。根据法拉第定律，即可以把 I_C 换算为腐蚀的重量指标或腐蚀的深度指标。

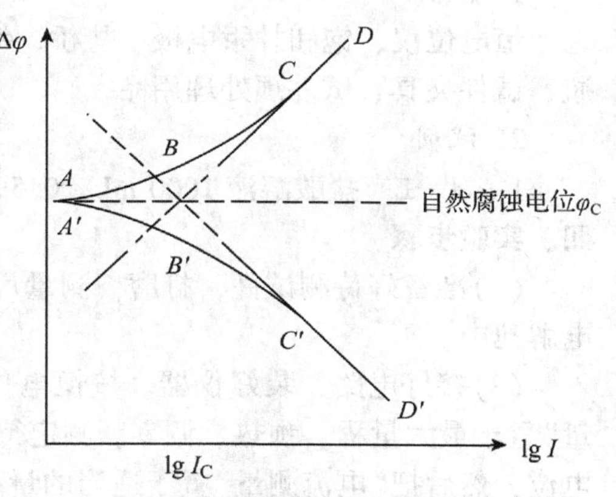

图 4-13　外加电流的活化极化曲线

对于阳极极化曲线不易测准的体系，常常只由阴极极化曲线的塔菲尔(Tafel)直线外推与 φ_C 的水平线相交以求取 I_C。这种利用极化曲线的塔菲尔(Tafel)直线外推以求腐蚀速率的方法称为极化曲线法或塔菲尔直线外推法。它有许多局限性，只适用于活化控制的腐蚀体系，如析氢型的腐蚀；对于浓度极化较大的体系、电阻较大的溶液和在强烈极化时金属表面发生较大变化(如膜的生成或溶解)的情况就不适用。此外，在外推作图时也会引入较大的误差。

用极化曲线法评定缓蚀剂性能是基于缓蚀剂会阻滞腐蚀的电极过程，降低腐蚀速率，从而改变受阻滞的电极过程的极化曲线的走向。由图 4-14 可见，未加缓蚀剂时，阴阳极

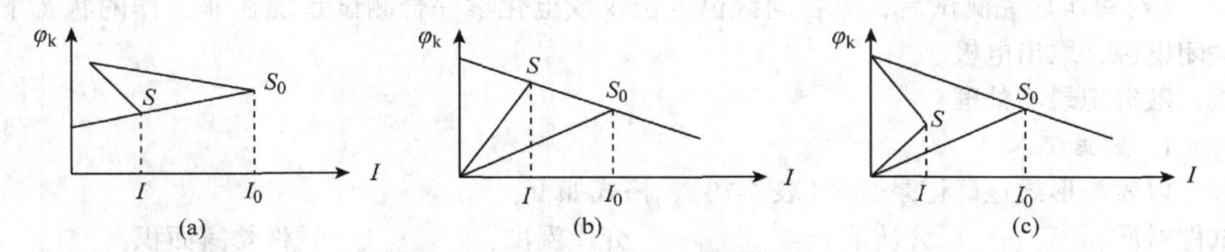

图 4-14　缓蚀剂阻滞电极反应过程的极化曲线

(a)缓蚀剂阻滞阴极过程(阴极型)；(b)缓蚀剂阻滞阳极过程(阳极型)；(c)缓蚀剂阻滞阴阳极过程(混合型)

理想极化曲线相交于 S_0，腐蚀电流为 I_0；加入缓蚀剂后，阴阳极理想极化曲线相交于 S 点，腐蚀电流为 I，I 比 I_0 要小得多。可见缓蚀剂明显地减缓了腐蚀。根据缓蚀剂对电极过程阻滞的机理不同，可以把缓蚀剂分为阳极型、阴极型和混合型。

缓蚀剂的缓蚀率也可以直接用腐蚀电流来计算，即

$$Z = \frac{I_0 - I}{I_0} \times 100\% \tag{4-60}$$

式中，Z 为缓蚀剂的缓蚀率；I_0 为未加缓蚀剂时金属在介质中的腐蚀电流；I 为加缓蚀剂后金属在介质中的腐蚀电流。

本实验用恒电位法测定碳钢分别在 1 mol · L^{-1} 盐酸溶液和 1 mol · L^{-1} 盐酸溶液加 0.5%的乌洛托品的极化曲线，评定其缓蚀率。

三、仪器与试剂

1. 仪器

恒电位仪、饱和甘汞电极、盐桥、铂电极、2 个碳钢试件、电解池、电介质、三角烧瓶、试件夹具、试件预处理用品。

2. 试剂

1 mol · L^{-1} 盐酸溶液 1000 mL、0.5%乌洛托品、丙酮、无水乙醇。

四、实验步骤

(1)准备好待测试件，打磨，测量尺寸，先后用丙酮、无水乙醇擦洗脱脂，并安装于电解池中。

(2)接好电路，装好仪器。按恒电位仪的操作规程进行操作，按恒电位仪的“电路测量”置于最大量程，预热、调零。测定待测电极的自腐蚀电位，调节给定电位等于自腐蚀电位，然后把“电流测量”置于适当的量程，再把“电源开关”置于“极化”，进行极化测量，即从电极的自腐蚀电位开始，由小到大增加极化电位。电位调节幅度可由 10 mV、20 mV、30 mV 逐渐增加到 80 mV 左右。每调节一次电位值在 1~2 min 后读取电流值。

(3)按步骤(1)、(2)作如下测量：测定碳钢在 1 mol · L^{-1} 盐酸溶液中的阴极极化曲线，然后重测其自腐蚀电位，再测定其阳极极化曲线，更换或重新处理试件，在上述介质中加入 0.5%的乌洛托品，测定其系统中的自腐电位及阴极、阳极极化曲线。

(4)关机，结束实验。

五、注意事项

(1)按照实验要求，严格进行电极处理。

(2)每次做完测试后，应在确认恒电位仪或电化学综合测试系统在非工作的状态下，关闭电源，取出电极。

六、数据记录与处理

1. 数据记录

以表格形式正确记录数据(表 4-10)，格式如下：

试件材质：______ 介质成分：______ 介质温度：______ 试件暴露面积：______

参比电极：______ 参比电极电位：______ 辅助电极：______ 试件自腐蚀电位：______

表 4-10　实验记录表

实验	极化电位/mV		极化电流 I/mA
	φ_t	$\varphi_t-\varphi_c$	
1			
2			
…			

2. 数据分析

(1)以电位值为纵坐标，电流密度值(电流值除以电极面积值)对数为横坐标，在同一张半对数坐标纸上或利用计算机软件分别绘制出碳钢在两组溶液中的阴、阳极极化曲线。

(2)测出自腐蚀电流密度($mA \cdot cm^{-2}$)及乌洛托品的缓蚀率。

七、思考与讨论

1. 为什么可以用自腐蚀电流密度 I_C 代表金属的腐蚀速率？如何由 I_C 换算为腐蚀的质量指标与腐蚀的深度？

2. 本实验的误差来源有哪些？

第五章　胶体及表面化学实验

实验三十一　液体黏度和密度的测定

一、实验目的

1. 了解恒温槽的构造、控温原理，掌握恒温槽的调节和使用。
2. 掌握用奥氏(Ostwald)黏度计测定乙醇水溶液黏度的原理和方法。
3. 掌握用比重计测定液体密度的原理和方法。

二、实验原理

1. 恒温槽的工作原理

化学实验中的许多待测数据如黏度、蒸气压、电导率、反应速率常数等都与温度密切相关，因此要求实验在恒定温度下进行，常用的恒温槽有玻璃恒温水浴和超级水浴两种，其基本结构相同，主要由槽体、加热器、搅拌器、温度计、感温元件和温度控制器组成，如图 5-1 所示。

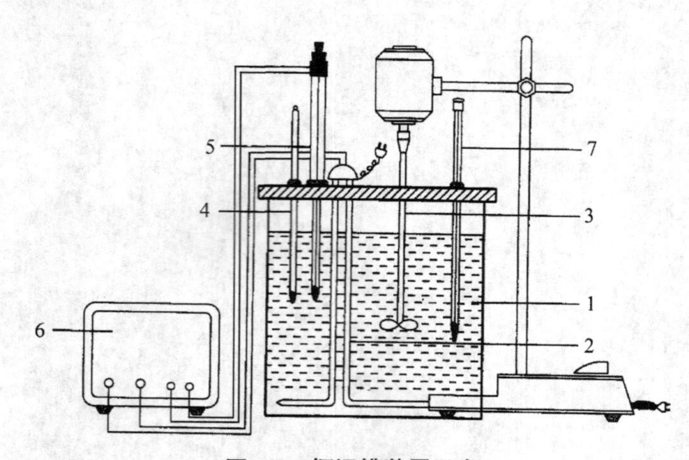

图 5-1　恒温槽装置示意

1. 浴槽；2. 加热器；3. 搅拌器；4. 温度计；
5. 水银定温计；6. 恒温控制器；7. 贝克曼温度计

恒温槽恒温原理是由感温元件将温度转化为电信号输送给温度控制器，再由控制器发出指令，让加热器工作或停止工作。

水银定温计是温度的触感器，是决定恒温程度的关键元件，它与水银温度计的不同之处是毛细管中悬有一根可上下移动的金属丝，从水银球也引出一根金属丝，两根金属丝温度控制器相联接。调节温度时，先松开固定螺丝，再转动调节帽，使指示铁上端与辅助温度标尺相切的温度示值较欲控温度低 1~2 ℃。当加热到下部的水银柱与铂丝接触时，定温计导线成通路，给出停止加热的信号(可从指示灯辨出)，此时观察水浴槽中的精密温度计，根据其与欲控温度的差值大小进一步调节铂丝的位置。如此反复调节，直至指定温度为止。

恒温槽恒温的精确度可用其灵敏度衡量，灵敏度是指水浴温度随时间变化曲线的振幅大小，即

$$灵敏度 = \frac{t_1(最高温度) - t_2(最低温度)}{2}$$

灵敏度与水银定温计、电子继电器的灵敏度以及加热器的功率、搅拌器的效率、各元件的布局等因素有关。搅拌效率越高，温度越容易达到均匀，恒温效果越好。加热器功率大，则到指定温度停止加热后释放余热也大。一个好的恒温槽应具有以下条件：①定温灵敏度高；②搅拌强烈而均匀；③加热器导热良好且功率适当。各元件的布局原则：加热器、搅拌器和定温计的位置应接近，使被加热的液体能立即被搅拌均匀，并流经定温计，及时进行温度控制。

2. 毛细管法测定黏度原理

黏度是度量流体黏性大小的物理量，是物质重要性质之一。它是由于液体分子间相互作用力的存在，使流体内部各液层的流速不同，各液层相对运动产生内摩擦(或称黏滞力)造成的。液体黏度的大小与其分子间相互作用力以及分子结构(分子大小、形状)等有关。

某一温度下液体流经毛细管时，其黏度可由波华须尔(Poiseuille)式(5-1)计算，即

$$\eta = \frac{\pi r^4 pt}{8Vl} \tag{5-1}$$

式中，η 为黏度系数，简称黏度，单位为帕·秒(Pa·S)，1P=0.1 Pa·S；r 是管半径；p 为细管两端的压力差；V 为时间 t 内流过毛细管的液体体积。

由式(5-1)可看出，η 与毛细管半径 r 的四次方呈正比，r 的测量精度对 η 的影响很大，因此，一般不通过直接测量式中的各物理量来计算 η，而是测定它对基准液体的相对黏度，由基准液体的绝对黏度便可计算出被测液体的绝对黏度 η。

设在同一温度下两种液体(“1”为被测液体，“2”为基准液体)在本身重力作用下，分别流经同一毛细管时，且流出体积相同，则有：

$$\frac{\eta_1}{\eta_2} = \frac{p_1 t_1}{p_2 t_2} = \frac{\rho_1 t_1}{\rho_2 t_2} \tag{5-2}$$

式中，ρ_1，ρ_2 为液体密度。

由式可知，液体黏度比只与两液体的密度及流经毛细管的时间有关，因此，测出两液体的流经时间，查出两液体的密度及基准液体的黏度，就可计算出待测液体的黏度。

3. 液体密度测定原理

单位体积内所含物质的质量，称为物质的密度。利用比重法可以精确测定液体的密度，计算公式为：

$$\rho = \frac{\rho^t_{水}(g_3 - g_1)}{g_2 - g_1} \tag{5-3}$$

式中，ρ 为待测液体密度；$\rho^t_{水}$为指定温度时水的密度；g_1 为比重瓶的质量；g_2 为比重瓶的质量与装入水的质量之和；g_3 为比重瓶的质量与装入乙醇的质量之和。

三、仪器与试剂

1. 仪器

超级恒温槽、0~50 ℃精密温度计(分度值0.1 ℃)、数字贝克曼温度计、2000 mL烧杯、250 mL锥形瓶、100 mL量筒、奥式黏度计、比重瓶、分析天平、吸耳球、秒表。

2. 试剂

无水乙醇(AR)、10%NaCl水溶液、蒸馏水。

四、实验步骤

1. 恒温调节与灵敏度测定

(1)恒温调节。超级恒温槽内放入蒸馏水，使蒸馏水液面高出被恒温部分2~3 cm。在恒温槽中装好精密温度计等附件后，调节水银定温计至标铁的上沿所预设控制温度1~2 ℃。接通电源，开通搅拌器，此时红色指示灯亮，显示加热器在工作。当红灯熄灭后，观察精密温度计指示值，按其与预设控制温度的差值进一步调整水银定温计，使恒温槽缓慢升温到预设温度。水浴达到预设温度后，恒温5~10 min，待恒温槽各处温度均匀后开始实验。

(2)灵敏度测定。分别精确调节恒温槽温度为25.00 ℃或30.00 ℃，要求精度达±0.02 ℃。将加热开关设为强档加热，打开数字贝克曼温度计电源，调节显示窗口为温差示数。待温度恒定后，记录时间和贝克曼温度计读数，每0.5 min记录一次，共记录20 min；将加热开关设为弱档加热，重复操作。

2. 黏度测定

将奥氏黏度计洗净烘干，调节恒温槽到指定温度。用移液管取10.00 mL无水乙醇放入干燥黏度计中，然后将黏度计垂直固定在30.00 ℃恒温槽中，恒温10 min。用吸耳球将样品抽吸至C球中部，取下吸耳球，此时溶液顺毛细管而流下，用秒表测定液体流经两个刻度所需的时间。重复同样操作，平行测定3次，每次的时间相差不超过0.3 s。倒出黏度计中的无水乙醇，用热风吹干，再精确吸取10.00 mL蒸馏水放入黏度计中，测定流经时间。

3. 密度测定

(1)蒸馏水。将比重瓶洗净烘干后，连同瓶塞一起在分析天平上称量后记重(精确至0.0001 g)，得空瓶质量。然后将新煮沸并冷却至室温的蒸馏水注入瓶内，盖上瓶塞，置于30.00 ℃恒温槽中恒温15 min。用滤纸将超过刻线的液体吸去，控制液面刚好在刻度线上。从恒温槽中取出比重瓶，小心的用干布或滤纸擦干外表水，称量并记重。

(2)待测液体。将比重瓶中的水倾出，用少量乙醇洗涤两次，用吸耳球打气吹干。用待测液体10% NaCl水溶液代替蒸馏水，按测定蒸馏水密度的操作，测定同体积、30.00 ℃条件下比重瓶中所装待测液体的质量，通过对比获得待测液体的密度。

五、注意事项

(1)测定过程中黏度计上面的球体要没入恒温水中，保证抽吸时液体温度恒定。

(2)毛细管黏度计的毛细管内径选择，可根据所测物质的黏度而定。内径太细，容易堵塞。内径太粗，流出时间太短，测量误差太大。一般选择测水时流经毛细管的时间在120 s左右为宜。

(3)应用对比法测定黏度的前提是加入标准物及被测物的体积应相同，h、L、r和温度相同，实验中注意保持这些条件的恒定。

(4)黏度计一定要垂直地置于恒温槽中，倾斜会造成液位差变化，引起测量误差，同时会使液体流经时间t变大。

六、数据记录与处理

1. 数据记录

将恒温槽恒温过程中温度的变化规律测定数据记入表5-1中，无水乙醇的黏度、10% NaCl水溶液的密度测定数据记入表5-2中。

表5-1　恒温槽恒温过程温度的变化规律

<table>
<tr><td rowspan="2">时间 t/min</td><td colspan="2">温度 T/℃</td></tr>
<tr><td>强档加热</td><td>弱档加热</td></tr>
<tr><td></td><td></td><td></td></tr>
<tr><td></td><td></td><td></td></tr>
<tr><td></td><td></td><td></td></tr>
</table>

表5-2　无水乙醇的黏度、10% NaCl水溶液的密度

<table>
<tr><td colspan="4">恒温槽的调节</td><td colspan="4">乙醇黏度的测定</td><td colspan="2">10%NaCl 密度的测定</td></tr>
<tr><td colspan="2">观测项目</td><td>最高温度/℃</td><td>最低温度/℃</td><td colspan="2">液体名称</td><td>水</td><td>乙醇</td><td>m(空瓶)/g</td><td></td></tr>
<tr><td rowspan="3">温度</td><td>1</td><td></td><td></td><td rowspan="3">流出时间/s</td><td>1</td><td></td><td></td><td rowspan="3">m(空瓶+10% NaCl)/g</td><td rowspan="3"></td></tr>
<tr><td>2</td><td></td><td></td><td>2</td><td></td><td></td></tr>
<tr><td>3</td><td></td><td></td><td>3</td><td></td><td></td></tr>
<tr><td colspan="2">平均温度/℃</td><td></td><td></td><td colspan="2">平均流出时间/s</td><td></td><td></td><td>m(空瓶+水)/g</td><td></td></tr>
<tr><td colspan="2" rowspan="2">恒温精度/℃</td><td colspan="2" rowspan="2"></td><td colspan="2">ρ/g · mL^{-1}</td><td></td><td></td><td>ρ(水)/g · mL^{-1}</td><td></td></tr>
<tr><td colspan="2">η/MPa · s</td><td></td><td></td><td>ρ(10% NaCl)/g · mL^{-1}</td><td></td></tr>
</table>

2. 数据分析

(1)在坐标纸上画出水温随时间的变化曲线，说明恒温槽恒温过程温度的变化规律。

(2)计算无水乙醇的黏度和10% NaCl水溶液的密度。

七、思考与讨论

1. 哪些因素影响恒温槽的精度？

2. 如何调节恒温槽到指定温度？

3. 用乌氏黏度计对比法测定黏度时，黏度计为何要先烘干？为何要用同一根黏度计测？测定时黏度计为何要浸在恒温槽中测？

实验三十二 电导法测定表面活性剂的临界胶束浓度

一、实验目的

1. 用电导法测定十二烷基硫酸钠的临界胶束浓度，理解表面活性剂的性质。
2. 了解表面活性剂的特性及胶束形成原理。
3. 了解测量临界胶束浓度(CMC)的各种实验方法，掌握电导率仪的使用方法。

二、实验原理

凡能显著降低水的表面张力的物质都称为表面活性剂。从分子结构上讲，具有明显两亲性质的分子，即含有亲油的足够长的大于10~12个碳原子烃基，又含有亲水的极性基团(通常是离子化的)，由这一类分子组成的物质称为表面活性剂，表面活性剂分子都是由极性部分和非极性部分组成的，可分为阴离子型表面活性剂、阳离子型表面活性剂和非离子型表面活性剂三大类。当表面活性剂溶入极性很强的水中时，在低浓度是呈分散状态，并且三三两两地把亲油集团靠拢而分散在水中，部分分子定向排列于液体表面，产生表面吸附现象。当溶液表面吸附达到饱和后，进一步增加浓度时，表面活性剂分子会立刻自相缔合，即疏水亲油的集团相互靠拢，而亲水的极性基团与水接触，这样形成的缔合体称为胶束。表面活性物质在水中形成胶束所需的最低浓度称为临界胶束浓度(critical micelle concentration，CMC)。CMC可看作表面活性对溶液的表面活性的一种量度。因为CMC越小，则表示此种表面活性剂形成胶束所需浓度越低，达到表面饱和吸附的浓度越低。在CMC点上，由于溶液的结构改变导致其物理及化学性质(如表面张力、电导、渗透压、浊度、光学性质等)同浓度的关系曲线出现明显的转折，如图5-2所示。因此，通过测定溶液的某些物理性质的变化，可以测定CMC。

当表面活性剂溶于水中后，不但定向地吸附在溶液表面，而且达到一定浓度时还会在溶液中发生定向排列而形成胶束。表面活性剂为了使自己成为溶液中的稳定分子，有可能采取的两种途径：一是把亲水基留在水中，亲油基伸向油相或空气；二是让表面活性剂的亲油基团相互靠在一起，以减少亲油基与水的接触面积。前者就是表面活性剂分子吸附在界面上，其结果是降低界面张力，形成定向排列的单分子膜，后者就形成了胶束。由于胶束的亲水基方向朝外，与水分子相互吸引，使表面活性剂能稳定溶于水中。随着表面活性剂在溶液中浓度的增长，球形胶束可能转变成棒形胶束，以至层状胶束。

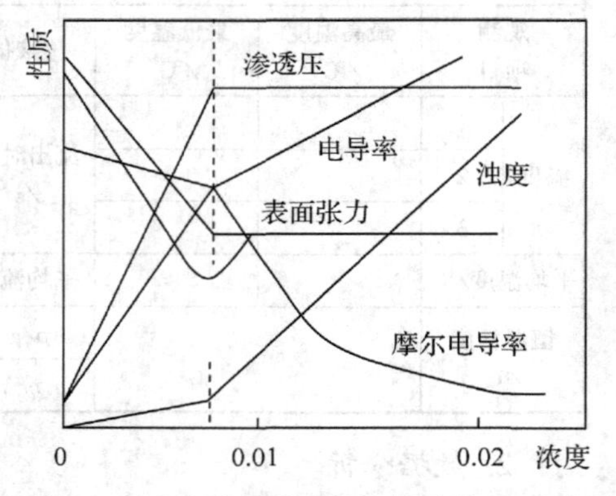

图5-2 十二烷基硫酸钠水溶液的物理性质与浓度的关系

本实验利用DDS-11A型电导率仪测定不同浓度的十二烷基硫酸钠水溶液的电导值(也可换算成摩尔电导率)，并作电导值(或摩尔电导率)与浓度的关系图，从图中的转折点求得临界胶束浓度。

三、仪器与试剂

1. 仪器

DDS-11A 型电导率仪(附带电导电极 1 支)、12 个 100 mL 容量瓶、恒温水浴、1000 mL 容量瓶。

2. 试剂

十二烷基硫酸钠(AR)、氯化钾(KCl，AR)、电导水或重蒸馏水。

四、实验步骤

(1)用电导水或重蒸馏水准确配制 0.01 mol·L^{-1} 的 KCl 标准溶液。

(2)称取一定量的十二烷基硫酸钠在 80℃烘干 3h，用电导水或重蒸馏水准确配制 0.002 mol·L^{-1}、0.004 mol·L^{-1}、0.006 mol·L^{-1}、0.007 mol·L^{-1}、0.008 mol·L^{-1}、0.009 mol·L^{-1}、0.010 mol·L^{-1}、0.012 mol·L^{-1}、0.014 mol·L^{-1}、0.016 mol·L^{-1}、0.018 mol·L^{-1}、0.020 mol·L^{-1} 的十二烷基硫酸钠溶液各 100 mL。

(3)打开恒温水浴调节温度至 25 ℃或其他合适温度。打开电导率仪。

(4)用 0.01 mol·L^{-1}KCl 标准溶液标定电导池常数。

(5)用 DDS-11A 型电导仪从稀到浓分别测定上述各溶液的电导率。注意测试中用后一个溶液荡洗前一个溶液的电导池 3 次以上，各溶液测定时必须恒温 10 min，每个溶液的电导率读数 3 次，取平均值。列表记录各溶液对应的电导率，换算成摩尔电导率。

(6)实验结束后洗净电导池和电极，并测量水的电导率。

五、注意事项

(1)液体电导率的温度系数较大，实验中应严格控制温度恒定。

(2)溶液浓度一定要精确配置。配制溶液时，由于有泡沫，保证表面活性剂完全溶解，否则影响浓度的准确性。

(3)本实验溶液的稀释是直接在锥形瓶中进行的，因此，每加入一次溶剂需精确量取体积，稀释时必须混合均匀，恒温后才能测量其电导率。

(4)电极不使用时应浸泡在蒸馏水中，用时用滤纸轻轻吸干水分，不可用纸擦拭电极上的铂黑(以免影响电导池常数)。

六、数据记录与处理

1. 数据记录

记录各浓度的十二烷基硫酸钠水溶液对应的电导率于表 5-3 中。

表 5-3　各浓度的十二烷基硫酸钠水溶液对应的电导率

序号	浓度 c /10^{-3}mol·L^{-1}	电率导 κ /10^{3}uS·cm^{-1}	摩尔电导率 Λ_m /10^{3}S·m^{2}·mol^{-1}
1	2		
2	4		
3	6		
4	7		
5	8		

（续）

序号	浓度 c /10^{-3}mol · L^{-1}	电率导 κ /10^3uS · cm^{-1}	摩尔电导率 Λ_m /10^3S · m^2 · mol^{-1}
6	9		
7	10		
8	12		
9	14		
10	16		
11	18		
12	20		

2. *数据分析*

(1)将各浓度的十二烷基硫酸钠水溶液电导率换算成摩尔电导率 Λ_m，填入表 5-3 中。

(2)根据表 5-3 中的数据，做 $\kappa-c$ 图与 Λ_m-c 图，由曲线转折点确定临界胶束浓度 *CMC* 值。

七、思考与讨论

1. 若要知道所测得的临界胶束浓度是否准确，可用什么实验方法验证？

2. 非离子型表面活性剂能否用本实验方法测定临界胶束浓度？为什么？若不能，则可用何种方法测定？

3. 实验中影响临界胶束浓度的因素有哪些？

4. 电导法测定临界胶束浓度的原理是什么？

实验三十三　最大泡压法测定溶液的表面张力

一、实验目的

1. 掌握最大泡压法测定表面张力的原理和技术。

2. 了解弯曲液面下产生附加压力的本质，熟悉拉普拉斯方程、吉布斯吸附等温式，了解朗格缪尔单分子层吸附公式的应用。

3. 测定不同浓度正丁醇溶液的表面张力，计算正丁醇的饱和吸附量，由表面张力的实验数据求正丁醇分子的截面积及吸附层的厚度。

二、实验原理

1. *表面张力的产生及表面自由能*

在液体内部的任何分子周围的吸引力是平衡的(此处不考虑分子间斥力的影响)，但在液体表面层的分子却不相同。因为表面层的分子，一方面受到液体内层的邻近分子的吸引；另一方面受到液面外部气体分子的吸引，而且前者的作用要比后者大。因此，在液体表面层中，每个分子都受到垂直于液面并指向液体内部的不平衡力。这种吸引力有使表面积最小的趋势，要使液体的表面积增大就必须要抵消分子在表面层比在液体内部有较大的位能，这位能就是表面自由能。

通常把增大 1 m^2 表面所需的最大功 A 或增大 1 m^2 所引起的表面自由能的变化值 ΔG 称为单位表面的表面能，单位为 J/m^2。而把液体限制其表面增大以及力图使它收缩的单位直线长度上所作用的力，称为表面张力，单位是 N/m。液体单位表面的表面能和它的表面张力在数值上是相等的。

实际上，不仅在气液界面存在表面张力，在任何两相界面处都存在表面张力。表面张力的方向是与界面相切，垂直作用于某一边界，方向指向使表面积缩小的一侧。液体的表面张力与温度有关，温度愈高，表面张力愈小，到达临界温度时，液体与气体部分，表面张力趋近于零。液体的表面张力也与液体的纯度有关。在纯净的液体(溶剂)中如果掺进杂质(溶质)，表面张力就要发生变化，其变化的大小取决于溶质的本性与加入量的多少。由于表面张力的存在，产生了很多特殊的界面现象。

2. 弯曲液面下的附加压力

液体的表面一般是一个平面，但在某些特殊情况下(如在毛细管中)，则是一个弯曲表面。由于表面张力的作用，在弯曲液面内外受到的压力不相等。

如果液面是水平的，则表面张力也是水平的，当平衡时，沿周界的表面张力相互抵消，此时液体表面张力内外压力相等，而且等于表面上的外压力。如果液面是弯曲的，则沿某一周界上的表面张力不是水平的。平衡时，表面张力将产生一合力 p_s，而使弯曲液面下的液体所受实际压力与外压力不同。当液面为凸形时，该合力指向液体内部，液面下的液体受到的实际压力大于外压力；当液面为凹形时，合力指向液体外部，液面下的液体受到的实际压力小于外压力。这一合力 p_s，即为弯曲表面受到的附加压力，附加压力的方向总是指向曲率中心。

附加压力与表面张力的关系用拉普拉斯方程表示，即

$$p_s = \frac{2\sigma}{R} \tag{5-4}$$

式中，σ 为表面张力，$N \cdot m^{-2}$；R 为弯曲表面的曲率半径，m；p_s 为附加压力，$N \cdot m^{-1}$。该公式是拉普拉斯方程的特殊式，适用于弯曲表面刚好为半球形的情况。

3. 毛细现象

毛细现象则是上述弯曲液面下具有附加压力的直接结果。假设溶液在毛细管表面完全润湿，且液面为半球形，则由拉普拉斯方程以及毛细管中升高(或降低)的液柱高度所产生的压力 $\Delta p = \rho g h$，通过测量液柱高度即可求出液体的表面张力。这是毛细管上升法测定溶液表面张力的原理。此方法要求管壁能被液体完全润湿，且液面呈半球形。

4. 最大泡压法测定溶液的表面张力

实际上，最大泡压法测定溶液的表面张力是毛细管上升法的一个逆过程，其装置如图 5-3 所示。

将待测表面张力的液体装于表面张力仪中使毛细管的端面与液面相切(这样做是为了数据处理方便，如果做不到相切，每次实验毛细管浸没的深度应保持一致，此时数据处理参见其他文献)，由于毛细现象液面即沿毛细管上升，打开抽气瓶的活塞缓缓抽气，系统减压，毛细管内液面上受到一个比表面张力仪瓶中液面上(即系统)大的压力，当此压力差——附加压力($\Delta p = p_{大气} - p_{系统}$)在毛细管端面上产生的作用力稍大于毛细管口液体的表面

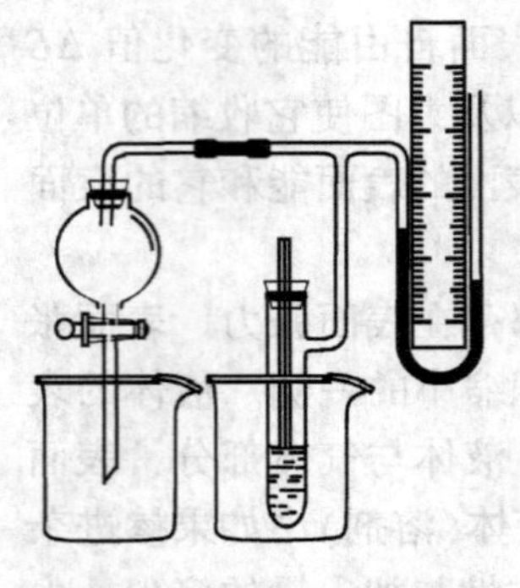

图 5-3 最大气泡法表面张力测定装置

张力时，气泡就从毛细管口脱出，此附加压力与表面张力呈正比，与气泡的曲率半径呈反比，其关系式符合拉普拉斯公式。

如果毛细管半径很小，则形成的气泡基本上是球形的。当气泡开始形成时，表面几乎是平的，这时曲率半径最大；随着气泡的形成，曲率半径逐渐变小，直到形成半球形，这时曲率半径 R 和毛细管半径 r 相等，曲率半径达最小值，根据式(5-4)，此时附加压力达最大值。气泡进一步长大，R 变大，附加压力则变小，直到气泡逸出。根据式(5-4)，$R=r$ 时的最大附加压力为：

$$\Delta p_{最大} = \frac{2\sigma}{r} \tag{5-5}$$

或

$$\sigma = \frac{r}{2}\Delta p_{最大} = \frac{r}{2}\rho g \Delta h_{最大} \tag{5-6}$$

式中，r 为毛细管半径，m；ρ 为测压液体密度，$g \cdot cm^{-3}$。

对于同一套表面张力仪，毛细管半径 r、测压液体密度 ρ、重力加速度都为定值，因此为了数据处理方便，将上述因子放在一起，用仪器常数 K 来表示，式(5-6)可简化为：

$$\sigma = K\Delta h_{最大} \tag{5-7}$$

其中仪器常数 K 可用已知表面张力的标准物质测得，通常用纯水来标定。

5. 溶液中的表面吸附

从热力学观点来看，液体表面缩小是一个自发过程，这是使体系总自由能减小的过程，欲使液体产生新的表面 ΔA，就需对其做功，其大小应与 ΔA 呈正比。

$$W' = s\Delta A \tag{5-8}$$

式中，W' 为可逆功；s 为比表面吉布斯自由能，$J \cdot m^{-2}$；ΔA 为改变的表面积，m^2。

如果 ΔA 为 $1m^2$，则 $W'=s$ 是在恒温恒压下形成 $1m^2$ 新表面所需的可逆功，所以 s 称为比表面吉布斯自由能，也可将 s 看作作用在界面上每单位长度边缘上的力，称为表面张力，单位为 $N \cdot m^{-1}$。在定温下纯液体的表面张力为定值，只能依靠缩小表面积来降低自身的能量，因此通常见到的小露珠为球形，此时表面积最小，能量最低。而对于溶液，既可以改变其表面张力，也可以减小其面积来降低溶液表面的能量，通常以降低溶液表面张力的方法来降低溶液表面的能量。

当加入某种溶质形成溶液时，表面张力发生变化，其变化的大小取决于溶质的性质和加入量的多少。根据能量最低原理，溶质能降低溶剂的表面张力时，表面层中溶质的浓度比溶液内部大；反之，溶质使溶剂的表面张力升高时，它在表面层中的浓度比在内部的浓度低，这种表面浓度与内部浓度不同的现象称为溶液的表面吸附。在指定的温度和压力下，溶质的吸附量与溶液的表面张力及溶液的浓度之间的关系遵守吉布斯吸附方程，即

$$\Gamma = -\frac{c}{RT}\left(\frac{d\sigma}{dc}\right)_T \tag{5-9}$$

式中，Γ 为溶质在表层的吸附量，$mol \cdot m^{-2}$；c 为吸附达到平衡时溶质在溶液中的浓度，$mol \cdot L^{-1}$。

当$\left(\frac{d\sigma}{dc}\right)_T<0$时，$\Gamma>0$称为正吸附；当$\left(\frac{d\sigma}{dc}\right)_T>0$时，$\Gamma<0$称为负吸附。吉布斯吸附等温式应用范围很广，上述形式仅适用于稀溶液。

引起液体表面张力显著降低的物质叫表面活性物质，被吸附的表面活性物质分子在界面层中的排列，决定于它在液层中的浓度。如图5-4所示，当界面上被吸附分子的浓度增大时，它的排列方式在改变着，最后，当浓度足够大时，被吸附分子盖住了所有界面的位置，形成饱和吸附层，分子排列方式如图5-4所示中C。这样的吸附层是单分子层，随着表面活性物质的分子在界面上愈益紧密排列，则此界面的表面张力也就逐渐减小。以表面张力对浓度作图，可得到$\sigma-c$曲线，从图中可以看出，在开始时σ随浓度增加而迅速下降，以后的变化比较缓慢。

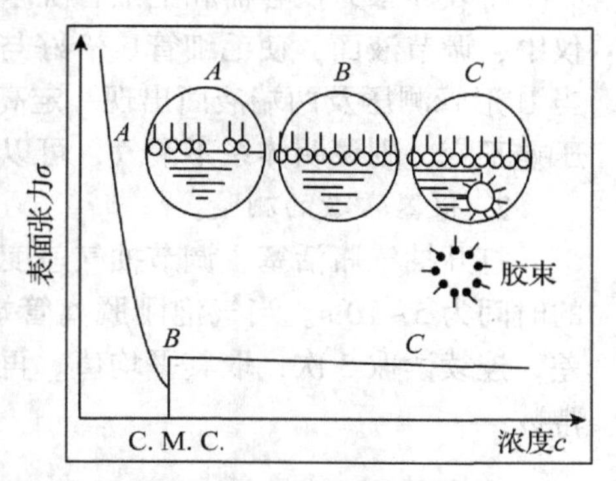

图5-4　表面活性剂溶液表面张力s与浓度关系

在$\sigma-c$曲线上任取一点a作切线，得到在该浓度点的斜率$\left(\frac{d\sigma}{dc}\right)_T$，代入吉布斯吸附等温式(5-9)，得到该浓度时的表面超量(吸附量)，同理，可以得到其他浓度下对应的表面吸附量，以不同的浓度对其相应的Γ可做出曲线，$\Gamma=f(c)$称为吸附等温式。

对于正丁醇的吸附等温线，满足随浓度增加，吸附量开始显著增加，到一定浓度时，吸附量达到饱和，因此可以从吸附等温线得到正丁醇的饱和吸附量Γ_∞。

也可以假定正丁醇在水溶液表面满足单分子层吸附。根据朗格谬尔(Langmuir)公式：

$$\Gamma=\Gamma_\infty\frac{kc}{1+kc} \tag{5-10}$$

式中，Γ_∞为饱和吸附量，即表面被吸附物铺满一层分子的Γ。

$$\frac{c}{\Gamma}=\frac{kc+1}{k\Gamma_\infty}=\frac{c}{\Gamma_\infty}+\frac{1}{k\Gamma_\infty} \tag{5-11}$$

以c/Γ对c作图，得一直线，该直线的斜率为$1/\Gamma_\infty$。由所求得的Γ_∞代入可求得被吸附分子的截面积$S_0=1/(\Gamma_\infty)$（N_A为阿伏伽德罗常数）。

若已知溶质的密度ρ，相对分子质量M，就可计算处吸附层厚度d，即

$$d=\frac{\Gamma_\infty M}{\rho} \tag{5-12}$$

式中，d为吸附层厚度，m；M为相对分子质量。

三、仪器与试剂

1. 仪器

最大泡压法表面张力仪、吸耳球、1 mL和5 mL吸量管、50 mL容量瓶、50 mL烧杯、温度计。

2. 试剂

正丁醇(AR)、蒸馏水。

四、实验步骤

1. 仪器准备与检漏

将表面张力仪容器和毛细管洗净、烘干。在恒温条件下将一定量蒸馏水注入表面张力仪中，调节液面，使毛细管口恰好与液面相切。打开抽气瓶活塞，使体系内的压力降低，当U形管测压及两端液面出现一定高度差时，关闭抽气瓶活塞，若2~3 min内，压差计的压差不变，则说明体系不漏气，可以进行实验。

2. 仪器常数的测量

打开抽气瓶活塞，调节抽气速度，使气泡由毛细管尖端成单泡逸出，且每个气泡形成的时间为5~10 s。当气泡刚脱离管端的一瞬间，压差计显示最大压差时，记录最大压力差，连续读取3次，取其平均值。再由手册中查出实验温度时水的表面张力$\sigma_{水}$，则仪器常数

$$K=\frac{\sigma_{水}}{\Delta h_{最大}} \tag{5-13}$$

3. 表面张力随溶液浓度变化的测定

用移液管分别移取0.15 mL、0.30 mL、0.60 mL、0.90 mL、1.50 mL、2.50 mL、3.50 mL正丁醇，移入7个50 mL的容量瓶，配制成一定浓度的正丁醇溶液。然后由稀到浓依次移取一定量的正丁醇溶液，按照步骤2所述，置于表面张力仪中测定某浓度下正丁醇溶液的表面张力。随着正丁醇浓度的增加，测得的表面张力几乎不再随浓度发生变化。

五、注意事项

(1)在测定表面张力时，毛细管的端面与液面相切，这样是为了数据处理方便。如果做不到相切，每次实验毛细管浸没的深度应保持一致。

(2)测定溶液的表面张力仪时，要从浓度低的溶液到浓度高的溶液依次进行测定。避免待测溶液污染，浓度发生明显变化。

(3)每次安装好仪器，进行测定前，注意要先打开抽气瓶上的塞子，连通大气，再塞紧塞子进行实验测定。

六、数据记录与处理

1. 数据记录

将各实验数据统计，整理填入表5-4和表5-5中。

实验温度：______℃　大气压力：______ kPa　$\sigma_{水}$：______　毛细管常数$r/2$：______

表5-4　溶液的配置

试液数	1	2	3	4	5	6	7	8	9
正丁醇用量/mL	0.05	0.15	0.30	0.60	0.90	1.50	2.50	3.50	4.50
体积/mL	50.00	50.00	50.00	50.00	50.00	50.00	50.00	50.00	50.00
溶液浓度/mol·L^{-1}									

表 5-5　最大压力差

测试数	水	相同测试温度下，不同浓度的正丁醇溶液/$mol \cdot L^{-1}$								
		0.02	0.04	0.06	0.08	0.10	0.12	0.16	0.20	0.24
1	7.2									
2	7.2									
3	7.2									
平均值/cm	7.2									

2. 数据分析

(1)计算仪器常数 K 和不同浓度正丁醇溶液的表面张力 σ，绘制 $\sigma-c$ 等温线。

(2)各浓度正丁醇溶液的表面张力 σ 按照式(5-7)进行计算，并填入表 5-6 中。

表 5-6　表面张力的计算

试液数	2	3	4	5	6	7	8
不同浓度溶液的表面张力 $\sigma/N \cdot m^{-1}$							

(3)求出 $\sigma-c$ 等温线上各数据点所在切线的斜率，并根据吉布斯吸附等温式，求出 Γ 和 c/Γ，并填入表 5-7 中。

表 5-7　Γ 和 c/Γ 的计算

试液数	2	3	4	5	6	7	8
$d\sigma/dc$							
$\Gamma/mol \cdot m^{-2}$							
$c/\Gamma /10^{-3} \cdot m^{-1}$							

(4)根据表 5-4 和表 5-7 的数据，以 c/Γ 对 c 作图，从直线的斜率求出 Γ_{∞}，并计算出正丁醇分子的截面积 A_s。

七、思考与讨论

1. 系统检漏过程中，U 形管测压计两端液面出现高度差，测量溶液的表面张力时也是在存在此高度差的前提下(即气密性好)测量的，该高度差的大小是否影响测量结果？

2. 毛细管尖端为何必须调节得恰与液面相切？否则对实验有何影响？

3. 最大气泡法测定表面张力时为什么要读最大压力差？如果气泡逸出的很快，或几个气泡一齐逸出，对实验结果有无影响？

实验三十四　黏度法测定高聚物摩尔质量

一、实验目的

1. 了解黏度法测定高聚物摩尔质量的基本原理和方法。

2. 掌握用乌氏(Ubbelohde)黏度计测定高聚物溶液黏度的原理和方法。

3. 测定聚乙烯醇的摩尔质量。

二、实验原理

高聚物是由单体分子经加聚或缩聚过程得到的。在高聚物中，由于聚合度的不同，每个高聚物分子的大小并非都相同，致使高聚物的相对分子质量大小不一，参差不齐，且没有一个确定的值。因此，高聚物的摩尔质量是一个统计平均值。高聚物摩尔质量不仅反映了高聚物分子的大小，而且直接关系到它的物理性能，是一个重要的基本参数。

测定高聚物摩尔质量的方法很多，例如，渗透压、光散射及超离心沉降平衡等方法，但是不同方法所得平均摩尔质量也有所不同。比较起来，黏度法设备简单，操作方便，并有很好的实验精度，是常用的方法之一。用此法求得的摩尔质量称为黏均摩尔质量。

黏度是液体流动时内摩擦力大小的反映。高聚物溶液的特点是黏度特别大，原因在于其分子链长度远大于溶剂分子，加上溶剂化作用，使其在流动时受到较大的内摩擦力，黏性液体在流动过程中所受阻力的大小可用黏度系数 η(简称黏度)来表示。纯溶剂黏度反映了溶剂分子间的内摩擦力，高聚物溶液的黏度则是高聚物分子间的内摩擦力、高聚物分子与溶剂分子间的内摩擦力及溶剂分子间内摩擦力三者之和。在相同温度下，通常高聚物溶液的黏度 η 大于纯溶剂黏度 η_0，即 $\eta>\eta_0$。为了比较这两种黏度，引入增比黏度的概念，以 η_{sp} 表示

$$\eta_{sp}=\frac{\eta-\eta_0}{\eta_0}=\eta_r-1 \tag{5-14}$$

式中，η 为高聚物溶液的黏度，Pa·s；η_0 为纯溶剂黏度，Pa·s；η_{sp} 为增比黏度；η_r 为相对黏度，定义为溶液黏度与纯溶剂黏度的比值，即

$$\eta_r=\frac{\eta}{\eta_0} \tag{5-15}$$

η_r 反映的也是黏度行为，而 η_{sp} 则表示已扣除了溶剂分子间的内摩擦效应。

高聚物的增比黏度 η_{sp} 往往随质量浓度 c 的增加而增加。为了便于比较，将单位浓度所显示的增比黏度 $\frac{\eta_{sp}}{c}$ 称为比浓黏度，而 $\ln\frac{\eta_r}{c}$ 称为比浓对数黏度。当溶液无限稀释时，高聚物分子彼此相隔甚远，它们之间的相互作用可以忽略，此时有关系式

$$\lim_{c\to 0}\frac{\eta_{sp}}{c}=\lim_{c\to 0}\ln\frac{\eta_r}{c}=[\eta] \tag{5-16}$$

式中，$[\eta]$ 称为特性黏度，它反映的是高分子与溶剂分子之间的内摩擦，其数值取决于溶剂的性质以及高聚物分子的大小和形态。由于 η_r 和 η_{sp} 均是无因次量，所以 $[\eta]$ 的单位是浓度 c 单位的倒数。

在足够稀的高聚物溶液里，$\frac{\eta_{sp}}{c}$ 与 c、$\ln\frac{\eta_r}{c}$ 与 c 之间分别符合下述经验关系式：

哈金斯(Huggins)方程：

$$\frac{\eta_{sp}}{c}=[\eta]+\kappa[\eta]^2c \tag{5-17}$$

克拉默(Kraemer)方程：

$$\ln\frac{\eta_r}{c}=[\eta]-\beta[\eta]^2c \tag{5-18}$$

式(5-17)和式(5-18)中，κ，β 分别称为 Huggins 和 Kramer 常数。其中 κ 表示溶液中聚合物之间和聚合物与溶剂分子之间的相互作用，κ 值一般说来对摩尔质量并不敏感。这是两个直线方程，通过$\frac{\eta_{sp}}{c}$对 c、$\ln\frac{\eta_r}{c}$对 c 作图，外推至 $c\to0$ 时所得的截距即为$[\eta]$。显然，对于同一高聚物，由上面两个线性方程作图外推所得截距应交于同一点，如图 5-5 所示。

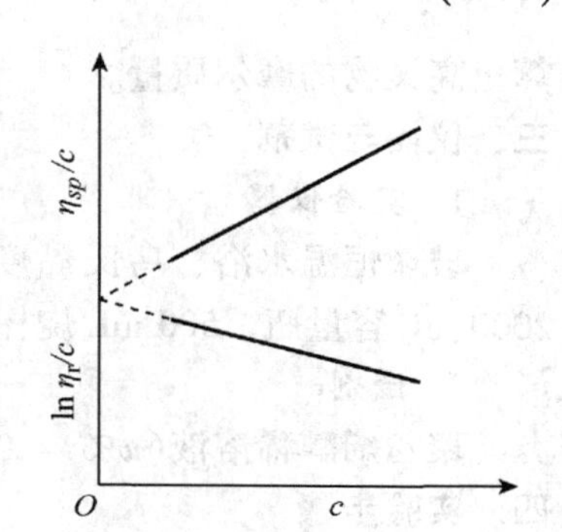

图 5-5　$\frac{\eta_{sp}}{c}$—c 和 $\ln\frac{\eta_r}{c}$—c 图

在一定温度和溶剂条件下，特性黏度$[\eta]$和高聚物摩尔质量 M 之间的关系通常用 Mark-Houwink 经验方程式来表示：

$$[\eta]=kM^{\alpha} \tag{5-19}$$

式中，M 为黏均摩尔质量；k，α 为与温度、高聚物及溶剂性质有关的常数。k 值对温度较为敏感，α 值取决于高聚物分子链在溶剂中的舒展程度。

可以看出，高聚物摩尔质量的测定最后归结为溶液特性黏度$[\eta]$的测定。液体黏度的测定方法有3类：落球法、转筒法和毛细管法。前两种适用于高、中黏度的测定，毛细管法适用于较低黏度的测定。本实验采用毛细管法，用乌氏黏度计(图 5-6)进行测定。

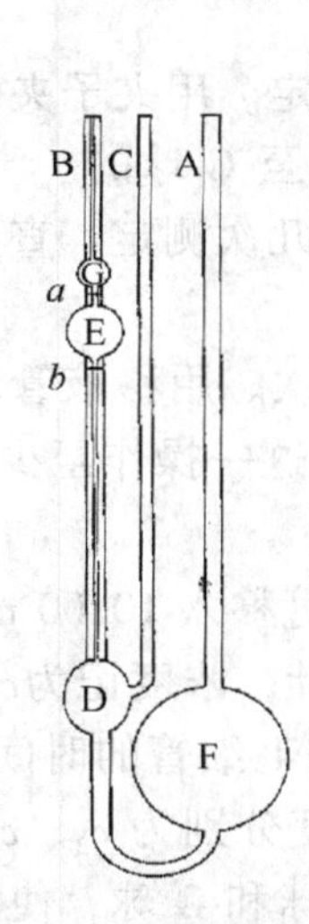

图 5-6　乌氏黏度计示意

当液体在重力作用下流经毛细管时，遵守 Poiseuille 定律：

$$\eta=\frac{\pi r^4pt}{8Vl}=\frac{\pi h\rho gr^4t}{8Vl} \tag{5-20}$$

式中，t 为体积为 V 的液体流经毛细管的时间，s；l 为毛细管的长度，m。

同一支黏度计在相同条件下测定两种液体的黏度时，它们的黏度之比就等于密度与流出时间之比，即

$$\frac{\eta_1}{\eta_2}=\frac{\rho_1t_1}{\rho_2t_2} \tag{5-21}$$

如果用已知黏度为η_1 的液体作为参考液体，则待测液体的黏度 η_2 可通过上式求得。

在测定溶液和溶剂的相对黏度时，如果是稀溶液($c<1\times10\ \mathrm{kg\cdot m^{-3}}$)，溶液的密度与溶剂的密度可近似地看作相同，则相对黏度可以表示为：

$$\eta_r=\frac{\eta}{\eta_0}=\frac{t}{t_0} \tag{5-22}$$

式中，η，η_0 为溶液和纯溶剂的黏度；t，t_0 为溶液和纯溶剂的流出时间。

实验中，只要测出不同浓度下高聚物的相对黏度，即可求得 η_{sp}、$\frac{\eta_{sp}}{c}$和 $\ln\frac{\eta_r}{c}$，作$\frac{\eta_{sp}}{c}$对

c、$\ln\frac{\eta_r}{c}$对 c 关系图，外推至 $c\to0$ 时即可得$[\eta]$，在已知 k、α 值条件下，可由式(5-22)计算出高聚物的摩尔质量。

三、仪器与试剂

1. 实验仪器

玻璃恒温水浴、乌氏黏度计、恒温装置、秒表(最小单位 0.01 s)、吸耳球、夹子、2000 mL 容量瓶、500 mL 烧杯、砂芯漏斗($5^{\#}$)、分析天平、10 mL 移液管。

2. 试剂

聚乙烯醇稀溶液($w\% = 0.1\%$)、蒸馏水。

四、实验步骤

(1)溶液配制。在分析天平上准确称量纯聚乙烯醇样品 1.0000 g，溶于盛有约 200 mL 蒸馏水的 500 mL 烧杯内，搅拌过程中缓慢加热至沸腾，使其完全溶解，待然后后用砂芯漏斗过滤至 1000 mL 容量瓶中，稀释至刻度，摇匀后备用。

(2)组装黏度计。将干净的黏度计用纯溶剂洗 2~3 次，在乌氏黏度计(图 5-6)的 B、C 两管上分别装上乳胶管。然后将纯溶剂从 A 管加入至 F 球的 2/3~3/4，固定在恒温 30.00 ℃±0.10 ℃的恒温水槽中，保持垂直，固定牢固，使 E 球全部浸泡在水中，使 a、b 两刻度线均没入水面以下。

(3)测定溶剂t_0。设定恒温槽指定温度，恒温 10~15 min 后，开始测定。用夹子夹住 C 管管口的乳胶管，使 C 管不通气，然后用吸耳球从 B 管口将纯溶剂吸至 G 球的一半，拿下吸耳球打开 C 管，记下纯溶剂流经 a、b 刻度线之间的时间t_0，重复几次测定，直到出现 3 个数据，两两误差小于 0.2 s，取这 3 次时间的平均值。

(4)测定溶液t_1。将毛细管内的纯溶剂到掉，用待测溶液润洗 2~3 次。用移液管取 10.00 mL 溶液注入黏度计，测定方法如前，测定溶液流出时间 t_1。重复这一操作至少 3 次，直到出现 3 个数据，两两误差小于 0.2 s，取这 3 次时间的平均值。

(5)稀释测定。在烧杯中用移液管移入 10.00 mL 溶液，随后用移液管移入 10.00 mL 蒸馏水，充分搅拌后，用移液管移入 10.00 mL 溶液，由 A 管加入黏度计，浓度记为c_2，这时黏度计中溶液的浓度是原溶液的 1/2。恒温后按步骤(4)测定其流经毛细管的时间t_2(在恒温过程中应按测量方法润洗毛细管)。依次同样操作配制溶液浓度分别为 c_3、c_4、c_5，分别测定 t_3、t_4、t_5。注意每次加液前要充分洗涤并抽洗黏度计的 E 球和 G 球，使黏度计各处的浓度相等。

(6)洗涤黏度计。将黏度计用自来水洗净，然后放入盛有洁净蒸馏水的超声波中清洗 5 min，最后用蒸馏水冲净。

五、注意事项

(1)实验结束一定要按要求清洗黏度计，否则将影响下组实验的进行。

(2)实验过程中要恒温，否则不易达到测定精度。

(3)本实验中溶液的稀释是直接在黏度计中进行的，因此每加入一次溶液要充分混合，并抽洗黏度计的 E 球和 G 球，使黏度计各处的浓度相等。

(4)黏度计要垂直放置，实验过程中不要使其振动和拉动，否则影响实验结果。

(5)由于作图外推直线的截距可能离原点较远，可用计算机作图并拟和出直线方程，这样计算的截距较为准确。

六、数据记录与处理

1. 数据记录

将所测实验数据及结果填入表5-8中。

原始液浓度c_0 ____________ $g \cdot cm^{-3}$ 恒温温度：____________℃

表5-8 实验数据记录

序号	0	1	2	3	4	5
t/s	t_0	t_1	t_2	t_3	t_4	t_5
$c/g \cdot cm^{-3}$						
η_r						
$\ln\eta_r$						
η_{sp}						
η_{sp}/c						
$\ln\eta_r/c$						

注：t为实验中所测的平均流动时间。

2. 数据分析

(1)根据表5-8中的数据，作$\frac{\eta_{sp}}{c}$-c及$\ln\frac{\eta_r}{c}$-c图，并外推到$c \to 0$求得截距即得$[\eta]$。

(2)由式(5-19)计算摩尔质量M。聚乙烯醇在30 ℃水溶液中，$k = 42.8 \times 10^{-3}$，$\alpha = 0.64$。

七、思考与讨论

1. 乌氏黏度计中的C管的作用是什么？能否去除C管改为双管黏度计使用？
2. 高聚物溶液的η_{sp}、η_r、$\frac{\eta_{sp}}{c}$、$[\eta]$的物理意义是什么？
3. 黏度法测定高聚物的摩尔质量有何局限性？该法适用的高聚物质量范围是多少？
4. 分析实验中产生误差的主要因素。
5. 本实验中，如果黏度计未干燥，对实验结果有影响吗？

实验三十五 电泳法测定$Fe(OH)_3$溶胶的动电电势

一、实验目的

1. 了解胶体动电电势的测定原理。
2. 掌握电泳法$Fe(OH)_3$胶体动电电势的测量方法。

二、基本原理

胶体溶液是一个多相体系，分散在介质中的微粒由于自身的电离或表面吸附其他粒子而形成带一定电荷的胶粒，分散相胶粒和分散相介质带有数量相等而符号相反的电荷，因此在相截面上建立了双电层结构。当胶体相对静止时，整个溶液呈电中性。但在外电场的作用下，胶体中的胶粒和分散介质反向相对移动时，就会产生电位差，此电位差称为ζ电势。ζ电势是表征胶粒特性的重要物理量之一，在研究胶体性质及实际应用中有着重要的作用。它随吸附层内离子浓度，电荷性质的变化而变化：它与胶体的稳定性有关，ζ绝对值越大，表明胶粒电荷越多，胶粒间斥力越大，胶体越稳定。

本实验用界面移动法测定该胶体的电势。在胶体管中，以氯化钾(KCl)为介质，用$Fe(OH)_3$溶胶通电后移动，借助测高仪测量胶粒运动的距离，用秒表记录时间，可算出运动速度。

当带电胶粒在外电场作用下迁移时，胶粒电荷为q，两极间的电位梯度为E，则胶粒受到静电力为：

$$f_1 = Eq \tag{5-23}$$

式中，f_1为静电力，N；E为电势差，V；q为电荷，c。

胶粒在介质中受到的阻力按斯托克斯定律(Stokes)为：

$$f_2 = K\pi\eta ru \tag{5-24}$$

若胶粒运动速率u恒定，则

$$f_1 = f_2qE = K\pi\eta ru \tag{5-25}$$

式中，u为胶粒运动速率，$m \cdot s^{-1}$；η为黏度，$Pa \cdot s$；r为两电极间距离，m。

根据静电学原理：

$$\zeta = \frac{q}{\varepsilon r} \tag{5-26}$$

将式(5-26)代入式(5-24)得：

$$u = \frac{\zeta\varepsilon E}{K\pi\eta} \tag{5-27}$$

式中，ζ为动电电势，V；E为电动势，V；ε为液体介电常数，F/m。

利用界面移动法测量时，测出时间t时胶体运动的距离S，两铂极间的电位差Φ和电极间的距离L，则有：

$$E = \frac{\Phi}{L} \tag{5-28}$$

$$u = \frac{s}{t} \tag{5-29}$$

代入式(5-27)得：

$$S = \frac{\zeta\Phi\varepsilon}{4\pi\eta L} \cdot t \tag{5-30}$$

式中，S为胶体运动的距离，m；Φ为两铂极间的电位差，V；L为电极间的距离，m；t为胶体运动时间，s。

作S–t图，由斜率和已知的ε和η，可求动电电势ζ。

三、仪器与试剂

1. 仪器

高位瓶、电泳管、测高仪、电泳仪、圆形铂电极2支、直流稳压电源、50 mL 量筒。

2. 试剂

$Fe(OH)_3$ 胶体、0.01 mol·L^{-1} KCl 溶液。

四、实验步骤

(1)洗净电泳管和高位瓶，组装各反应装置。在电泳管中加入 0.01 mol·L^{-1} KCl 溶液，使其高度至电泳管的一半，将电泳管固定在铁架台上，插入电极(注意两电极口必须水平)。在高位瓶中加入 50.00 mL 的 $Fe(OH)_3$ 胶体溶液，赶走导管中的气泡，将其固定在铁架台上。

(2)将高位瓶的毛细管由电泳管中间插入底部。缓慢打开活塞，加入 $Fe(OH)_3$ 胶体，一直没过电极，将导管从电泳管中慢慢取出。

(3)打开电泳仪，将电压、电流、功率值分别设置为 30 V、20 mA、10 W，将电泳管比较清晰的一极插入阴极中，另一端插入阳极中。

(4)调好测高仪的水平仪，并记录电泳管阴极溶液界面的初始位置。

(5)将电泳仪置于工作位置，同时记时，每 5 min 记一次界面高度。测量 5 个点后停止实验，关闭电泳仪开关。

(6)倒掉电泳管中的试液，并冲洗干净。

五、注意事项

(1)本实验对仪器的干净程度要求很高，否则可能发生胶体凝聚，导致毛细管堵塞，故一定要将仪器清洗干净。

(2)从高位瓶向电泳仪中注入胶体时一定要缓缓地加入，保证胶体界面的清晰。

(3)胶体通完后要将导管从电泳仪中缓缓取出，不要留在里面。在选取辅助液时一定要保证其电导与胶体电导相同。本实验选取的是 KCl 作为辅助液。

(4)每次时间要精确，5 min 时读取数据，避免因时间不准造成实验误差。

六、数据记录与处理

1. 数据记录

将所测实验数据及结果填入表 5-9 中。

实验前温度：＿＿＿＿＿℃　　大　气　压：＿＿＿＿＿kPa

实验后温度：＿＿＿＿＿℃　　大　气　压：＿＿＿＿＿kPa

电　　压：＿＿＿＿＿V　　两极间距离 L：＿＿＿＿＿cm

表 5-9　实验数据记录

时间/min	5	10	15	20	25	30	35
位移/cm							

2. 数据分析

以时间为横坐标，以位移为纵坐标，作 S–t 图，依据式(5-30)和已知的 η 和 ε 算出动电电势 ζ。

七、思考与讨论

1. 选择辅助液时，为什么其电导要与胶体相同？

2. 如果电泳仪事先没清洗干净，管壁上残留有微量电解质，对电泳测量结果有何影响？

3. 本实验所用的稀 KCl 溶液的电导为什么必须和所测溶胶的电导尽量接近？

实验三十六 固体比表面积的测定

一、实验目的

1. 学会用 ASAP2020 测定固体的比表面积。

2. 了解吸附理论的基本假设和测定固体比表面积的基本原理。

3. 掌握 BET 法固体比表面的测定方法，掌握 ASAP2020 比表面积及孔隙分析仪的原理、特点及应用。

二、实验原理

处于固体表面上的原子或分子有表面(过剩)自由能，当气体分子与其接触时，有一部分会暂时停留在表面上，使得固体表面上气体的浓度大于气相中的浓度，这种现象称为气体在固体表面上的吸附作用。通常把能有效地吸附气体的固体称为吸附剂，被吸附的气体称为吸附质。吸附剂对吸附质吸附能力的大小由吸附剂、吸附质的性质温度和压力决定。吸附量是描述吸附能力大小的重要物理量，通常用单位质量(或单位表面面积)吸附剂在一定温度下吸附达到平衡时所吸附的吸附质的体积(或质量、摩尔数等)来表示。对于一定化学组成的吸附剂其吸附能力的大小还与其表面积的大小、孔的大小及分布、制备和处理条件等因素有关。一般应用的吸附剂都是多孔的，这种吸附剂的表面积主要由孔内的面积(内面积)所决定，固体所具有的表面积称为比表面。

每克物质的表面积称为比表面积，单位为 $m^2 \cdot g^{-1}$，它是用于评价粉体材料的活性、吸附、催化等多种性能的重要物理属性。测定比表面积的方法繁多，本实验采用低温氮吸附法，采用的气体是氦氮混合气，氮气为被吸附气体，氦气为载气。当样品进样器进行液氮浴时，进样器内温度降低至-195.8 ℃，氮分子能量降低，在范德华力作用下被固体表面吸附达到动态平衡，形成近似于单分子层的状态。由于物质的比表面积数值和它的吸附量是呈正比的，通过一个已知比表面物质(标准样品)的吸附量和未知比表面物质的吸附量做对比就可推算出被测样品的比表面积。吸附过程中，由于固体表面对气体的吸附作用，混合气中的一部分氮气会被样品吸附，其氮气浓度便会降低，仪器内置的检测器检测到这一变化后，数据处理系统会将相应的电压变化曲线转化为数字信号通过计算机运算从而出现一个倒置的吸附峰，等吸附饱和后氦氮混合气的比例又恢复到原比值，基线重新走平。由于吸附过程不参与运算，所以四组样品可以同时吸附。脱附过程中，吸附过程完毕后，等基线完全走平就可进行脱附操作。脱附操作其实是一个解除液氮浴的过程，在低温下吸附到物质表面的氮分子会解吸出来，从而使混合气体的氮气浓度升高，仪器内置的检测器检测到这一变化后，数据处理系统会将相应的电压变化曲线转化为数字信号通过计算机运算，从而出现一个正置的脱附峰，等脱附过程结束后，氦氮混合气的比例又恢复到原比值，基线重新走平。脱附操作要带入运算公式，所以脱附样品要逐一进行操作。每个样品脱附过程都会形成一个正置的脱附峰，软件做相应的积分运算，从而获得被测样品的吸附量，并通过和已知比表面的标准样品的吸附量做对比，最后得到准确的比表面积数值。

1. 比表面积测试原理

BET法的原理是物质表面(颗粒外部和内部、通孔的表面)在低温下发生物理吸附，假定固体表面是均匀的，所有毛细管具有相同的直径。吸附质分子间无相互作用力，可以有多分子层吸附且气体在吸附剂的微孔和毛细管里会进行冷凝。多层吸附是不等第一层吸满就可有第二层吸附，第二层上又可能产生第三层吸附，各层达到各层的吸附平衡时，测量平衡吸附压力和吸附气体量。所以吸附法测得的表面积实质上是吸附质分子所能达到的材料的外表面和内部通孔总表面之和。

吸附温度在氮气液化点附近，低温可以避免化学吸附。相对压力控制在0.05~0.35之间，低于0.05时，氮分子数离多层吸附的要求太远，不易建立吸附平衡；高于0.35时，会发生毛细凝聚现象，丧失内表面，妨碍多层物理吸附层数的增加。根据BET方程：

$$\frac{\frac{P}{P_0}}{V(1-\frac{P}{P_0})}=\frac{C-1}{V_mC}\times\frac{P}{P_0}+\frac{1}{V_mC} \tag{5-31}$$

式中，P为氮气分压，Pa；P_0为吸附温度下液氮的饱和蒸气压，Pa；V为待测样品所吸附气体的总体积，mL；C为与吸附有关的常数。其中，

$$V=\text{标定气体体积}\times\text{待测样品峰面积}/\text{标定气体峰面积} \tag{5-32}$$

由式(5-31)可知，求出单分子层吸附量，即可计算出试样的比表面积。标定气体体积需经过温度和压力的校正转换成标准状况下的体积，以$\frac{P}{V(P_0-P)}$对$\frac{P}{P_0}$作图，可得一条直线，其斜率为$\frac{C-1}{V_mC}$，截距为$\frac{1}{V_mC}$，由此可得：

$$V_m=\frac{1}{(\text{斜率}+\text{截距})} \tag{5-33}$$

若知每个被吸附分子的截面积，可求出样品的比表面积，即

$$S_m=\frac{4.35V_m}{m} \tag{5-34}$$

式中，S_m为比表面积，$m^2\cdot g^{-1}$；m为待测样品质量，g。

2. 孔径分布测定原理

气体吸附法孔径分布测定利用的是毛细冷凝现象和体积等效交换原理，即将被测孔中充满的液氮量等效为孔的体积。毛细冷凝指的是在一定温度下，对于水平液面尚未达到饱和的蒸气，而对毛细管内的凹液面可能已经达到饱和或过饱和状态，蒸气将凝结成液体的现象。由毛细冷凝理论可知，在不同的$\frac{P}{P_0}$下，能够发生毛细冷凝的孔径范围是不一样的，随着值的增大，能够发生毛细冷凝的孔半径也随之增大。对应于一定的$\frac{P}{P_0}$值，存在一临界孔半径R_k，半径小于R_k的所有孔皆发生毛细冷凝，液氮在其中填充。临界半径可由凯尔文方程式(5-35)给出，

$$R_k = -0.414/\log\left(\frac{P}{P_0}\right) \tag{5-35}$$

由式可知，R_k 完全取决于相对压力$\frac{P}{P_0}$。该公式也可理解为对于已发生冷凝的孔，当压力低于一定的$\frac{P}{P_0}$时，半径大于 R_k 的孔中凝聚液气化并脱附出来。通过测定样品在不同$\frac{P}{P_0}$下凝聚氮气量，可绘制出其等温脱附曲线。

三、仪器与试剂

1. 仪器

ASAP2020 比表面测定仪、分析天平。

2. 试剂

液氮、高纯氮。

四、实验步骤

1. 称样

(1)标准样品称样量一般在数百毫克量级，待测样品称样量的多少以体积为准，振动敲平后的体积应控制在样品管装样管部分体积的 1/3~1/2，允许的情况下装样量多一些可以减小测试误差。

(2)称样量原则：使标准样品质量与比表面积的乘积和待测样品质量与比表面积的乘积基本相等，即使测试中的信号强度(峰面积)基本相当。

2. 安装样品管

(1)样品在安装上之前应振动平整，以使所剩空间中气流通畅，安装拿取过程中保持样品管竖直。

(2)先套上铜螺母，再给样品管两个管臂每端各套两个 O 形圈，O 形圈上沿距样品管口 3~5 mm。套 O 形圈时，两手指应捏在靠近管口的位置，以防样品管折断伤手，不可给样品管施向两竖管间的力，以防样品管断裂。

(3)样品管的装样口应安装在装样位的进气口端，否则可能使管壁上黏挂的微量样品粉末被混气带入仪器内部。

(4)使样品管竖直，切记将加紧螺母拧紧，以防漏气。

3. 样品吹扫脱气处理

(1)打开吹扫气源高纯氮气瓶，开启步骤为：先打开钢瓶总阀，再打开减压阀阀门，将减压阀低压表压力调至 0.1~0.2 MPa，通过调节减压阀开关使流量为 70~85 mL · min^{-1} 左右。

(2)将加热炉接线端口接在主机相应端口上，将加热炉套在样品管上。

(3)打开吹扫电源，设定好吹扫控温显示的温度。

(4)脱气时间到后，关闭吹扫电源，关闭高纯 N_2，打开混气气源，将减压阀低压表压力调至 0.1~0.2 MPa，使进气流量计读数为 70~85 mL · min^{-1} 左右。

(5)取下加热炉，应注意安全，防止烫伤。等待 5~10 min 待样品管稍冷却，并且气路内部气体组分稳定后，开电，打开电源开关，将电压调大至电流为 100 mA 左右。

(6)打开软件数据处理系统，检查测试界面右下角的[采样板状态]栏是否正常。设置[显示设置]和[试样设置]，注意开电后再打开软件。

(7)倒液氮，先倒少许，待杯体温度基本平衡后再添加至距杯深 2/3 左右处。每次测试前应检查杯中液氮面位置，若低于 1/3 杯深，则需添加液氮。将液氮杯放在升降托上，若样品管上有上次遗留水滴请擦干，以免引入污染液氮。

(8)开电后 3~5 min 左右仪器稳定，检查混气流量、衰减旋钮位置等是否符合要求。

(9)粗细调零旋钮调零，然后点击[吸附]，再逐个上升液氮杯上升液氮杯，同时上升液氮杯可能使气路内气体急剧冷缩，造成倒吸现象，影响检测器性能，即开始吸附过程。

(10)待吸附平衡(吸附曲线呈近直线状态至少 2 min 后即可认为吸附平衡)后，点击[完成]并[确定]。

(11)先调零，然后点击[开始]，等待 3~5 s，下降第一个液氮杯，用热水 25 ℃以上开始解吸过程(注意每个样品解吸完成后等待至少 30~60 s 后，先调零，然后开始下一个样品的解吸，即每个样品解吸前均要调零)。

(12)测试过程自动结束，点击[确定]，点击[结果]查看测试结果，点击[保存]保存测试数据，点击[打印]打印测试报告。若继续重复测组样品，则点击[新建]转第 11 步。

(13)测试过程结束，将电压调为零，关闭电源开关。

五、注意事项

(1)打开钢瓶时钢瓶表头的正面不许站人，以免表盘冲出伤人。

(2)钢瓶主阀时，注意勿将各减压阀和稳压阀关闭。

(3)测量时注意计算机操作：在吸附时不点测量按钮，当吸附完毕拿下液氮准备脱附时再点调零，测量，进入测量吸附量的阶段。

(4)严格按照顺序关闭仪器。

六、实验数据与处理

1. 数据记录

(1)记录 N_2 的流速、样品量、标样管体积、实验时大气压及室温下 N_2 饱和蒸气压。

(2)记录每次实验点的脱附峰及标样峰的面积。

2. 数据分析

(1)根据实验结果，以$\frac{P}{V(P_0-P)}$对$\frac{P}{P_0}$作图或以线性回归方法求出斜率和截距。

(2)由式(5-33)和式(5-34)求出样品的比表面积。

七、思考与讨论

1. 单分子层吸附和双分子层吸附的主要区别是什么？试叙述要点。

2. 实验中相对压力为什么要控制在 0.05~0.35 之间？

实验三十七 反相悬浮法制备明胶/PVA 球形吸附树脂及其性能测试

一、实验目的

1. 掌握反相缩聚反应机理。
2. 掌握明胶/PVA 与戊二醛反应机理。
3. 掌握吸附材料性能测试方法。
4. 学习原子吸收分光光度计及扫描电镜的使用。

二、实验原理

悬浮缩合自 20 世纪 30 年代工业化成功以来，已成为重要的缩合方法之一，在高分子工业中至今仍占据着重要的地位。水处理吸附剂通常都制成 0.3~2 mm 的球形颗粒，因为球形颗粒表面光滑，流体阻力小，液体分布均匀，且球形颗粒无裂口和尖锐棱角，不易出现碎片细粉，耐磨性好且不易污染。明胶是胶原蛋白部分水解而获得的多肽，含有多种氨基酸，赋予多肽高分子链大量的羧基（—COOH）、氨基（$—NH_2$），是理想的吸附材料。本实验以明胶和聚乙烯醇（polyvinyl alcohol，PVA）为原料，戊二醛为交联剂，制备明胶/PVA 球形吸附剂。反应是以酸性条件下明胶和 PVA 与戊二醛的缩聚反应为基础，反应物均为水溶性的，不能在水中悬浮聚合，必须采用反相悬浮缩聚反应成球，即明胶和 PVA 与戊二醛在有机溶剂中分散成细液滴而进行聚合。

采用含 Cu^{2+} 的硫酸铜（$CuSO_4$）溶液对合成的明胶基吸附材料的吸附性能进行检测。

三、仪器与试剂

1. 仪器

数显直流恒速搅拌器、恒温水浴器、电子台秤、电热恒温鼓风干燥箱、冷冻干燥机、原子吸收分光光度计、扫描电镜（SEM）、500 mL 三口烧瓶、50 mL 和 100 mL 量筒、1.00 mL 移液管、0.45 mm 滤纸。

2. 试剂

明胶、聚乙烯醇（PVA，聚合度 1788）、戊二醛（含量为 50%，分析纯）、0.010 $mol \cdot L^{-1}$ 盐酸（HCl）溶液、液体石蜡、乙醚、0.005 $mol \cdot L^{-1}$ $CuSO_4$ 溶液、5% 氨水溶液、0.010 $mol \cdot L^{-1}$ 氢氧化钠（NaOH）溶液、蒸馏水。

四、实验步骤

1. 明胶基球形大孔吸附材料的制备

在装有搅拌装置的 500 mL 三口烧瓶中加入 30.0 mL 蒸馏水，水浴控温在 60 ℃，转速为 250 $r \cdot min^{-1}$，加入 3.00 g PVA，溶解 30 min 后，再加入 4.00 g 明胶，溶解 30 min。用稀 HCl 溶液将溶液 pH 值调至 2~4，加入液体石蜡 100.0 mL，将转速控制为 250 $r \cdot min^{-1}$，恒温搅拌 1 h，准确加入 1.00 mL 戊二醛，反应 1.5 h。实验结束后回收液体石蜡，产品用乙醚清洗除油，并用蒸馏水冷冻干燥，即得所需产品。

2. 明胶基球形大孔吸附材料微观结构

用扫描电镜对明胶基球形大孔吸附材料的外表面和内部进行直接观察。

3. 吸附材料对 Cu^{2+} 吸附量测定

在 25 ℃ ± 2 ℃ 下将 0.20 g 明胶基球形大小吸附材料放入到 25.00 mL 浓度为 0.005 mol · L^{-1} $CuSO_4$ 溶液中震荡吸附 9～10 h，转速控制为 200 r · min^{-1}，Cu^{2+}溶液的 pH 值由 0.01 mol · L^{-1} HCl 溶液和 0.010 mol · L^{-1} NaOH 溶液或 5%氨水溶液调节至 pH 至 10。然后用 0.45 mm 的滤纸将明胶基球形大孔吸附材料和 Cu^{2+}溶液进行过滤分离。用稀 HCl 溶液洗涤滤纸多次，最后分析滤液中 Cu^{2+} 的浓度。吸附后 Cu^{2+} 浓度由原子吸收分光光度计进行测量。

五、注意事项

(1)戊二醛对人体组织有中等毒性，对皮肤黏膜有刺激性和致敏，并对人体有致畸和致突变作用，需要小心操作。

(2)乙醚是极易挥发，极易燃烧和低毒性的物质，易引起全身麻醉并对皮肤及呼吸道黏膜有轻微的刺激作用，需在通风橱中小心操作。

六、数据记录与处理

1. 列表记录实验数据。

2. 吸附率 E 可由以下公式计算。

$$E = \frac{C_0 - C_e}{C_0} \times 100\% \qquad (5\text{-}36)$$

式中，C_e 为溶液中平衡后剩余 Cu^{2+} 的浓度，mol · L^{-1}；C_0 为溶液中初始 Cu^{2+} 的浓度，mol · L^{-1}。

七、思考与讨论

1. 反相悬浮聚合法中，转速对成球有何影响？是否转速越大越好？

2. 试用所学有机化学知识解释明胶/PVA 与戊二醛反应机理。

3. 合成明胶基球形大孔吸附材料时加入 PVA、液体石蜡的作用是什么？

4. 明胶基球形大孔吸附材料处理 Cu^{2+}溶液时为什么 pH 需调节到 9？

5. PVA 与戊二醛反应为何要在恒定温度(60 ℃)下进行？温度过低或过高对缩聚反应有何影响？

实验三十八　溶液吸附法测定活性炭的比表面积

一、实验目的

1. 学会用亚甲基蓝水溶液吸附法测定活性炭的比表面积。

2. 了解郎缪尔单分子层吸附理论及溶液法测定比表面积的基本原理。

3. 了解 721 型分光光度计的基本原理并熟悉使用。

二、实验原理

溶液的吸附可用于测定固体比表面积。亚甲基蓝是易于被固体吸附的水溶性染料，研究表明，在一定浓度范围内，大多数固体对亚甲基蓝的吸附是单分子层吸附，符合郎缪尔吸附理论。

郎缪尔吸附理论的基本假设是：固体表面是均匀的，吸附是单分子层吸附，吸附剂一旦被吸附质覆盖就不能被再吸附；在吸附平衡时候，吸附和脱附建立动态平衡；吸附平衡前，吸附速率与空白表面呈正比，解吸速率与覆盖度呈正比。

设固体表面的吸附位总数为 N，覆盖度为 θ，溶液中吸附质的浓度为 c，根据上述假定，吸附速率：

$$r_{吸} = k_1 N(1-\theta)c \tag{5-37}$$

式中，k_1 为吸附速率常数；N 为吸附位总数；θ 为覆盖度；c 为溶液中吸附质的浓度，$mol \cdot L^{-1}$。

脱附速率：

$$r_{脱} = k_{-1} N\theta \tag{5-38}$$

式中，k_{-1} 为脱附速率常数；N 为吸附位总数；θ 为覆盖度。

当达到吸附平衡时：

$$r_{吸} = r_{脱} \tag{5-39}$$

即

$$k_1 N(1-\theta)c = k_{-1} N\theta \tag{5-40}$$

由此可得：

$$\theta = \frac{K_{吸}\, c}{1 + K_{吸}\, c} \tag{5-41}$$

式中，$K_{吸}$ 为吸附平衡常数，$K_{吸} = k_1/k_{-1}$。其值取决于吸附剂和吸附质的性质及温度，$K_{吸}$ 值越大，固体对吸附质吸附能力越强。若以 Γ 表示浓度 c 时的平衡吸附量，以 Γ_∞ 表示全部吸附位被占据时单分子层吸附量，即饱和吸附量，则

$$\theta = \frac{\Gamma}{\Gamma_\infty} \tag{5-42}$$

将式(5-42)带入式(5-41)中，得：

$$\Gamma = \Gamma_\infty \frac{K_{吸}\, c}{1 + K_{吸}\, c} \tag{5-43}$$

整理式(5-43)得：

$$\frac{c}{\Gamma} = \frac{1}{\Gamma_\infty K_{吸}} + \frac{1}{\Gamma_\infty} c \tag{5-44}$$

式中，Γ 为浓度 c 时的平衡吸附量，$mol \cdot g^{-1}$；Γ_∞ 为饱和吸附量，$mol \cdot g^{-1}$。作 $c/\Gamma - c$ 图，从直线斜率可求得 Γ_∞，再结合截距便可得到 $K_{吸}$。

Γ_∞ 指每克吸附剂对吸附质的饱和吸附量(用物质的量表示)，若每个吸附质分子在吸附剂上所占据的面积为 σ_A，则吸附剂的比表面积可以按照式(5-45)计算

$$S = \Gamma_\infty N_A \sigma_A \tag{5-45}$$

式中，S 为吸附剂比表面积，$m^2 \cdot g^{-1}$；N_A 为阿伏伽德罗常数；σ_A 为每个吸附质分子在吸附剂上所占据的面积，m^2。

亚甲基蓝的结构如图 5-7 所示，阳离子大小为 $4.19 \times 10^{-28}\ m^3$。

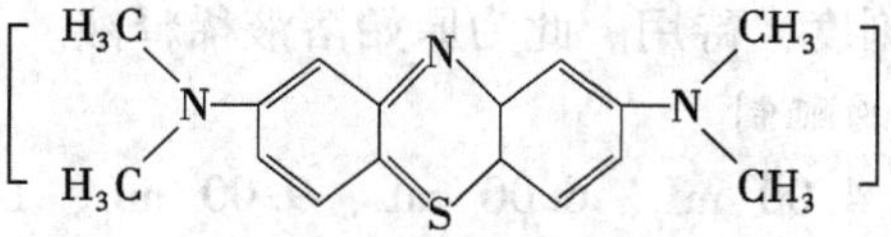

图 5-7 亚甲基蓝的结构

亚甲基蓝的吸附有 3 种取向，平面吸附投影面积为 $1.35\times10^{-18}\ m^2$，侧面吸附投影面积为 $7.5\times10^{-19}\ m^2$，端基吸附投影面积为 $3.9\times10^{-19}\ m^2$。对于非石墨型的活性炭，亚甲基蓝是以端基吸附取向，吸附在活性炭表面，因此 σ_A 为 $3.9\times10^{-19}\ m^2$。

根据光吸收定律，当入射光为一定波长的单色光时，某溶液的吸光度与溶液中有色物质的浓度及溶液层的厚度呈正比，即

$$A=-\lg\frac{I}{I_0}=\varepsilon bc \tag{5-46}$$

式中，A 为吸光度；I_0 为入射光强度；I 为光强度；ε 为吸光系数；b 为光径长度或液层厚度，cm；c 为溶液浓度，$mol\cdot L^{-1}$。

亚甲基蓝溶液在可见区有 2 个吸收峰：445 nm 和 665 nm。但在 445 nm 处活性炭吸附对吸收峰有很大的干扰，故本试验选用的工作波长为 665 nm，并用分光光度计进行测量。

三、仪器与试剂

1. 仪器

马弗炉、干燥器、分光光度计及其附件 1 套，HY 振荡器、2 号砂芯漏斗 5 只、5 只带塞锥形瓶、电子台秤、6 只 500 mL 容量瓶、5 只 100 mL 容量瓶、5 只 50 mL 容量瓶、50 mL 量筒、2 支滴管、10 mL 吸量管、吸耳球、洗瓶。

2. 试剂

亚甲基蓝溶液(0.2%原始溶液)、亚甲基蓝标准液($3.126\times10^{-4}\ mol\cdot L^{-1}$)、颗粒状非石墨型活性炭、蒸馏水。

四、实验步骤

1. 样品活化

颗粒活性炭置于瓷坩埚中放入 500 ℃马福炉活化 1 h，然后置于干燥器中备用。

2. 溶液吸附

取 5 只干燥的带塞锥形瓶，编号，分别准确称取活化过的活性炭约 0.10 g 置于瓶中，按表 5-10 配制不同浓度的亚甲基蓝溶液 50.00 mL，塞好塞子，放在振荡器上震荡 3 h。样品振荡达到平衡后，将锥形瓶取下，用砂芯漏斗过滤，得到吸附平衡后滤液。分别量取滤液 5.00 mL 于 500 mL 容量瓶中，用蒸馏水定容摇匀待用。此为平衡稀释液。

表 5-10 吸附试样配制比例

瓶编号	1	2	3	4	5
V(0.2%亚甲基蓝溶液)/mL	30.00	20.00	15.00	10.00	5.00
V(蒸馏水)/mL	20.00	30.00	35.00	40.00	45.00

3. 原始溶液处理

为了准确测量约 0.2%亚甲基蓝原始溶液的浓度，量取 2.50 mL 溶液放入 500 mL 容量

瓶中，并用蒸馏水稀释至刻度，待用。此为原始溶液稀释液。

4. 亚甲基蓝标准溶液的配制

分别量取 2.00 mL、4.00 mL、6.00 mL、9.00 mL、11.00 mL 浓度为 $0.3126\times10^{-3}\ mol\cdot L^{-1}$ 的标准溶液于 100 mL 容量瓶中，蒸馏水定容摇匀，依次编号 B2#、B3#、B4#、B5#、B6#待用。取 B2#标液 5.00 mL 于 50 mL 容量瓶中定容，得 B1#标液。B1#、B2#、B3#、B4#、B5#、B6#等六个标液的浓度依次为 $0.002\ mol\cdot L^{-1}$、$0.020\ mol\cdot L^{-1}$、$0.040\ mol\cdot L^{-1}$、$0.060\ mol\cdot L^{-1}$、$0.090\ mol\cdot L^{-1}$、$0.110\times(3.126\times10^{-4}\ mol\cdot L^{-1})$。

5. 选择工作波长

对于亚甲基蓝溶液，工作波长为665 nm。由于各分光光度计波长刻度略有误差，取浓度为 $0.040\times(3.126\times10^{-4}\ mol\cdot L^{-1})$ 的标准溶液（即 B3#），在 600~700 nm 范围内测量吸光度，以吸光度最大的波长为工作波长。

6. 测量吸光度

选择透光率 $T\%$高的比色皿用作参比。因为亚甲基蓝具有吸附性，应按照从稀到浓的顺序测定。

因本实验的标准溶液浓度范围太宽，所以工作曲线作两条：一是以 B1#为参比，依次测量 B1#、B2#、B3#标准溶液的透光率 $T\%$；二是以 B3#标准溶液为参比，测量 B3#、B4#、B5#、B6#标准溶液的透光率 $T\%$。

用洗液洗涤比色皿，用自来水冲洗，再用蒸馏水清洗 2~3 次，以 B1#为参比，测量 5#、4#、3#吸附平衡溶液的稀释液的透光率 $T\%$；以 B3#标准溶液为参比，测量 2#、1#吸附平衡液稀释及原始溶液稀释液的透光率 $T\%$。

五、注意事项

(1)测量吸光度时要按从稀到浓的顺序，每个溶液要测 3~4 次，取平均值。

(2)用洗液洗涤比色皿时，接触时间不能超过 2 min，以免损坏比色皿。

六、数据记录与处理

1. 作亚甲基蓝溶液吸光度对浓度的工作曲线

工作曲线作两条：一是以 B1#为参比，测定的 B1#、B2#、B3#标液的吸光度 A 对浓度 c 作图；二是以 B3#标溶为参比，测定的 B3#、B4#、B5#、B6#标液的吸光度 A 对浓度 c 作图。所得两条直线即为工作曲线。

2. 求亚甲基蓝原始溶液浓度和各个平衡溶液浓度

据稀释后原始溶液的吸光度，从工作曲线上查得对应的浓度，乘上稀释倍数 200，即为原始溶液的浓度 c_0。

将试验测定的各个稀释后的平衡溶液吸光度，从工作曲线上查得对应的浓度，乘上稀释倍数 200，即为平衡溶液的浓度 c_i。

3. 计算吸附溶液的初始浓度

按照实验步骤 2 的溶液配制方法，计算各吸附溶液的初始浓度 $c_{0,i}$。

4. 计算吸附量

由平衡浓度 c_i 及初始浓度 $c_{0,i}$ 数据，按式(5-44)计算吸附量 Γ_i，即

$$\Gamma_i = \frac{(c_{0,i} - c_i)V}{m} \tag{5-47}$$

式中，V 为吸附溶液的总体积，L；m 为加入溶液的吸附剂质量，g。

5. 作郎缪尔吸附等温线

以 Γ 为纵坐标，c 为横坐标，作 Γ-c 吸附等温线。

6. 求饱和吸附量

由 Γ 和 c 数据计算 c/Γ 值，然后作 c/Γ-c 图，由图求得饱和吸附量 Γ_∞。将 Γ_∞ 值用虚线作一水平线在 Γ-c 图上。这一虚线即是吸附量 Γ 的渐近线。

7. 计算试样的比表面积

将 Γ_∞ 值带入式(5-45)，可算得试样的比表面积 S。

七、思考与讨论

1. 根据郎缪尔理论的基本假设，结合本实验数据，算出各平衡浓度的覆盖度，估算饱和吸附的平衡浓度范围。

2. 溶液产生吸附时，如何判断其达到平衡？

实验三十九　接触角的测定

一、实验目的

1. 了解液体在固体表面的润湿过程以及接触角的含义与应用。

2. 掌握用 JC2000C1 静滴接触角/界面张力测量仪测定接触角和表面张力的方法。

二、实验原理

润湿是自然界和生产过程中常见的现象。通常将固-气界面被固-液界面所取代的过程称为润湿。将液体滴在固体表面上，由于性质不同，有的会铺展开来，有的则黏附在表面上成为平凸透镜状，这种现象称为润湿作用。前者称为铺展润湿，后者称为黏附润湿。如水滴在干净玻璃板上可以产生铺展润湿。如果液体不黏附而保持椭球状，则称为不润湿。如汞滴到玻璃板上或水滴到防水布上的情况。此外，如果是能被液体润湿的固体完全浸入液体之中，则称为浸湿。上述各种类型如图 5-8 所示。

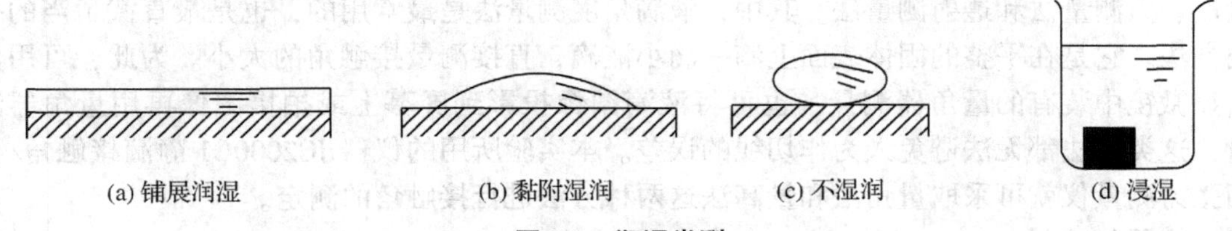

图 5-8　润湿类型

当液体与固体接触后，体系的自由能降低。因此，液体在固体上润湿程度的大小可用这一过程自由能降低的多少来衡量。在恒温恒压下，当一液滴放置在固体平面上时，液滴能自动地在固体表面铺展开来，或以与固体表面成一定接触角的液滴存在，如图 5-9 所示。

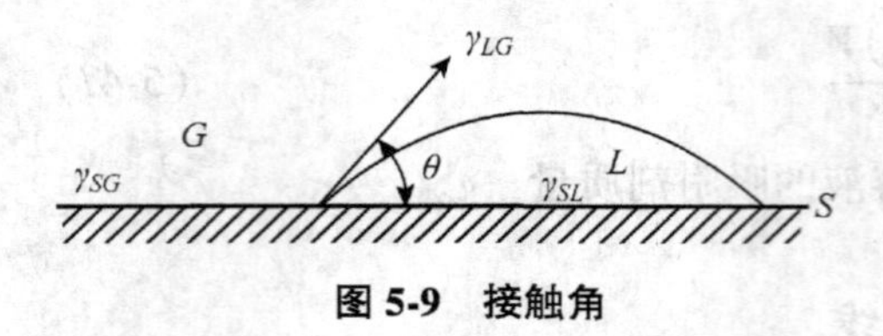

图 5-9 接触角

假定不同的界面间力用作用在界面方向的界面张力来表示，则当液滴在固体平面上处于平衡位置时，这些界面张力在水平方向上的分力之和应等于零，这个平衡关系就是著名的 Young 方程，即

$$\gamma_{SG}-\gamma_{SL}=\gamma_{LG}\cos\theta \tag{5-48}$$

式中，γ_{SG}，γ_{LG}，γ_{SL} 分别为固—气、液—气和固—液界面张力；θ 为在固、气、液三相交界处，自固体界面经液体内部到气液界面的夹角，称为接触角，在 0°~180°之间。接触角是反应物质与液体润湿性关系的重要尺度。

在恒温恒压下，黏附润湿、铺展润湿过程发生的热力学条件分别是：

黏附润湿：
$$W_a=\gamma_{SG}-\gamma_{SL}+\gamma_{LG}\geqslant 0 \tag{5-49}$$

铺展润湿：
$$S=\gamma_{SG}-\gamma_{SL}-\gamma_{LG}\geqslant 0 \tag{5-50}$$

式中，W_a，S 分别为黏附润湿、铺展润湿过程的黏附功和铺展系数。

若将式(5-48)代入式(5-49)和式(5-50)，得到下面结果：

$$W_a=\gamma_{SG}+\gamma_{LG}-\gamma_{SL}=\gamma_{LG}(1+\cos\theta) \tag{5-51}$$

$$S=\gamma_{SG}-\gamma_{SL}-\gamma_{LG}=\gamma_{LG}(\cos\theta-1) \tag{5-52}$$

以上方程说明，只要测定了液体的表面张力和接触角，便可以计算出黏附功、铺展系数，进而可以据此来判断各种润湿现象。还可以看到，接触角的数据也能作为判别润湿情况的依据。通常把 $\theta=90°$ 作为润湿与否的界限，当 $\theta>90°$，称为不润湿；当 $\theta<90°$时，称为润湿，θ 越小润湿性能越好；当 θ 角等于零时，液体在固体表面上铺展，固体被完全润湿。

接触角是表征液体在固体表面润湿性的重要参数之一，由它可了解液体在一定固体表面的润湿程度。决定和影响润湿作用和接触角的因素很多，如固体和液体的性质及杂质、添加物的影响，固体表面的粗糙程度、不均匀性的影响，表面污染等。原则上说，极性固体易为极性液体所润湿，而非极性固体易为非极性液体所润湿。玻璃是一种极性固体，故易为水所润湿。对于一定的固体表面，在液相中加入表面活性物质常可改善润湿性质，并且随着液体和固体表面接触时间的延长，接触角有逐渐变小趋于定值的趋势，这是由于表面活性物质在各界面上吸附的结果。

接触角的测定方法很多，根据可直接测定的物理量分为四大类：角度测量法、长度测量法、力测量法和透射测量法。其中，液滴角度测量法是最常用的，也是最直截了当的一类方法。它是在平整的固体表面上滴一滴小液滴，直接测量接触角的大小。为此，可用低倍显微镜中装有的量角器测量，也可将液滴图像投影到屏幕上或拍摄图像再用量角器测量，这类方法都无法避免人为作切线的误差。本实验所用的仪器 JC2000C1 静滴接触角/界面张力测量仪就可采取量角法和量高法这两种方法进行接触角的测定。

三、仪器与试剂

1. 仪器

JC2000C1 界面张力测量仪、微量注射器、容量瓶、镊子、玻璃载片、涤纶薄片、聚乙烯片、金属片(不锈钢、铜等)。

2. 试剂

蒸馏水、无水乙醇、不同质量分数的十二烷基苯磺酸钠(或十二烷基硫酸钠)水溶液

（浓度分别为0.01%、0.02%、0.03%、0.04%、0.05%、0.10%、0.15%、0.20%和0.25%）。

四、实验步骤

1. 接触角的测定

（1）开机。将仪器插上电源，打开电脑，双击桌面上的JC2000C1应用程序进入主界面。点击界面右上角的活动图象按钮，这时可以看到摄像头拍摄的载物台上的图象。

（2）调焦。将进样器或微量注射器固定在载物台上方，调整摄像头焦距到0.7倍（测小液滴接触角时通常调到2~2.5倍），然后旋转摄像头底座后面的旋钮调节摄像头到载物台的距离，使看到的图像最清晰。

（3）加入样品。可以通过旋转载物台右边的采样旋钮抽取液体，也可以用微量注射器压出液体。测接触角一般用0.6~1.0 μL的样品量最佳。这时可以从活动图像中看到进样器下端出现一个清晰的小液滴。

（4）接样。旋转载物台底座的旋钮使得载物台慢慢上升，触碰悬挂在进样器下端的液滴后下降，使液滴留在固体平面上。

（5）冻结图像。点击界面右上角的冻结图像按钮将画面固定，再点击File菜单中的Save as将图像保存在文件夹中。接样后要在20 s（最好10 s）内冻结图像。

（6）量角法。点击量角法按钮，进入量角法主界面，按开始键，打开之前保存的图像。这时图像上出现一个由两直线交叉45°组成的测量尺，利用键盘上的Z、X、Q、A键即左、右、上、下键调节测量尺的位置：首先使测量尺与液滴边缘相切，然后下移测量尺使交叉点到液滴顶端，再利用键盘上<和>键即左旋和右旋键旋转测量尺，使其与液滴左端相交，即得到接触角的数值。另外，也可以使测量尺与液滴右端相交，此时应用180°减去所见的数值方为正确的接触角数据，最后求两者的平均值。

（7）量高法。点击量高法按钮，进入量高法主界面，按开始键，打开之前保存的图像。然后用鼠标左键顺次点击液滴的顶端和液滴的左、右两端与固体表面的交点。如果点击错误，可以点击鼠标右键，取消选定。

2. 表面张力的测定

（1）开机。将仪器插上电源，打开电脑，双击桌面上的JC2000C1应用程序进入主界面。点击界面右上角的活动图像按钮，这时可以看到摄像头拍摄的载物台上的图像。

（2）调焦。将进样器或微量注射器固定在载物台上方，调整摄像头焦距到0.7倍，然后旋转摄像头底座后面的旋钮调节摄像头到载物台的距离，使得图像最清晰。

（3）加入样品。可以通过旋转载物台右边的采样旋钮抽取液体，也可以用微量注射器压出液体。测表面张力时样品量为液滴最大时。这时可以从活动图像中看到进样器下端出现一个清晰的大液泡。

（4）冻结图像。当液滴欲滴未滴时点击界面的冻结图像按钮，再点击File菜单中的Save as将图像保存在文件夹中。

（5）悬滴法。单击悬滴法按钮，进入悬滴法程序主界面，按开始按钮，打开图像文件。然后顺次在液泡左右两侧和底部用鼠标左键各取一点，随后在液泡顶部会出现一条横线与液泡两侧相交，然后再用鼠标左键在两个相交点处各取一点，这时会跳出一个对话框，输入密度差和放大因子后，即可测出表面张力值。

注：密度差为液体样品和空气的密度之差；放大因子为图中针头最右端与最左端的横坐标之差再除以针头的直径所得的值。

五、注意事项

(1)若测量的液相是较难清洗的液体，选择一次性注射器。

(2)滴液装置上的旋钮，只能拧松，一定不要拧下来，否则造成其中的弹簧掉下，难以安装。

六、数据记录与处理

1. 将实验数据记录于表 5-11 中。

表 5-11 水在不同固体表面的接触角的测量

固体表面	接触角 θ（量角法）/°		
	左	右	平均
钢片			84
电池盖		66	
胶片			82
称量纸	104	104	104
长玻璃片	46	47	
石英片		47	

2. 解释所得结果的原因。

七、思考与讨论

1. 液体在固体表面的接触角与哪些因素有关？

2. 在本实验中，滴到固体表面上的液滴的大小对所测接触角读数是否有影响？为什么？

3. 实验中滴到固体表面上的液滴的平衡时间对接触角读数是否有影响？

实验四十 胶粒电泳速率的测定

一、实验目的

1. 掌握凝聚法制备 $Fe(OH)_3$ 溶胶和纯化溶胶的方法。

2. 观察溶胶的电泳现象并了解其电学性。

二、实验原理

溶胶是一个多相体系，其分散相胶粒的大小在 1 nm～1 μm 之间。由于本身的电离或选择性地吸附一定量的离子以及其他原因如摩擦所致，胶粒表面带有一定量的电荷，而胶粒周围的介质中分布着反离子。反离子所带电荷与胶粒表面电荷符号相反、数量相等，整个溶胶体系保持电中性，胶粒周围的反离子由于静电引力和热扩散运动的结果形成了两部分——紧密层和扩散层。紧密层约有一到两个分子层厚，紧密附着在胶核表面上，而扩散层的厚度则随外界条件(温度、体系中电解质浓度及其离子的价态等)而改变，扩散层中的反离子符合玻兹曼分布。由于离子的溶剂化作用，紧密层的反离子结合有一定数量的溶剂

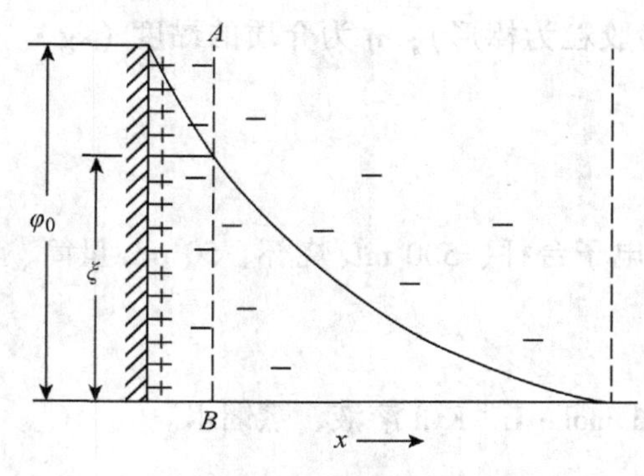

图 5-10　扩散双电层模型

分子，在电场的作用下，它和胶粒作为一个整体移动，而扩散层中的反离子则向相反的电极方向移动。这种在电场作用下分散相粒子相对于分散介质的运动称为电泳。发生相对移动的界面称为滑移面，滑移与液体本体的电位差称为动电位（电动电位）或 ζ 电位，而作为带电粒子的胶粒表面与液体内部的电位差称为质点的表面电势 φ_0，相当于热力学电势（如图 5-10 所示，图中 AB 为滑移面）。

胶粒电泳速率除与外加电场的强度有关外，还与 ζ 电位的大小有关。而 ζ 电位不仅与测定条件有关，还取决于胶体粒子的性质。

ζ 电位是表征胶体特性的重要物理量之一，在研究胶体性质及其实际应用中有着重要意义。胶体的稳定性与 ζ 电位有直接关系。ζ 电位绝对值越大，表明胶粒荷电越多，胶粒间排斥力越大，胶体越稳定；反之，则表明胶体越不稳定。当 ζ 电位为零时，胶体的稳定性最差，此时可观察到胶体的聚沉。

本实验是在一定的外加电场强度下通过测定 $Fe(OH)_3$ 胶粒的电泳速率然后计算出 ζ 电位。实验用拉比诺维奇一付其曼 U 形电泳仪，如图 5-11 所示。

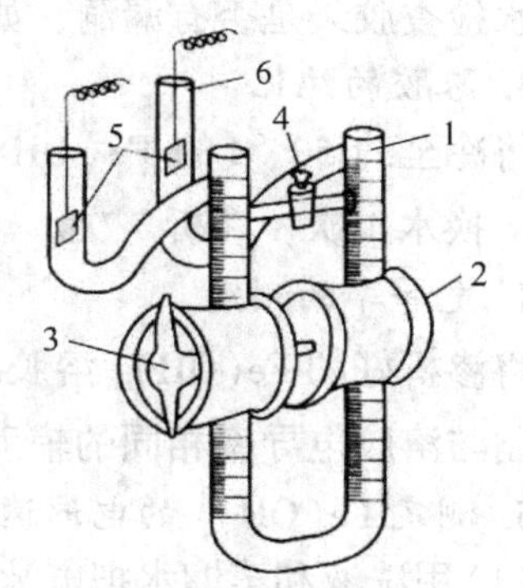

图 5-11　电泳仪

1. U 形管；2~4. 活塞；5. 电极；6. 弯管

图中活塞 2、3 以下管中盛待测的溶胶，以上盛辅助液。在电泳仪两极间接上电位差 E（V）后，在 t(s)时间内观察到溶胶界面移动的距离为 D(m)，则胶粒的电泳速率 U（$m \cdot s^{-1}$）为：

$$U = \frac{D}{t} \tag{5-53}$$

同时，相距为 l（m）的两极间的电位梯度平均值 H（$V \cdot m^{-1}$）为：

$$H = \frac{E}{l} \tag{5-54}$$

如果辅助液的电导率 $\bar{\kappa}_0$ 与溶胶的电导率 $\bar{\kappa}$ 相差较大，则在整个电泳管内的电位降是不均匀的，这时需用式(5-55)求 H：

$$H = \frac{E}{\dfrac{\bar{\kappa}}{\bar{\kappa}_0}(l - l_k) + l_k} \tag{5-55}$$

式中，l_k 为溶胶两界面间的距离。

从实验求得胶粒电泳速率后，可按下式求出 ζ(V)电位：

$$\zeta = \frac{K\pi\eta}{\varepsilon H} \cdot U \tag{5-56}$$

式中，K 为与胶粒形状有关的常数（对于球形粒子 $K = 5.4\times10^{10}\ V^2 \cdot s^2 \cdot kg^{-1} \cdot m^{-1}$；对于

棒形粒子 $K = 3.6\times10^{10}\ V^2\cdot s^2\cdot kg^{-1}\cdot m^{-1}$，本实验胶粒为棒形）；$\eta$ 为介质的黏度（$kg\cdot m^{-1}\cdot s^{-1}$）；$\varepsilon$ 为介质的介电常数。

三、仪器与试剂

1. 仪器

直流稳压电源、电导率仪、电泳仪、铂电极、电子台秤、500 mL 烧杯、50 mL 量筒、250 mL 锥形瓶、洗瓶、滴管。

2. 试剂

无水三氯化铁（$FeCl_3$，CR）、棉胶液（CR）、0.1 $mol\cdot L^{-1}$ KCl 溶液、蒸馏水。

四、实验步骤

1. $Fe(OH)_3$ 溶胶的制备

称取 0.50 g 无水 $FeCl_3$ 溶于 20.00 mL 蒸馏水中，在搅拌的情况下将上述溶液滴入 200 mL 沸水中（控制在 4~5 min 内滴完），然后再煮沸 1~2 min，即制得 $Fe(OH)_3$ 溶胶。

2. 珂罗酊袋的制备

将约 20.00 mL 棉胶液倒入干净的 250 mL 锥形瓶内，小心转动锥形瓶使瓶内壁均匀铺展一层液膜，倾出多余的棉胶液，将锥形瓶倒置于铁圈上，待溶剂挥发完（此时胶膜已不沾手），用蒸馏水注入胶膜与瓶壁之间，使胶膜与瓶壁分离，将其从瓶中取出，然后注入蒸馏水检查胶袋是否有漏洞，如无，则浸入蒸馏水中待用。

3. 溶胶的纯化

将冷至约 50 ℃ 的 $Fe(OH)_3$ 溶胶转移到珂罗酊袋，用约 50 ℃ 的蒸馏水渗析，约 10 min 换水 1 次，渗析 7 次。

4. 电导率的测定

将渗析好的 $Fe(OH)_3$ 溶胶冷至室温，测定其电导率，用 0.1 $mol\cdot L^{-1}$ KCl 溶液和蒸馏水配制与溶胶电导率相同的辅助液。

5. 测定 $Fe(OH)_3$ 的电泳速率

（1）用洗液和蒸馏水把电泳仪洗干净（三个活塞均需涂好凡士林）。

（2）用少量渗析好的 $Fe(OH)_3$ 溶胶洗涤电泳仪 2~3 次，然后注入 $Fe(OH)_3$ 溶胶直至胶液面高出图 5-11 中活塞 2、3 少许，关闭该两活塞，倒掉多余的溶胶。

（3）用蒸馏水把图 5-11 中电泳仪活塞 2、3 以上的部分荡洗干净后，在两管内注入辅助液至支管口，并把电泳仪固定在支架上。

（4）如图 5-11 所示，将两铂电极插入支管内并连接电源，开启活塞 4 使管内两辅助液面等高，关闭活塞 4，缓缓开启活塞 2、3（勿使溶胶液面搅动）。然后打开稳压电源，将电压调至 150 V，观察溶胶界面移动现象及电极表面出现的现象。记录 30 min 内界面移动的距离。用绳子和尺子量出两电极间的距离。

五、注意事项

（1）在制备珂罗酊袋时，待溶剂挥发干后加水的时间应适中，如加水过早，因胶膜中的溶剂还未完全挥发掉，胶膜呈乳白色，强度差不能用。如加水过迟，则胶膜变干、脆，不易取出且易破。

(2)溶胶的制备条件和净化效果均影响电泳速率。制胶过程应很好地控制浓度、温度、搅拌和滴加速率。渗析时应控制水温，常搅动渗析液，勤换渗析液。这样制备得到的溶胶胶粒大小均匀，胶粒周围的反离子分布趋于合理，基本形成热力学稳定态，所得的ζ电位准确，重复性好。

(3)渗析后的溶胶必须冷至与辅助液大致相同的温度(室温)，以保证两者所测的电导率一致，同时也可避免打开活塞时产生热对流而破坏了溶胶界面。

(4)渗析时蒸馏水每次350~400 mL，温度65~75 ℃，换水7次，每次10 min，电导率为0.005。

六、数据记录及处理

1. 数据记录

将所测实验数据及结果填入表5-12中。

表5-12　数据记录表

时间/min	左(+，红色)	右(-，黑色)
0		
30		
40		
50		
60		
80		
100		

2. 数据分析

(1)根据表5-12中的数据，利用式(5-53)、式(5-54)计算溶液界面移动距离D和两极间的电位梯度平均值H。

(2)查手册获得介质的ε_r、η和K值。

(3)根据式(5-56)，将上面数据代入求得胶粒电泳速率。

七、思考与讨论

1. 电泳速率与哪些因素有关?

2. 写出$FeCl_3$水解反应式，解释$Fe(OH)_3$胶粒带何种电荷取决于什么因素?

3. 说明反离子所带电荷及两电极上的反应。

4. 选择和配制辅助液有何要求?

第六章　结构化学实验

实验四十一　偶极矩的测定

一、实验目的

1. 用溶液法测定三氯甲烷($CHCl_3$)的偶极矩。

2. 了解介电常数法测定偶极矩的原理。

3. 掌握测定液体介电常数的实验技术。

二、基本原理

1. 偶极矩与极化度

分子结构可近似地被看作由电子云和分子骨架(原子核及内层电子)所构成的，分子本身呈电中性，但由于空间构型的不同，正、负电荷中心可重合也可不重合，前者称为非极性分子，后者称为极性分子。分子极性大小常用偶极矩来度量，其定义为：

$$\vec{\mu} = qd \tag{6-1}$$

式中，q 为正负电荷中心所带的电荷；d 为正、负电荷中心间距离；$\vec{\mu}$ 为向量，其方向规定为从正到负。

因分子中原子间距离的数量级为 10^{-10}m，电荷数量级为 10^{-20}C，所以偶极矩的数量级为 10^{-30}C·m。

极性分子具有永久偶极矩。若将极性分子置于均匀的外电场中，则偶极矩在电场的作用下会趋向电场方向排列。这时我们称这些分子被极化了。极化的程度可用摩尔定向极化度 P_u 来衡量。P_u 与永久偶极矩平方呈正比，与热力学温度 T 呈反比

$$P_{\mu} = \frac{4}{3}\pi L\frac{\mu^2}{3kT} = \frac{4}{9}\pi N_A\frac{\mu^2}{kT} \quad \left(\mu = \sqrt{\frac{9kTP_{\mu}}{4\pi N_A}}\right) \tag{6-2}$$

式中，k 为玻尔兹曼常数；N_A 为阿伏伽德罗常数。

在外电场作用下，不论是极性分子或非极性分子，都会发生电子云对分子骨架的相对移动，分子骨架也会发生变形，这种现象称为诱导极化或变形极化，用摩尔诱导极化度 $P_{诱导}$来衡量。显然，$P_{诱导}$可分为两项，为电子极化和原子极化之和，分别记为 P_e 和 P_a，则摩尔极化度为：

$$P_m = P_e + P_a + P_{\mu} \tag{6-3}$$

对于非极性分子，因 $\mu=0$，所以 $P=P_e+P_a$

外电场若是交变电场，则极性分子的极化与交变电场的频率有关。当电场的频率小于

$10^{10}s^{-1}$ 的低频电场或静电场下，极性分子产生的摩尔极化度 P_m 是定向极化、电子极化和原子极化的总和，即 $P_m=P_e+P_a+P_\mu$。而在电场频率为 $10^{12}\sim10^{14}\ s^{-1}$ 的中频电场下(红外光区)，因为电场的交变周期小，使得极性分子的定向运动跟不上电场变化，即极性分子无法沿电场方向定向，则 $P_\mu=0$。此时分子的摩尔极化度 $P_m=P_e+P_a$。当交变电场的频率大于 $10^{15}s^{-1}$(即可见光和紫外光区)，极性分子的定向运动和分子骨架变形都跟不上电场的变化，此时$P_m=P_e$。

因此，原则上只要在低频电场下测得极性分子的摩尔极化度 P_m，在红外频率下测得极性分子的摩尔诱导极化度 P 诱导，两者相减得到极性分子的摩尔定向极化度 P_μ，带入式(6-2)，即可算出其永久偶极矩 μ。

因为 P_a 只占 P 诱导中 5%~15%，而实验时由于条件的限制，一般总是用高频电场来代替中频电场。所以通常近似的把高频电场下测得的摩尔极化度当作摩尔诱导偶极矩。

2. 极化度和偶极矩的测定

对于分子间相互作用很小的体系，Clausius-Mosotti-Debye 从电磁理论推得摩尔极化度 P 于介电常数 ε 之间的关系为：

$$P=\frac{\varepsilon-1}{\varepsilon+2}\cdot\frac{M}{d} \tag{6-4}$$

式中，M 为摩尔质量；d 为密度。

上式是假定分子间无相互作用而推导出的，只适用于温度不太低的气相体系。但测定气相介电常数和密度在实验上困难较大，所以提出溶液法来解决这一问题。溶液法的基本思想是：在无限稀释的非极性溶剂的溶液中，溶质分子所处的状态和气相时相近，于是无限稀释溶液中溶质的摩尔极化度P_2^∞ 就可看作上式中的 P，即

$$P=P_2^\infty=\lim_{x_2\to0}P_2=\frac{3\alpha\varepsilon_1}{(\varepsilon_1+2)^2}\cdot\frac{M_1}{d_1}+\frac{\varepsilon_1-1}{\varepsilon_1+2}\cdot\frac{M_2-\beta M_1}{d_1} \tag{6-5}$$

式中，ε_1，M_1，d_1 为溶剂的介电常数，摩尔质量和密度；M_2 为溶质的摩尔质量；α、β 为两常数，可由下面两个稀溶液的近似公式求出：

$$\varepsilon_{12}=\varepsilon_1(1+\alpha x_2) \tag{6-6}$$

$$d_{12}=d_1(1+\beta x_2) \tag{6-7}$$

根据光的电磁理论，在同一频率的高频电场作用下，透明物质的介电常数 ε 与折光率 n 的关系为：

$$\varepsilon=n^2 \tag{6-8}$$

常用摩尔折射度 R_2 来表示高频区测得的极化度。此时 $P_\mu=0$，$P_a=0$，则

$$R_2=P_e=\frac{n^2-1}{n^2+2}\cdot\frac{M}{d} \tag{6-9}$$

同样测定不同浓度溶液的摩尔折射度 R，外推至无限稀释，就可求出该溶质的摩尔折射度公式。

$$R_2^\infty=\lim_{x_2\to0}R_2=\frac{n_1^2-1}{n_1^2+2}\cdot\frac{M_2-\beta M_1}{d_1}+\frac{6n_1^2M_1\gamma}{(n_1^2+2)^2d_1} \tag{6-10}$$

式中，n_1 为溶剂摩尔折光率；γ 为常数。可由下式求出：

$$n_{12} = n_1(1 + \gamma x_2) \tag{6-11}$$

式中，α，β，γ 分别根据 $\varepsilon_{12} \sim x_2$、$d_{12} \sim x_2$、$n_{12} \sim x_2$ 作图求出。

则

$$P_\mu = P_2^\infty - R_2^\infty = \frac{4\pi N_A \mu^2}{9KT} \tag{6-12}$$

$$\mu = 0.0128\sqrt{(P_2^\infty - R_2^\infty)T}(D)$$
$$= 0.04274 \times 10^{-30}\sqrt{(P_2^\infty - R_2^\infty)T}(\mathrm{c \cdot m}) \tag{6-13}$$

3. 介电常数的测定

介电常数是通过测定电容，计算后得到。根据定义：

$$\varepsilon = \frac{C}{C_0} \tag{6-14}$$

式中，C_0 为以真空为介质的电容；C 为充以介电常数为 ε 的介质时的电容。

实验通常以空气为介质时的电容为 C_0，因为空气相对于真空的介电常数为 1.0006，与真空作介质的情况相差甚微。由于小电容测量仪测定电容时，除电容池两极间的电容 C_0 外，整个测试系统中还有分布电容 C_d 的存在，即

$$C'_x = C_x + C_d \tag{6-15}$$

式中，C'_x 为实验所测值；C_x 为真实的电容。

对于同一台仪器和同一电容池，在相同的实验条件下，C_d 基本上是定值，故可用一已知介电常数的标准物质(如苯)进行校正，以求得 C_d。

$$\varepsilon_{CCl_4} = 2.238 - 0.0020(t-20)$$
$$\varepsilon_{苯} = 2.283 - 0.0019(t-20)$$

本实验采用电桥法。校正方法如下：

$$C'_{空} = C_{空} + C_d$$
$$C'_{标} = C_{标} + C_d$$
$$\varepsilon_{标} = C_{标}/C_{空}(C_{空} \approx C_0)$$

故

$$C_d = (\varepsilon_{标} C'_{空} - C'_{标})/(\varepsilon_{标} - 1) \tag{6-16}$$

三、仪器与试剂

1. 仪器

精密电容测定仪、密度管、阿贝折光仪、5 只 25 mL 容量瓶、5 mL 注射器、超级恒温槽、5 只 10 mL 烧杯(10 mL)、5 mL 移液管(5 mL)、比重瓶、滴管若干。

2. 试剂

三氯甲烷($CHCl_3$，AR)、苯(AR)。

四、实验步骤

1. 配制溶液

用称量法配制 4 种浓度(摩尔分数)0.010、0.050、0.100、0.150 的 $CHCl_3$—苯溶液，分别盛于容量瓶中。为了配制方便，先计算出所需 $CHCl_3$ 的毫升数，移液，然后称量配

制。算出溶液的正确浓度，操作时注意防止溶质、溶剂的挥发和吸收极性极大的水汽。溶液配好后迅速盖上瓶塞。

2. 折射率的测定

在 25 ℃±0.1 ℃条件下，用阿贝折射计测定纯苯及配制的四种浓度溶液的折射率。由 $n_{12}=n_1(1+\gamma x_2)$ 公式，作 $n_{12}\sim x_2$ 图，从直线的斜率求 γ。

3. 液体密度的测定

若无密度管，用比重瓶(可用 5 mL 或 10 mL 容量瓶代替)。首先烘干比重瓶，冷却至室温后称量并记重为 W_0，加水至刻度线，称量并记重为称重 W_1。然后加各个溶液称重 W_2(注意加溶液前，一定要吹干)，则被测液体的密度为：

$$d_t=\frac{W_2-W_0}{W_1-W_0}d_{t,\ H_2O} \tag{6-17}$$

以 $d_{12}-W_2$ 作图，从直线斜率求得 β。

4. 介电常数的测定

(1) C_d 的测定

测空气和苯的电容 $C'_{空}$ 和 $C'_{苯}$，由 $\varepsilon_{苯}=2.283-0.00190(t-20)$ 算出实验温度时苯的介电常数 $\varepsilon_{标}$，代入式(6-16)求得 C_d。

用吸耳球将电容池样品室吹干，并将电容池与电容测定仪连接线接上，在量程选择键全部弹起的状态下，开启电容测定仪工作电源，预热 10 min，用调零旋钮调零，然后按下(20pF)键，待数显稳定后记下，此即是 $C'_{空}$。

用移液管量取 100 mL 苯注入电容池样品室，然后用滴管逐滴加入样品，至数显稳定后记下，此即是 $C'_{苯}$。注意样品不可以多加，样品过多会腐蚀密封材料渗入恒温腔，使试验无法正常进行。然后用注射器抽去样品室内样品，再用吸耳球吹扫，至数显的数字与 $C'_{空}$ 的值相差无几(<0.02 pF)，否则需再吹。

(2)溶液电容的测定

按上述方法分别测定各浓度溶液的 $C'_{溶液}$，则 $C_{溶液}=C'_{溶液}-C_d$。注意每次测 $C'_{溶液}$ 后均需复测 $C'_{空}$，以检验样品室是否还残留样品。然后求介电常数 ε_{12}，计算如下：

$$\varepsilon_{12}=\frac{C_{12}}{C_0}\approx\frac{C_{12}}{C_{空}}=\frac{C_{12}}{C'_{空}-C_d} \tag{6-18}$$

由 $\varepsilon_{12}=\varepsilon_1(1+\alpha x_2)$ 以 $\varepsilon_{12}\sim x_2$ 作图，从其斜率求出 α。

五、注意事项

(1)配置溶液所用仪器要求干燥，溶液不能发生浑浊。

(2)配置溶液时动作要迅速。

(3)电容池各个部件应注意绝缘。

六、数据记录与处理

1. 实验温度时两种纯液体的密度(表 6-1)

密度公式：$d_t=d_s+10^{-3}\alpha(t-t_s)+10^{-6}\beta(t-t_s)^2+10^{-9}\gamma(t-t_s)^3$

表 6-1 实验温度时两种纯液体的密度相关数据记录

	d_s	α	β	γ	适用温度
C_6H_6					
$CHCl_3$					

2. 称量法配制(表 6-2)

表 6-2 称量法配制时数据记录

比重瓶瓶重	
瓶+$CHCl_3$	
瓶+$CHCl_3$+C_6H_6	
$x(CHCl_3)$	

七、思考与讨论

1. 测定溶质摩尔极化度和摩尔折射度时为什么要外推至无限稀释?
2. 本实验的误差主要来自哪些因素?

实验四十二 磁化率的测定

一、实验目的

1. 掌握古埃(Gouy)法测定磁化率的原理和方法。
2. 测定 3 种络合物的磁化率，求算未成对电子数，判断其配键类型。

二、实验原理

1. 磁化率

物质在外磁场中，会被磁化并感生一附加磁场，其磁场强度 H' 与外磁场强度 H 之和称为该物质的磁感应强度 B，即

$$B = H + H' \tag{6-19}$$

H' 与 H 方向相同的称为顺磁性物质，相反的则为反磁性物质。还有一类物质如铁、钴、镍及其合金，H' 比 H 大得多，H'/H 高达 104，而且附加磁场在外磁场消失后并不立即消失，这类物质称为铁磁性物质。

物质的磁化可用磁化强度 I 来描述，$H' = 4\pi I$。对于非铁磁性物质，I 与外磁场强度 H 呈正比：

$$I = KH \tag{6-20}$$

式中，K 为物质的单位体积磁化率(简称磁化率)，是物质的一种宏观磁性质。在化学中常用单位质量磁化率 χ_m 或摩尔磁化率 χ_M 表示物质的磁性质，它的定义是：

$$\chi_m = \frac{K}{\rho} \tag{6-21}$$

$$\chi_M = \frac{MK}{\rho} \tag{6-22}$$

式中，ρ，M 分别为物质的密度和摩尔质量。由于 K 是无量纲的量，所以 χ_m 和 χ_M 的

单位分别是 $cm^3 \cdot g^{-1}$ 和 $cm^3 \cdot mol^{-1}$。

磁感应强度(SI)单位是特斯拉(T)，而过去习惯使用的单位是高斯(G)，$1T=10^4G$。

2. 分子磁矩与磁化率

物质的磁性与组成它的原子、离子或分子的微观结构有关，在反磁性物质中，由于电子自旋已配对，故无永久磁矩。但是内部电子的轨道运动，在外磁场作用下产生的拉摩进动，会感生出一个与外磁场方向相反的诱导磁矩，所以表示出反磁性。其 χ_M 就等于反磁化率 $\chi_{反}$，且 $\chi_M<0$。在顺磁性物质中，存在自旋未配对电子，所以具有永久磁矩。在外磁场中，永久磁矩顺着外磁场方向排列，产生顺磁性。顺磁性物质的摩尔磁化率 χ_M 是摩尔顺磁化率与摩尔反磁化率之和，即

$$\chi_M = \chi_{顺} + \chi_{反} \tag{6-23}$$

通常 $\chi_{顺}$ 比 $\chi_{反}$ 大 1~3 个数量级，所以这类物质总表现出顺磁性，其 $\chi_M>0$。顺磁化率与分子永久磁矩的关系服从居里定律：

$$\chi_{顺} = \frac{N_A \mu_m^2}{3KT} \tag{6-24}$$

式中，N_A 为阿伏伽德罗常数；K 为 Boltzmann 常数($1.38\times10^{-16} erg \cdot K^{-1}$)；$T$ 为热力学温度；μ_m 为分子永久磁矩($erg \cdot G^{-1}$)。由此可得：

$$\chi_M = \frac{N_A \mu_m^2}{3KT} + \chi_{反} \tag{6-25}$$

由于 $\chi_{反}$ 不随温度变化(或变化极小)，所以只要测定不同温度下的 χ_M 对 $1/T$ 作图，截矩即为 $\chi_{反}$，由斜率可求 μ_m。由于比 $\chi_{顺}$ 小得多，所以在不很精确的测量中可忽略 $\chi_{反}$ 作近似处理

$$\chi_M = \chi_{顺} = \frac{N_A \mu_m^2}{3KT}\ (cm^3 \cdot mol^{-1}) \tag{6-26}$$

顺磁性物质的 μ_m 与未成对电子数 n 的关系为：

$$\mu_m = \mu_B \sqrt{n(n+2)} \tag{6-27}$$

式中，μ_B 为玻尔磁子，其物理意义是单个自由电子自旋所产生的磁矩，$\mu_B = 9.273\times10^{-21} erg \cdot G^{-1} = 9.273\times10^{-28} J \cdot G^{-1} = 9.273\times10^{-24} J \cdot T^{-1}$。

3. 磁化率与分子结构

式(6-24)将物质的宏观性质 χ_M 与微观性质 μ_m 联系起来。由实验测定物质的 χ_M，根据式(6-26)可求得 μ_m，进而计算未配对电子数 n。这些结果可用于研究原子或离子的电子结构，判断络合物分子的配键类型。

络合物分为电价络合物和共价络合物。电价络合物中心离子的电子结构不受配位体的影响，基本上保持自由离子的电子结构，靠静电库仑力与配位体结合，形成电价配键。在这类络合物中，含有较多的自旋平行电子，所以是高自旋配位化合物。共价络合物则以中心离子空的价电子轨道接受配位体的孤对电子，形成共价配键，这类络合物形成时，往往发生电子重排，自旋平行的电子相对减少，所以是低自旋配位化合物。

4. 古埃法测定磁化率

古埃及天平如图 6-1 所示，天平左臂悬挂一样品管，管底部处于磁场强度最大的区域

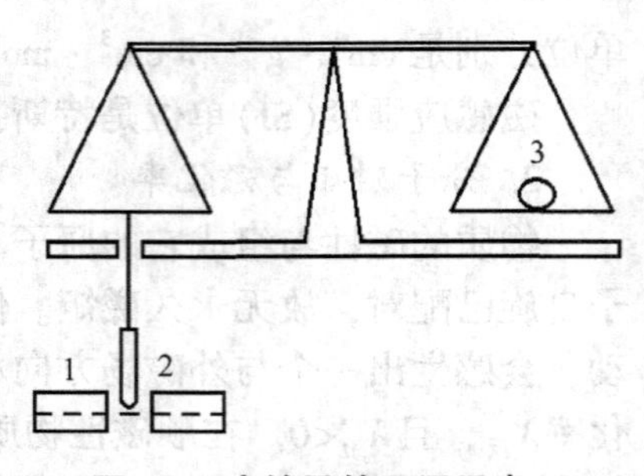

图 6-1 古埃及的天平示意

1. 磁铁；2. 样品管；3. 电光天平

(H)，管顶端则位于场强最弱(甚至为零)的区域(H_0)。整个样品管处于不均匀磁场中。设圆柱形品的截面积为 A，沿样品管长度方向上 dZ 长度的体积 AdZ 在非均匀磁场中受到的作用力 dF 为：

$$dF = KAH\frac{dH}{dZ}dZ \tag{6-28}$$

式中，K 为体积磁化率；H 为磁场强度；dH/dZ 为场强梯度，积分式(6-28)得：

$$F = \frac{1}{2}(K - K_0)(H^2 - H_0^2) \tag{6-29}$$

式中，K_0 为样品周围介质的体积磁化率(通常是空气，K_0 值很小)。如果 K_0 可以忽略，且 $H_0=0$ 时，整个样品受到的力为：

$$F = \frac{1}{2}KH^2A \tag{6-30}$$

在非均匀磁场中，顺磁性物质受力向下，所以增重；而反磁性物质受力向上，所以减重。测定时在天平右臂加减砝码使之平衡。设 ΔW 为施加磁场前后的称量差，则

$$F = \frac{1}{2}KH^2A = g\Delta W \tag{6-31}$$

由于，$K=\dfrac{\chi_M\rho}{M}$，$\rho=\dfrac{W}{hA}$代入式(6-31)得：

$$\chi_M = \frac{2(\Delta W_{空管+样品} - \Delta W_{空管})ghM}{WH^2}(\mathrm{cm^3 \cdot g^{-1}}) \tag{6-32}$$

式中，$\Delta W_{空管+样品}$ 为样品管加样品后在施加磁场前后的称量差，g；$\Delta W_{空管}$ 为空样品管在施加磁场前后的称量差，g；g 为重力加速度，取值为 980 cm · s^{-2}；h 为样品高度，cm；M 为样品的摩尔质量，g · mol^{-1}；W 为样品的质量，g；H 为磁极中心磁场强度，G。

在精确的测量中，通常用莫尔氏盐来标定磁场强度，它的单位质量磁化率与温度的关系为：

$$\chi_M = \frac{9500}{T+1} \times 10^{-6}(\mathrm{cm^3 \cdot g^{-1}}) \tag{6-33}$$

三、仪器与试剂

1. 仪器

古埃磁天平(包括电磁铁、电光天平、励磁电源)、CT5 型高斯计、软质玻璃样品管 4 只、样品管架 1 个、直尺 1 只、角匙 4 只、广口试剂瓶 4 只、小漏斗 4 只。

2. 试剂

莫尔氏盐$(NH_4)_2SO_4 \cdot FeSO_4 \cdot 6H_2O$(AR)、$FeSO_4 \cdot 7H_2O$(AR)、$K_4Fe(CN)_6$(AR)、$K_4Fe(CN)_6 \cdot 3H_2O$(AR)。

四、实验步骤

(1)打开磁天平预热 10 min，打开分析天平电源，按下“清零”按钮。

(2)将探头固定件固定在两磁体中间，并用测量杆检查调整两磁头间隙为 20 mm，使试管尽可能在两磁头中间。

(3)电源调节旋钮左旋到底，励磁电流显示为："0000"。

(4)调节磁场强度为 300 mT，读取分析天平读数和磁电流读数。

(5)调节磁场强度为 350 mT，读取分析天平读数和磁电流读数。

(6)调节磁场强度为 370 mT，然后下降至 350 mT，读取分析天平读数和磁电流读数。

(7)调节磁场强度为 300 mT，读取电子读取分析天平读数和磁电流读数。

(8)将磁场强度读数调至最小，读取电子读取分析天平读数和磁电流读数。

(9)取下样品管，装入莫氏盐至样品高度约为 15 cm。装填时不断敲击，使样品粉末填实。准确测量样品高度 h，按照上面的步骤分别测量在 0 mT、300 mT、350 mT 时分析天平读数和磁电流读数。

上述调节电流由小到大、再由大到小的测定方法是为了抵消实验过程中磁场剩磁现象的影响。

(10)样品的摩尔磁化率测定。用标定磁场强度的样品管分别装入 $FeSO_4 \cdot 7H_2O$、$K_4Fe(CN)_6$ 和 $K_4Fe(CN)_6 \cdot 3H_2O$。按上述相同的步骤分别测量在 0 mT、300 mT、350 mT 时分析天平读数和磁电流读数。

五、注意事项

(1)填装样品时要夯实，不能存有空隙。

(2)样品填装高度不宜过短。

六、数据记录与处理

1. 记录不同磁场强度下空样品管和各个被测物质的质量和相应的励磁电流。
2. 计算各个样品的磁化率。
3. 计算各个样品的未成对电子数，判断其配键类型。

七、思考与讨论

1. 简述古埃磁天平法测定磁化率的基本原理。
2. 本实验的误差主要来自哪些因素？
3. 为什么样品填装高度要在 15 cm 左右？

实验四十三　红外吸收光谱分析物质的结构

一、实验目的

1. 了解红外光谱仪的基本结构和工作原理。
2. 掌握红外吸收光谱分析中制备样品和谱图解析的方法。

二、基本原理

红外吸收光谱分析是现代分析化学中不可缺少的工具，也是利用近代物理方法研究各种物质的结构及其组成的重要方法之一。与其他研究物质结构的方法相比，红外吸收光谱分析具有特征性高，受物质物理状态限制少，所需样品量少，操作方便快捷，复现性好的特点。不仅可以定性分析已知物的鉴定和未知物的结构，还可以根据物质各组分的吸收峰强度进行定量分析。但红外光谱的图谱解析相当复杂且很大程度上取决于工作者的实际经验，对红外吸收光谱的基本原理有所了解有助于进行红外光谱的图谱解析。常用的红外光谱图的解析方法有以下几种。

1. 直接法

直接用已知化合物的谱图和测定的红外光谱图进行比较，这种方法既直接，也是最可靠的方法。常用的标准图谱集为 Sadtler Catalog of Infrared Stanared Standard Spectra(萨特勒红外标准图谱集)，还可以通过计算机进行谱图检索，帮助进行结构判定。查对这些标准谱图时需要注意：待测物质与标准谱图的聚集态和制作方法应保证一致。指纹区的谱带会体现结构上的细微变化，所以处理指纹区的谱带要仔细对照。

2. 否定法

连续的红外光和分子相互作用时，若分子中的原子间振动频率恰好与红外光波段中的某一频率相等，就会引起同频共振吸收，使得红外光的透射强度减弱，形成连续的红外吸收光谱。而每个基团的振动都是有特征振动频率的，对应在红外光谱中就会出现特定的吸收谱带位置，以波数(cm^{-1})来表示。若某个基团具有已知某波数区的谱带，也就是具有特征谱带。在测定的谱图中若没有在这个波数区的谱带存在，就可以判断不存在某些基团，表 6-3 中列出了若干种基团频率的位置，例如，1735 cm^{-1} 位置没有吸收峰，就可以判断不存在酯基。如果在 3100~3700 cm^{-1} 没有吸收带，就可以认为—NH 和—OH 基团不存在。

表 6-3 否定法使用的特征基团频率

不存在吸收带的波束区域	对应不存在的基团
3640~3200 cm^{-1}	—OH
3550~3250 cm^{-1}	—NH
3100~3000 cm^{-1}	芳香族或烯烃类 C—H
3000~2800 cm^{-1}	脂肪族 C—H
2300~2000 cm^{-1}	—C≡N，—N═C═O
1800~16800 cm^{-1}	酸脂，非共轭的醛、酮、酸酐
1690~1620 cm^{-1}	酰胺
1620~1580 cm^{-1}	芳环上的 C—C 伸缩
1675~1580 cm^{-1}	烯类 C═C 伸缩
1275~1200 cm^{-1}	(═C—O—C) 芳香或烯类醚
1075~1030 cm^{-1}	C—O—C 芳烷基醚
1150~1070 cm^{-1}	C—O—C 脂肪族醚
850~580 cm^{-1}	C—Cl

3. 肯定法

若样品不纯，得到的光谱不适用直接法和否定法，就必须对它进行更详细的分析。一般分析谱图是按照先特征，后指纹；先最强峰，后次强峰；先粗查，后细照；先否定，后肯定的顺序进行解析。即从红外谱图特征区第一强峰开始，这种谱带往往对应着化合物中主要官能团，可以大致确定化合物的类别。然后再分析与第一强峰相关的峰，第一强峰确认后再一次解析次强峰和第三强峰，方法同上。对于简单的谱图，一般解析一两组相关峰就可以确定物质的结构。但对于复杂化合物，因官能团相互影响使得解析比较复杂，可粗略解析之后，查对标准光谱或进行综合光谱的解析。在实际工作中，多种方法联用，根据多个波数区域的谱带分析结果组合来判定结构才是比较准确和快速的。

三、仪器与试剂

1. 仪器

红外分光光度计、手压式压片机、玛瑙研体、分析天平、可拆式液体池、氯化钠盐片、红外灯。

2. 试剂

苯甲酸或对硝基苯甲酸(AR)、KBr(AR)、无水乙醇(AR)、滑石粉。

四、实验步骤

(1)称取干燥的苯甲酸(或对硝基苯甲酸)1~2 mg 置于玛瑙研体中充分磨细，然后加入约 150 mg 干燥的 KBr 研磨至两者完全混匀，颗粒度控制在 2 μm。

(2)取出约 100 mg 混合物装入干净的压膜内，置于压片机上，在 29.4MPa 的压力下压制约 1 min，将混合物制成透明试样的薄片。

(3)将制好的薄片装于试样架上，插入红外光谱仪试样池的光路中，用纯 KBr 薄片做参比，先粗测透射比是否达到 40%，若达到 40%，按照仪器操作方法从 4000 cm^{-1} 扫谱至 659 cm^{-1}；若未达到 40%，应重新压片。

(4)扫谱结束之后，去下试样架，拿出薄片，按照仪器要求将模具，试样架等擦拭干净。

五、注意事项

(1)固体样品在红外灯下研磨，应注意防止吸水受潮，以免压出的薄片沾在模具上。

(2)试样架在使用结束后一定要注意擦拭干净，没有样品残留。

六、数据记录与处理

将扫谱得到的苯甲酸(或对硝基苯甲酸)的红外吸收谱图与一只样品的标准谱图进行对照比较，找出主要的吸收峰并进行分析。

七、思考与讨论

1. 用压片法制样时，为什么要求将固体样品研磨至 2 μm 左右？

2. 红外吸收光谱可以获得哪些信息？

实验四十四　氧化锌纳米材料的制备和表征

一、实验目的

1. 了解纳米材料的基本知识。

2. 掌握制备和表征纳米氧化锌材料的方法。

二、基本原理

广义的纳米材料指的尺寸大小不应超过 100 nm 的纳米级颗粒、线或薄膜等材料，通常情况下在 10 nm 以内。这种尺寸的微观结构至少在一维方向上受纳米尺度(1~100 nm)

调制的固体超细材料，包括零维的原子团簇(几十个原子的聚集体)和纳米微粒、一维调制的纳米线、二维调制的纳米微粒膜(涂层)等。当物质的粒径小于 100 nm 之后，比表面急剧增大，使之具备常规材料不具备的特殊性能，如量子尺寸效应、小尺寸效应。由于表面效应、库伦阻塞和宏观量子隧道效应等，产生了许多独特的光电磁力学等物理化学特性。

因具有熔点高，热稳定性好，机电耦合性能好，原料廉价，无毒性等优异的特性，氧化锌被广泛用做压电、压敏和气敏材料。随着研究的深入，氧化锌还被用作短波半导体激光器件材料。由于量子限域效应，在纳米氧化锌颗粒体系中，光电载流子被束缚之后会形成很高的局域密度，使物质的短波、低压特征更为显著，并且更易实现短波光发射和紫外激光发射。同时，纳米氧化锌材料表现出很强的界面效应，与体材料或其他金属氧化物材料相比，纳米氧化锌材料具有更强的传输率、导电率和透明性等特性。此外，纳氧化锌经过置入一定介质体系或经特殊条件处理之后，能改变其光谱发射结构并增强可见光(两个量级)和紫外光(1 个量级)的发射强度。利用纳米氧化锌的自组装行为还可获得了一些特殊形态和性质的纳米结构(如纳米棒、纳米带、纳米柱等)，得到氧化锌纳米线阵列激光器件。氧化锌纳米材料的制备研究主要集中在纳米颗粒、纳米线和纳米薄膜等纳米结构上。

纳米微粒的制备方法可分为物理法、化学法和物理化学综合法三大类。①物理法主要包括：机械研磨法、蒸发冷凝法、离子溅射法、低温等离子体法等，常被用作获得大面积的纳米薄膜和纳米线及其阵列；②化学法主要有：溶胶凝胶法、水热法、乳胶法、溶剂挥发分解法和蒸发分解法等，具有生产成本低，生长条件适中，装置简单，操作容易，颗粒尺寸小等优越性；③物理化学综合法有：电化学沉积法、激光诱导化学沉积法和等离子加强化学沉积法等。纳米材料一般从粒度、纯度、晶形和比表面等方面进行分析和测试，涉及的表征仪器有粒度仪、TEM、SEM、XRD 和比表面仪等。

本实验采用电化学沉积法，在不同条件下制备纳米氧化锌分析，利用 XRD 衍射对产物形貌、晶形、晶粒大小、纯度进行分析和表征。

三、仪器与试剂

1. 仪器

X 射线衍射仪(XRD)、马弗炉、分析天平、量筒、洗瓶、玻璃漏斗、烧杯、稳压电源。

2. 试剂

锌片、30%双氧水、滤纸、蒸馏水。

四、实验步骤

1. 氧化锌的制备

用 30%双氧水配制 5%、10%、20%的双氧水溶液，分别剪取 3 对锌片电极并以 1、2、3 编号。分别称量并记录正极的锌片质量。然后将 3 对电极分别置于前面配置的 3 种不同浓度的双氧水溶液中进行电解，5~10 V 电压电解 30 min 左右，擦干阳极锌片并称重记录。常压过滤电解液，将滤纸和残留物一起放入坩埚中，置于马弗炉中，500 ℃加热大约 1 h，灼烧至滤纸全变为灰分。

2. 氧化锌的表征

用 XRD 对产物进行形貌、晶形、晶粒大小、纯度进行分析和表征。

五、注意事项

不同制备条件会对纳米材料大小有影响，要注意观察、对比和记录。

六、数据记录与处理

1. 记录数据

记下数据并计算纳米氧化锌电化学制备的产率。

2. 数据处理

根据获得的 XRD 谱图，分析和计算电极上纳米氧化锌的含量、晶胞参数、粒径等晶体相关参数。

七、思考与讨论

1. 何谓纳米材料？纳米材料的制备方法有哪些？

2. 总结本实验中影响纳米颗粒大小的因素有哪些？

实验四十五　X 射线衍射法测定晶胞常数——粉末法

一、实验目的

1. 掌握 X 射线衍射法的基本原理。

2. 学会区分晶体与非晶体、单晶与多晶。

3. 学会应用相关软件处理 X 射线衍射测试结果的基本方法。

二、基本原理

1. 晶体化学基本概念

晶体是指具有周期性点阵结构的固体，能反映整个晶体结构的最小平行六面体单元的被称为晶胞。晶胞的形状和大小可通过晶胞系数来描述，如夹角 α、β、γ 以及边长 a、b、c 的具体信息。根据对称性的不同，晶体可分为 7 个晶系、14 种点阵形式、32 个点群和 230 个空间群。

一般晶体结构用空间点阵配合结构单元两部分信息来描述，其中结构单元是指沿三维空间周期性排列，并有对称性的部分。空间点阵是指实际晶体中，所处几何环境和物质环境均同的几何点的“点集”。非晶部分主要是无定形态区域，其内部的原子不形成排列整齐有规律的晶格。按照晶体内部分子的排列方式还可以把晶体分成不同的晶型。单一晶型的晶体即为单晶，结晶完成后的晶体中含有两种或两种以上晶型的晶体为多晶化合物。

晶体的形成过程可大致分为初级核生成、分子链段的表面延伸、链松弛、链的重吸收结晶、表面成核、分子间成核、晶体生长、晶体生长完善等几个关键步骤。对于大多数晶体化合物而言，晶体在冷却结晶过程中受环境应力或晶核数目、成核方式等条件的影响，晶格易发生畸变。受结晶条件的影响，分子链段的排列与缠绕也易发生改变。

2. X 射线衍射法的基本原理

当 X 射线与晶体物质相互作用时，若 X 射线的波长与原子的线性大小为同一数量级，就会产生 X 射线衍射。根据 X 射线的不同衍射方向，我们可以测定晶胞的大小和形状，从而得到晶胞参数、点群、空间群的晶体对称性信息。根据 X 射线衍射的强度可以测定晶胞中原子的分布，从而得到原子坐标参数信息、键长、键角、电子密度分布和热参数等信息，为晶体结构和分子结构的主体构型提供更全面准确的结构信息。

利用X射线衍射进行结构分析可分为单晶法和多晶粉末法两大类，各有优缺点。单晶法是能全面提供晶体和分子立体结构信息的最有效方法，无论晶体对称性如何均可进行处理和解释，但由于单晶样品比较难制备而受到一定限制。多晶粉末法的优点就是不需要制备单晶，应用很方便，最大的缺陷是一般粉末线比较拥挤，且不如单晶法可在衍射图指标化前得到晶胞参数，造成收集衍射强度数据和指标化工作比较困难。所以，粉末法多用在结构较简单或无法取得单晶的场合。

X射线是在真空度约为10^{-4}Pa的X光管内，由高压电场加速的一束高速电子冲击阳极金属靶上时产生的。因高速电子的动能不同，所产生的X射线通常有白色X射线和单色X射线两种。白色X射线是各种波长的混合射线，其波长与靶的金属性质无关，常用于单晶的衍射实验。而单色X射线波长与靶的金属性质有关常用于多晶粉末衍射，最常用的单色X射线是Cu靶的Ka射线，其波长为154.18 pm。

一个晶体的完整结构可以看作由其邻近两晶面之间距为d的这样一簇平行晶面所组成，也可看作由另一簇面间距为d'的晶面所组成，其数无穷。若以一簇平行晶面在晶轴上截数倒数之比作为这一簇平行晶面的晶面指标($h*k*l*$，为互质整数比)，则当某一波长A的单色X射线以一定的方向θ投射晶体时，如果晶体只有一个晶面，任何角度上的镜面反射都能产生干涉，但晶体由多个晶面组成，而且X射线由于极强的穿透力，不仅表面原子，内层原子也将参与镜面反射。因此，只有满足布拉格(Bragg)方程(6-34)时，才可产生衍射。

$$2d(h*k*l*)\sin\theta(nh*nk*nl*)=n\lambda \tag{6-34}$$

式中，n为整数，表示两相邻晶体反射的光程差为波长的整数倍，所以n又被称作衍射级数；$nh*nk*nl*$常用hkl表示，成为衍射指标。

如果样品与入射线夹角为θ，晶体内某一簇晶面符合布拉格方程，则其衍射方向与入射线方向的夹角为2θ，如图6-2(a)所示。对于粉末晶体样品(粒度在20~30μm)，晶粒有各种取向，与入射X射线成角度θ且间距为d的晶面有无数多个，产生无数个衍射，分布在以半顶角为2θ的圆锥面上，如图6-2(b)所示。晶体中存在许多不同晶面指标的晶面，当它们满足衍射条件时，相应地会形成许多张角不同的衍射线，共同以入射X射线为中心轴，分散在2θ(0~180°)的范围内。

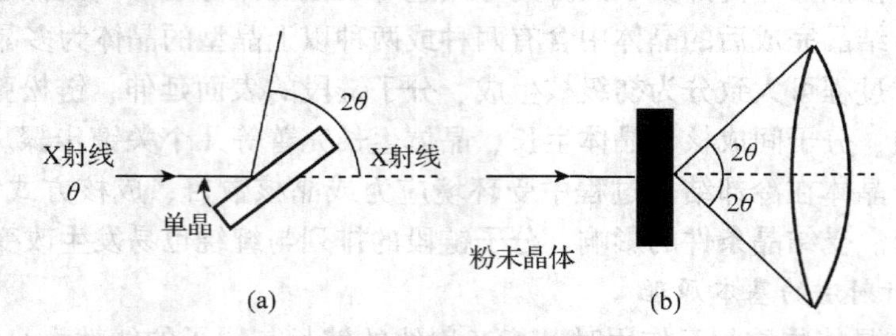

图6-2 单晶和粉末晶体衍射示意

X射线衍射仪(X-Ray Diffractometer，XRD)一般由X光源(发射强度稳定的X光发射器)、衍射角测量部分(精密分度的测角仪)和X光强度测量记录部分三个基本部分构成。

实验时，将研细的样品压成平片后，放在衍射仪的测角器中心底座上，计数管始终对准中心，绕中心旋转。样品每转 θ 角，计数管则转 2θ 角，电子记录仪的记录纸也同步转动，将各种衍射峰的位置与强度记录下来，显示在计算机画面上。在所得的衍射图中，横坐标表示衍射角 2θ，纵坐标表示衍射强度的相对大小。衍射峰位置 2θ 与晶面间距(即晶胞大小与形状)有关，而衍射线的强度(即峰高)与该晶胞内(原子、离子或分子)的种类、数目以及它们在晶胞中的位置有关。由于任何两种晶体其晶胞形状、大小和内含物总存在着差异，所以 2θ 和相对强度(I/I_0)可作物相分析的依据。

同一晶体中不同晶面指标的各组平行晶面的相邻晶面间距是不同的，晶面间距由晶面指标确定。对于不同晶系的晶体，由几何结晶学可知，其晶面间距的计算公式不同，可参阅 X 射线结构分析的书籍，选取相应的公式进行求算。

三、仪器与试剂

1. 仪器

X 射线衍射仪(XRD)、玛瑙研钵、药勺、试样架、循环水泵。

2. 试剂

未知样品[可在 NaCl、$Ca(OH)_2$、$CaCO_3$、SiO_2 等无机物中任选]。

四、实验步骤

1. 样品准备

取适量试样于玛瑙研钵中，充分研磨至无颗粒感。研磨晶体至粉晶、表面平整、晶粒大小 10^{-6}m(200~235 目)大小的粉末。将粉末状物质填满玻璃毛细管样品框中。用载玻片把粉末压紧、压平、压实，把多余的粉末削去，固定于衍射仪的样品室的样品台上。

2. X 射线准备

打开 XRD 电源→开冷却水(确认流量在 20 左右)→开高压(顺时针旋转 45°，停留 5 s，高压灯亮)→打开 XRD 控制软件 XRD Commander→防光管老化操作(按照 20 kV、5 mA；25 kV、5 mA；30 kV、5 mA；35 kV、5 mA；40 kV、5 mA；40 kV、40 mA 程式分次设置电压、电流，每次间隔 3 min)→设置测试条件(在相应的栏目中设定步长、扫面速率，扫描范围等各项参数。无机材料一般设置扫描角度为 20°~80°，步长 0.06°，扫描速率 0.3 s)→启动 X 射线探测器开始测试。

3. 谱线拍摄

通过一条照相底片来检测衍射辐射。底片截成窄条状，紧贴在与样品同轴的圆筒状照相机内壁并被底片夹固定。由于粉末晶体易无规则取向，当 X 射线照射时，大多数粉末晶体完全不衍射，只有那些恰好符合 Bragg 公式取向的粉末晶体才发生衍射，计算机中得到衍射谱图。

4. 记录并保存

计算机采集数据图像→降高压(将电压、电流分别降至 20 kV，5 mA 后，点击 Set 确认)→关高压(逆时针旋转 45°，高压灯灭)→等待 5 min，再关闭冷却水→关闭控制软件(XRD Commander)→关 XRD 衍射仪电源开关→关闭计算机→关外围电源。

五、注意事项

(1)仪器中的各种参数不得随意更改，需要更改时请跟指导教师说明，使用完毕需要将参数改回。

(2)使用X衍射仪对样品进行测定时，制样过程中粉末样品装填过紧可能会引起晶体择优取向为实验结果带来误差。因此，在样品的合成与测试中应控制好实验条件并严格遵守操作步骤，以减小外在条件对实验结果产生的误差。

(3)测试工作完成后，必须等5 min后，使X射线管充分降温后才能将冷却水关闭。

六、数据记录与处理

本实验分别测定样品的X射线衍射图谱并由JCPDS卡片数据库中查对标准衍射谱图，将实验数据与其比对，分析试样的物相和纯度，并对衍射峰进行指标化。由实验数据来计算样品的晶胞常数和晶粒尺寸，并对测定结果进行物相检索，判断待测样品主要成分、晶型及晶胞参数，结果列于表6-4中。

表6-4 粉末样品相关晶体参数

编号	晶面指数			d	衍射峰角度
	h	k	l		
1					
2					
3					
4					
5					
6					

七、思考与讨论

1. 简述X射线衍射分析的特点和应用。
2. 简述X射线衍射仪的工作原理。

实验四十六 核磁共振法测定水溶液中反应的平衡常数及反应速率常数

一、实验目的

1. 了解核磁共振仪的基本原理，操作及基本图谱解析。
2. 利用核磁共振仪测定丙酮酸水解正逆反应的速率常数及平衡常数。

二、实验原理

核磁共振仪现已成为有机化学中新型化合物结构鉴定中的不可缺少的工具，另外在其他学科中也日益得到广泛的应用，如生物技术、材料化学、分析化学、物理化学。本实验是利用核磁共振谱图给出的特定信息来测定物理化学中物质的物性常数，即物质发生化学反应的速率常数及平衡常数。核磁共振峰的化学位移反映了共振核的不同化学环境，当一种共振核在两种不同状态之间快速交换时，共振峰的位置是这两种状态化学位移的权重平均值。共振峰的半高宽与核在该状态下平均寿命有直接关系，因此，峰的化学位移、峰位置的变化、峰形状的改变等均为物质的化学反应过程提供了重要信息。

本实验所用丙酮酸水解反应是许多含有羰基的化合物在水溶液中常见的酸碱催化反应。

1. 丙酮酸水解反应的原理

丙酮酸在酸性溶液中会水解为2，2-二羟基丙酸，这是一个可逆水解反应，可用下式表示：

$$H_3C—C(=O)—COOH + H_2O \underset{k_r}{\overset{k_f}{\rightleftharpoons}} H_3C—C(OH)_2—COOH \qquad (1)$$

在这个实验中，核磁共振技术可用于测定正逆反应的速率常数 k_f、k_r 及平衡常数 K。像许多其他的有机化合物一样，这是一个酸催化反应，H^+浓度会对反应动力学有影响。

丙酮酸水解反应的机理如下：

Ⅰ：

$$H_3C—C(=O)—COOH + H^+ \longrightarrow H_3C—\overset{+}{C}(OH)—COOH \qquad (2)$$

此步可快速平衡，平衡常数为 K_1。

Ⅱ：

$$H_3C—\overset{+}{C}(OH)—COOH + H_2O \underset{k_H^r}{\overset{k_H^f}{\rightleftharpoons}} H_3C—C(OH)_2—COOH + H^+ \qquad (3)$$

这里引入缩写的概念：A = $CH_3COCOOH$，B = $CH_3C(OH)_2COOH$，AH^+ = $CH_3C^+OHCOOH$

B的生成速率由步骤Ⅱ决定，所以：

$$\frac{dc_B}{dt} = k_1^f c_{AH^+} - k_1^r c_{H^+} c_B \qquad (6\text{-}35a)$$

$$= k_1^f K_1 c_{H^+} c_A - k_1^r c_{H^+} c_B \qquad (6\text{-}35b)$$

$$= k_H^f K_1 c_{H^+} c_A - k_H^r c_{H^+} c_B \qquad (6\text{-}35c)$$

方程式(6-35b)利用了步骤Ⅰ反应可很快达到平衡，故：

$$K_1 = \frac{c_{AH^+}}{c_A c_{H^+}} \qquad (6\text{-}36)$$

当反应式(1)达到平衡时，热力学平衡常数 K 可表达为：

$$K = \frac{c_B^{eq}}{c_A^{eq}} \qquad (6\text{-}37)$$

当步骤Ⅱ达到平衡时：

$$\frac{dc_B}{dt} == k_H^f c_{H^+} c_A^{eq} - k_H^r c_{H^+} c_B^{eq} = 0 \qquad (6\text{-}38)$$

将式(6-37)代入式(6-38)得：

$$K = \frac{k_H^f}{k_H^r} \tag{6-39}$$

因此由正逆反应的速率常数 k_H^f、k_H^r，可求得丙酮酸水解反应的化学平衡常数 K。

2. 核磁共振测定的原理

丙酮酸水解反应后会出现 $\delta = 2.60$ mg·kg^{-1} 的丙酮酸—CH_3 质子峰，$\delta = 1.75$ mg·kg^{-1} 的2，2-二羟基丙酸—CH_3 质子峰，及 $\delta = 5.48$ mg·kg^{-1} 的羟基、羧基和水构成的混合质子峰。如图6-3所示。

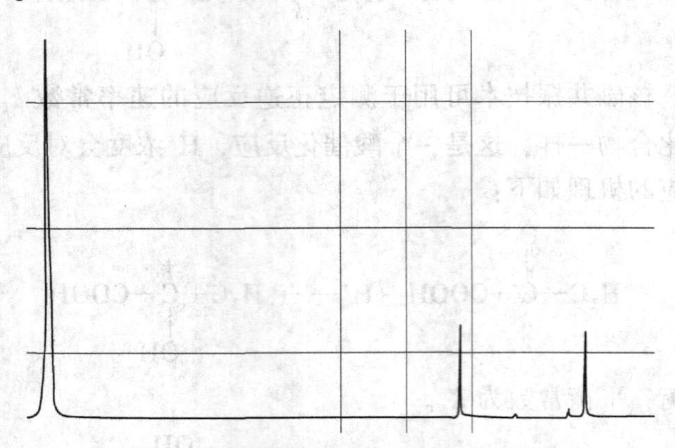

图6-3 丙酮酸水解反应后的核磁图谱

质子峰的自然宽度为 $2/T_2$，T_2 为自旋——自旋弛豫时间，当有质子交换时的半高宽为 Δw，τ 为质子峰的寿命，其关系为：

$$\Delta w = \frac{2}{T_2} + \frac{2}{\tau} \tag{6-40}$$

式(6-40)中，Δw 的单位为 rad·s^{-1}，其与频率 Δv (HZ)的关系为：

$$2\pi\Delta v = \Delta w \tag{6-41}$$

在不同氢离子浓度下，丙酮酸—CH_3 质子峰及2，2-二羟基丙酸—CH_3 质子峰会随着氢离子的浓度增大而变宽。质子峰的寿命 τ 和氢离子催化速率常数k_{H^+}的关系如下：

$$\frac{1}{\tau} = k_{H^+}c_{H^+} \tag{6-42}$$

由式(6-40)和式(6-42)可得：

$$\frac{\Delta w}{2} = \frac{1}{T_2} + k_{H^+}c_{H^+} \tag{6-43}$$

由$\frac{\Delta w}{2}$对c_{H^+}作图为一条直线，直线的斜率为k_{H^+}，截距为$\frac{1}{T_2}$，由式(6-40)可求得各质子峰的寿命。因此，由正逆反应的k_H^f、k_H^r，可求得丙酮酸水解反应的平衡常数 K。

三、仪器与试剂

1. 仪器

Bruker ADVANCE Ⅲ 400 核磁共振仪、核磁样品管、移液枪、10 mL 容量瓶。

2. 试剂

盐酸(HCl, AR)、丙酮酸(AR)、氘代水(D_2O)、蒸馏水。

四、实验步骤

(1)先配制 6 mol·L^{-1} HCl 水溶液。

(2)在 5 个 10 mL 容量瓶中，按表 6-5 所示配制溶液。

表 6-5　配制溶液用量

编号	1	2	3	4	5
6 mol·L^{-1} HC/mL	1	2	3	4	5
丙酮酸/mL	3	3	3	3	3

将表 6-5 中的溶液用蒸馏水定容到 10.00 mL，混合均匀。此时容量瓶中的氢离子浓度各为：0.6 mol·L^{-1}、1.2 mol·L^{-1}、1.8 mol·L^{-1}、2.4 mol·L^{-1}、3.0 mol·L^{-1}，丙酮酸浓度为 4.0 mol·L^{-1}。

(3)在 5 个核磁样品管中，用移液枪移取上述溶液 0.40 mL，及加入 0.10 mL D_2O，混合均匀，待测。此时样品管中各氢离子浓度分别为：0.4 mol·L^{-1}、0.8 mol·L^{-1}、1.2 mol·L^{-1}、1.6 mol·L^{-1}、2.4mol·L^{-1}。

(4)在 Bruker ADVANCE III 400 核磁共振仪上扫描上述样品管中的样品，使用氢谱扫描，溶剂为 D_2O。

(5)记录各样品管的核磁共振图谱中丙酮酸—CH_3 质子峰，二羟基丙酸—CH_3 质子峰的半峰宽 w 及各峰的积分面积。

五、注意事项

无。

六、数据记录与处理

1. 将不同氯离子浓度的质子峰半峰宽记录于表 6-6 中，由半峰宽 Δw 对 c_{H^+} 作图，斜率即是正逆反应的 k_H^f、k_H^r，因此可求得丙酮酸水解反应的化学平衡常数 K。

2. 由截距 $\frac{1}{T_2}$，可求得各质子的寿命 τ。

表 6-6　不同氢离子浓度的质子峰半高宽数据记录

c_{H^+}/mol·L^{-1}	δ=2.60 mg·kg^{-1} 的 Δw	δ=1.75 mg·kg^{-1} 的 Δw
0.4		
0.8		
1.2		
1.6		
2.4		

七、思考与讨论

1. 核磁共振质子峰的宽度与哪些因素有关？

2. 比较由质子峰的积分面积得到的平均化学平衡常数与由作图得到的 k_H^f、k_H^r，进而比较由两者求出的化学平衡常数 K 的区别。

参考文献

白玮，苏长伟，陈海云，等，2017. 物理化学实验［M］. 北京：科学出版社.

毕韶丹，周丽，王凯，等，2018. 物理化学实验［M］. 北京：清华大学出版社.

龚茂初，王健礼，赵明，2010. 物理化学实验［M］. 北京：化学工业出版社.

关高明，江涛，蒋辽川，等，2017. 物理化学实验［M］. 广州：华南理工大学出版社.

贾能勤，王秀英，黄楚森，等，2017. 物理化学实验［M］. 北京：高等教育出版社.

金丽萍，2016. 物理化学实验［M］. 广州：华南理工大学出版社.

李向红，孙浩，李惠娟，等，2016. 物理化学实验指导［M］. 昆明：云南教育出版社.

刘勇健，白同春，2009. 物理化学实验［M］. 南京：南京大学出版社.

庞素娟，张军锋，2015. 物理化学实验［M］. 北京：化学工业出版社.

王金，刘桂艳，2015. 物理化学实验［M］. 北京：化学工业出版社.

王文珍，刘雪梅，2017. 物理化学实验［M］. 北京：化学工业出版社.

物理化学学科组，2018. 物理化学实验［M］. 北京：化学工业出版社.

严峰，2014. 物理化学实验［M］. 哈尔滨：哈尔滨工程大学出版社.

尹业平，王辉宪，2016. 物理化学实验［M］. 北京：科学出版社.

附　录

附录 1　一些物质的标准摩尔燃烧焓

$p^{\ominus}=100$ kPa，25 ℃

物　质		$-\Delta_c H_m^{\ominus}$ (KJ · mol^{-1})	物　质		$-\Delta_c H_m^{\ominus}$ (KJ · mol^{-1})
$CH_4(g)$	甲烷	890.31	$C_2H_5CHO(l)$	丙醛	1816.3
$C_2H_6(g)$	乙烷	1559.8	$(CH_3)_2CO(l)$	丙酮	1790.4
$C_3H_8(g)$	丙烷	2219.9	$CH_3COC_2H_5(l)$	甲乙酮	2444.2
$C_5H_{12}(l)$	正戊烷	3509.5	$HCOOH(l)$	甲酸	254.6
$C_5H_{12}(g)$	正戊烷	3536.1	$CH_3COOH(l)$	乙酸	874.54
$C_6H_{14}(l)$	正己烷	4163.1	$C_2H_5COOH(l)$	丙酸	1527.3
$C_2H_4(g)$	乙烯	1411.0	$C_3H_7COOH(l)$	正丁酸	2183.5
$C_2H_2(g)$	乙炔	1299.6	$CH_2(COOH)_2(s)$	丙二酸	861.15
$C_3H_6(g)$	环丙烷	2091.5	$(CH_2COOH)_2(s)$	丁二酸	1491.0
$C_4H_8(l)$	环丁烷	2720.5	$(CH_3CO)_2O(l)$	乙酸酐	1806.2
$C_5H_{10}(l)$	环戊烷	3290.9	$HCOOCH_3(l)$	甲酸甲酯	979.5
$C_6H_{12}(l)$	环己烷	3919.9	$C_6H_5OH(s)$	苯酚	3053.5
$C_6H_6(l)$	苯	3267.5	$C_6H_5CHO(l)$	苯甲醛	3527.9
$C_{10}H_8(s)$	萘	5153.9	$C_6H_5CCOCH_3(l)$	苯乙酮	4148.9
$CH_3OH(l)$	甲醇	726.51	$C_6H_5COOH(s)$	苯甲酸	3226.9
$C_2H_5OH(l)$	乙醇	1366.8	$C_6H_4(COOH)_2(s)$	邻苯二甲酸	3223.5
$C_3H_7OH(l)$	正丙醇	2019.8	$C_6H_5COOCH_3(l)$	苯甲酸甲酯	3957.6
$C_4H_9OH(l)$	正丁醇	2675.8	$C_{12}H_{22}O_{11}(s)$	蔗糖	5640.9
$CH_3OC_2H_5(g)$	甲乙醚	2107.4	$CH_3NH_2(l)$	甲胺	1060.9
$(C_2H_5)_2O(l)$	二乙醚	2751.1	$C_2H_5NH_2(l)$	乙胺	1713.3
$HCHO(g)$	甲醛	570.78	$(NH_2)_2CO(s)$	尿素	631.66
$CH_3CHO(l)$	乙醛	1166.4	$C_5H_5N(l)$	吡啶	2782.4

附录 2 一些物质的标准摩尔溶解热

附录 2-1 不同温度下摩尔比为 0.005 时氯化钾在水中的积分溶解热

单位：kJ · mol^{-1}

温度(℃)	10	11	12	13	14	15	16	17	18	19
ΔH	19.99	19.80	19.64	19.46	19.28	19.11	18.95	18.78	18.62	18.46
温度(℃)	20	21	22	23	24	25	26	27	28	29
ΔH	18.31	18.16	18.01	17.86	17.72	17.57	17.43	17.28	17.15	17.02

附录 2-2 硫化氢在二乙醇胺溶液中的溶解热

单位：kJ · mol^{-1}

硫化氢在二乙醇胺溶液中的摩尔比	0.2	0.4	0.6	0.8	1.0	1.2	1.4
ΔH	47.70	43.50	40.0	31.9	16.0	19.11	18.95

附录 2-3 298.15K 标准状态下硫酸的积分溶解热

单位：kJ · mol^{-1}

硫酸在水溶液中的摩尔比	0.00001	0.0001	0.001	0.01	0.02	0.05
$-\Delta H$	93.64	87.07	78.58	73.97	73.35	71.50
硫酸在水溶液中的摩尔比	0.1	0.2	0.5	0.67	1.0	2.0
$-\Delta H$	67.03	58.03	41.92	36.90	28.07	15.73

附录 3 常见弱电解质的标准解离常数(298.15K)

附录 3-1 常见酸的标准解离常数(298.15K)

名称	化学式	K_a^{Θ}	pK_a^{Θ}
砷酸	H_3AsO_4	$K_{a_1}^{\Theta}$ 5.50×10^{-3}	2.26
		$K_{a_2}^{\Theta}$ 1.74×10^{-7}	6.76
		$K_{a_3}^{\Theta}$ 5.13×10^{-12}	11.29
亚砷酸	H_3AsO_3	5.13×10^{-10}	9.29
硼酸	H_3BO_3	5.81×10^{-10}	9.236
焦硼酸	$H_2B_4O_7$	$K_{a_1}^{\Theta}$ 1.00×10^{-4}	4.00
		$K_{a_2}^{\Theta}$ 1.00×10^{-9}	9.00
碳酸	H_2CO_3	$K_{a_1}^{\Theta}$ 4.47×10^{-7}	6.35
		$K_{a_2}^{\Theta}$ 4.68×10^{-11}	10.33
铬酸	H_2CrO_4	$K_{a_1}^{\Theta}$ 1.80×10^{-1}	0.74
		$K_{a_2}^{\Theta}$ 3.20×10^{-7}	6.49
氢氟酸	HF	6.31×10^{-4}	3.20
亚硝酸	HNO_2	5.62×10^{-4}	3.25
过氧化氢	H_2O_2	2.4×10^{-12}	11.62

（续）

名　称	化 学 式	$K_a^\ominus$	$pK_a^\ominus$
磷酸	H_3PO_4	$K_{a_1}^\ominus$ 6.92×10^{-3}	2.16
		$K_{a_2}^\ominus$ 6.23×10^{-8}	7.21
		$K_{a_3}^\ominus$ 4.80×10^{-13}	12.32
焦磷酸	$H_4P_2O_7$	$K_{a_1}^\ominus$ 1.23×10^{-1}	0.91
		$K_{a_2}^\ominus$ 7.94×10^{-3}	2.10
		$K_{a_3}^\ominus$ 2.00×10^{-7}	6.70
		$K_{a_4}^\ominus$ 4.79×10^{-10}	9.32
氢硫酸	H_2S	$K_{a_1}^\ominus$ 8.90×10^{-8}	7.05
		$K_{a_2}^\ominus$ 1.26×10^{-14}	13.9
亚硫酸	H_2SO_3	$K_{a_1}^\ominus$ 1.40×10^{-2}	1.85
		$K_{a_2}^\ominus$ 6.31×10^{-2}	7.20
硫酸	H_2SO_4	$K_{a_2}^\ominus$ 1.02×10^{-2}	1.99
偏硅酸	H_2SiO_3	$K_{a_1}^\ominus$ 1.70×10^{-10}	9.77
		$K_{a_2}^\ominus$ 1.58×10^{-12}	11.80
甲酸	HCOOH	1.772×10^{-4}	3.75
醋酸	CH_3COOH	1.74×10^{-5}	4.76
草酸	$H_2C_2O_4$	$K_{a_1}^\ominus$ 5.9×10^{-2}	1.23
		$K_{a_2}^\ominus$ 6.46×10^{-5}	4.19
酒石酸	$HOOC(CHOH)_2COOH$	$K_{a_1}^\ominus$ 1.04×10^{-3}	2.98
		$K_{a_2}^\ominus$ 4.57×10^{-5}	4.34
苯酚	C_6H_5OH	1.02×10^{-10}	9.99
抗坏血酸	O═C—C(OH)═C(OH)—CH—CHOH—CH_2OH （C与CH之间以—O—连接成环）	$K_{a_1}^\ominus$ 5.0×10^{-5}	4.10
		$K_{a_2}^\ominus$ 1.5×10^{-10}	11.79
柠檬酸	$HO\text{-}C(CH_2COOH)_2COOH$	$K_{a_1}^\ominus$ 7.24×10^{-4}	3.14
		$K_{a_2}^\ominus$ 1.70×10^{-5}	4.77
		$K_{a_3}^\ominus$ 4.07×10^{-7}	6.39
苯甲酸	C_6H_5COOH	6.45×10^{-5}	4.19
邻苯二甲酸	$C_6H_4(COOH)_2$	$K_{a_1}^\ominus$ 1.30×10^{-3}	2.89
		$K_{a_2}^\ominus$ 3.09×10^{-6}	5.51

附录 3-2 常见碱的标准解离常数(298.15K)

名称	化学式	$K_b^\ominus$		$pK_b^\ominus$
氨水	$NH_3 \cdot H_2O$	1.79×10^{-5}		4.75
甲胺	CH_3NH_2	4.20×10^{-4}		3.38
乙胺	$C_2H_5NH_2$	4.30×10^{-4}		3.37
二甲胺	$(CH_3)_2NH$	5.90×10^{-4}		3.23
二乙胺	$(C_2H_5)_2NH$	6.31×10^{-4}		3.2
苯胺	$C_6H_5NH_2$	3.98×10^{-10}		9.40
乙二胺	$H_2NCH_2CH_2NH_2$	$K_{b1}^\ominus$	8.32×10^{-5}	4.08
		$K_{b2}^\ominus$	7.10×10^{-8}	7.15
乙醇胺	$HOCH_2CH_2NH_2$	3.2×10^{-5}		4.50
三乙醇胺	$(HOCH_2CH_2)_3N$	5.8×10^{-7}		6.24
六次甲基四胺	$(CH_2)_6N_4$	1.35×10^{-9}		8.87
吡啶	C_5H_5N	1.80×10^{-9}		8.70

附录 4 25 ℃不同浓度 KCl 标准水溶液的电导率

$c/(mol \cdot dm^{-3})$	$c/(mol \cdot m^{-3})$	$k/(S \cdot m^{-1})$
1	10^3	11.19
0.1	10^2	1.289
0.01	10	0.1413
0.001	1	0.01469
0.0001	10^{-1}	0.001489

附录 5 常见氧化还原电对的标准电极电势 $E^\ominus$

附录 5-1 在酸性溶液中

电对	电极反应	$E^\ominus$/ V
Li^+/Li	$Li^+ + e \rightleftharpoons Li$	-3.0401
Cs^+/Cs	$Cs^+ + e \rightleftharpoons Cs$	-3.026
K^+/K	$K^+ + e \rightleftharpoons K$	-2.931
Ba^{2+}/Ba	$Ba^{2+} + 2e \rightleftharpoons Ba$	-2.912
Ca^{2+}/Ca	$Ca^{2+} + 2e \rightleftharpoons Ca$	-2.868
Na^+/Na	$Na^+ + e \rightleftharpoons Na$	-2.71
Mg^{2+}/Mg	$Mg^{2+} + 2e \rightleftharpoons Mg$	-2.372

（续）

电 对	电极反应	E^{Θ}/ V
H_2/H^-	$1/2\ H_2 + e \rightleftharpoons H^-$	−2.23
Al^{3+}/Al	$Al^{3+} + 3e \rightleftharpoons Al$	−1.662
Mn^{2+}/Mn	$Mn^{2+} + 2e \rightleftharpoons Mn$	−1.185
Zn^{2+}/Zn	$Zn^{2+} + 2e \rightleftharpoons Zn$	−0.7618
Cr^{3+}/Cr	$Cr^{3+} + 3e \rightleftharpoons Cr$	−0.744
Ag_2S/Ag^-	$Ag_2S + 2e \rightleftharpoons 2Ag + S^{2-}$	−0.691
$CO_2/H_2C_2O_4$	$2CO_2 + 2H^+ + 2e \rightleftharpoons H_2C_2O_4$	−0.481
Fe^{2+}/Fe	$Fe^{2+} + 2e \rightleftharpoons Fe$	−0.447
Cr^{3+}/Cr^{2+}	$Cr^{3+} + e \rightleftharpoons Cr^{2+}$	−0.407
Cd^{2+}/Cd	$Cd^{2+} + 2e \rightleftharpoons Cd$	−0.4030
$PbSO_4/Pb$	$PbSO_4 + 2e \rightleftharpoons Pb + SO_4^{2-}$	−0.3588
Co^{2+}/Co	$Co^{2+} + 2e \rightleftharpoons Co$	−0.28
$PbCl_2/Pb$	$PbCl_2 + 2e \rightleftharpoons Pb + 2Cl^-$	−0.2675
Ni^{2+}/Ni	$Ni^{2+} + 2e \rightleftharpoons Ni$	−0.257
AgI/Ag	$AgI + e \rightleftharpoons Ag + I^-$	−0.15224
Sn^{2+}/Sn	$Sn^{2+} + 2e \rightleftharpoons Sn$	−0.1375
Pb^{2+}/Pb	$Pb^{2+} + 2e \rightleftharpoons Pb$	−0.1262
Fe^{3+}/Fe	$Fe^{3+} + 3e \rightleftharpoons Fe$	−0.037
$AgCN/Ag$	$AgCN + e \rightleftharpoons Ag + CN^-$	−0.017
H^+/H_2	$2H^+ + 2e \rightleftharpoons H_2$	0.0000
$AgBr/Ag$	$AgBr + e \rightleftharpoons Ag + Br^-$	0.07133
S/H_2S	$S + 2H^+ + 2e \rightleftharpoons H_2S\ (aq)$	0.142
Sn^{4+}/Sn^{2+}	$Sn^{4+} + 2e \rightleftharpoons Sn^{2+}$	0.151
Cu^{2+}/Cu^+	$Cu^{2+} + e \rightleftharpoons Cu^+$	0.153
$AgCl/Ag$	$AgCl + e \rightleftharpoons Ag + Cl^-$	0.22233
Hg_2Cl_2/Hg	$Hg_2Cl_2 + 2e \rightleftharpoons 2Hg + 2Cl^-$	0.26808
Cu^{2+}/Cu	$Cu^{2+} + 2e \rightleftharpoons Cu$	0.3419
$S_2O_3^{2-}/S$	$S_2O_3^{2-} + 6H^+ + 4e \rightleftharpoons 2S + 3H_2O$	0.5
Cu^+/Cu	$Cu^+ + e \rightleftharpoons Cu$	0.521
I_2/I^-	$I_2 + 2e \rightleftharpoons 2I^-$	0.5355
I_3^-/I^-	$I_3^- + 2e \rightleftharpoons 3I^-$	0.536
MnO_4^-/MnO_4^{2-}	$MnO_4^- + e \rightleftharpoons MnO_4^{2-}$	0.558
$H_3AsO_4/HAsO_2$	$H_3AsO_4 + 2H^+ + 2e \rightleftharpoons HAsO_2 + 2H_2O$	0.560

（续）

电 对	电极反应	$E^{\ominus}$/ V
Ag_2SO_4/Ag	$Ag_2SO_4+2e \rightleftharpoons 2Ag + SO_4^{2-}$	0.654
O_2/ H_2O_2	$O_2+ 2H^+ + 2e \rightleftharpoons H_2O_2$	0.695
Fe^{3+}/Fe^{2+}	$Fe^{3+} + e \rightleftharpoons Fe^{2+}$	0.771
${Hg_2}^{2+}/ Hg$	${Hg_2}^{2+} + 2e \rightleftharpoons 2Hg$	0.7973
Ag^+/Ag	$Ag^+ + e \rightleftharpoons Ag$	0.7996
NO_3^-/N_2O_4	$2NO_3^- + 4H^+ + 2e \rightleftharpoons N_2O_4 + 2H_2O$	0.803
Hg^{2+}/ Hg	$Hg^{2+} + 2e \rightleftharpoons Hg$	0.851
Cu^{2+}/CuI	$Cu^{2+} + I^- + e \rightleftharpoons CuI$	0.86
$Hg^{2+}/{Hg_2}^{2+}$	$2Hg^{2+} + 2e \rightleftharpoons {Hg_2}^{2+}$	0.920
NO_3^-/ HNO_2	$NO_3^- + 3H^+ + 2e \rightleftharpoons HNO_2 + H_2O$	0.934
${NO_3}^-/ NO$	${NO_3}^- + 4H^+ + 3e \rightleftharpoons NO + 2H_2O$	0.957
HNO_2/ NO	$HNO_2 + H^+ + e \rightleftharpoons NO + H_2O$	0.983
$[AuCl_4]^-/Au$	$[AuCl_4]^- + 3e \rightleftharpoons Au + 4Cl^-$	1.002
Br_2/ Br^-	$Br_2(l) + 2e \rightleftharpoons 2Br^-$	1.066
$Cu^{2+}/ [Cu(CN)_2]^-$	$Cu^{2+} + 2CN^- + e \rightleftharpoons [Cu(CN)_2]^-$	1.103
IO_3^-/ HIO	$IO_3^- + 5H^+ + 4e \rightleftharpoons HIO + 2H_2O$	1.14
IO_3^-/ I_2	$2IO_3^- + 12H^+ + 10e \rightleftharpoons I_2 + 6H_2O$	1.195
MnO_2/ Mn^{2+}	$MnO_2 + 4H^+ +2e \rightleftharpoons Mn^{2+} + 2H_2O$	1.224
O_2/ H_2O	$O_2 + 4H^+ + 4e \rightleftharpoons 2H_2O$	1.229
$Cr_2O_7^{2-}/Cr^{3+}$	$Cr_2O_7^{2-} + 14H^+ + 6e \rightleftharpoons 2Cr^{3+} + 7H_2O$	1.232
Cl_2/Cl^-	$Cl_2(g) + 2e \rightleftharpoons 2Cl^-$	1.35827
ClO_4^-/Cl_2	$2ClO_4^- + 16H^+ + 14e \rightleftharpoons Cl_2 + 8H_2O$	1.39
ClO_3^-/Cl^-	$ClO_3^- + 6H^+ + 6e \rightleftharpoons Cl^- + 3H_2O$	1.451
PbO_2/Pb^{2+}	$PbO_2 + 4H^+ +2e \rightleftharpoons Pb^{2+} + 2H_2O$	1.455
ClO_3^-/Cl_2	$ClO_3^- + 6H^+ + 5e \rightleftharpoons 1/2\ Cl_2 + 3H_2O$	1.47
BrO_3^-/Br_2	$2BrO_3^- + 12H^+ + 10e \rightleftharpoons Br_2 + 6H_2O$	1.482
$HClO /Cl^-$	$HClO + H^+ + 2e \rightleftharpoons Cl^- + H_2O$	1.482
Au^{3+}/Au	$Au^{3+} + 3e \rightleftharpoons Au$	1.498
MnO_4^-/Mn^{2+}	$MnO_4^- + 8H^+ + 5e \rightleftharpoons Mn^{2+} + 4H_2O$	1.507
Mn^{3+}/ Mn^{2+}	$Mn^{3+} + e \rightleftharpoons Mn^{2+}$	1.5415
$HBrO / Br_2$	$2HBrO + 2H^+ + 2e \rightleftharpoons Br_2 + 2H_2O$	1.596
H_5IO_6/ IO_3^-	$H_5IO_6 + H^+ + 2e \rightleftharpoons IO_3^- + 3H_2O$	1.601
$HClO /Cl_2$	$2HClO + 2H^+ + 2e \rightleftharpoons Cl_2 + 2H_2O$	1.611

（续）

电 对	电极反应	$E^{\ominus}$/ V
$HClO_2/HClO$	$HClO_2 + 2H^+ + 2e \rightleftharpoons HClO + H_2O$	1.645
MnO_4^-/MnO_2	$MnO_4^- + 4H^+ + 3e \rightleftharpoons MnO_2 + 2H_2O$	1.679
$PbO_2/PbSO_4$	$PbO_2 + SO_4^{2-} + 4H^+ + 2e \rightleftharpoons PbSO_4 + 2H_2O$	1.6913
H_2O_2/H_2O	$H_2O_2 + 2H^+ + 2e \rightleftharpoons 2H_2O$	1.776
Co^{3+}/Co^{2+}	$Co^{3+} + e \rightleftharpoons Co^{2+}$	1.92
$S_2O_8{}^{2-}/SO_4^{2-}$	$S_2O_8{}^{2-} + 2e \rightleftharpoons 2SO_4^{2-}$	2.010
O_3/O_2	$O_3 + 2H^+ + 2e \rightleftharpoons O_2 + H_2O$	2.076
F_2/F^-	$F_2 + 2e \rightleftharpoons 2F^-$	2.866
F_2/HF	$F_2(g) + 2H^+ + 2e \rightleftharpoons 2HF$	3.503

附录 5-2　在碱性溶液中

电 对	电极反应	$E^{\ominus}$/ V
$Mn(OH)_2/Mn$	$Mn(OH)_2 + 2e \rightleftharpoons Mn + 2OH^-$	−1.56
$[Zn(CN)_4]^{2-}/Zn$	$[Zn(CN)_4]^{2-} + 2e \rightleftharpoons Zn + 4CN^-$	−1.34
$ZnO_2{}^{2-}/Zn$	$ZnO_2{}^{2-} + 2H_2O + 2e \rightleftharpoons Zn + 4OH^-$	−1.215
$[Sn(OH)_6]^{2-}/HSnO_2^-$	$[Sn(OH)_6]^{2-} + 2e \rightleftharpoons HSnO_2^- + 3OH^- + H_2O$	−0.93
SO_4^{2-}/SO_3^{2-}	$SO_4^{2-} + H_2O + 2e \rightleftharpoons SO_3^{2-} + 2OH^-$	−0.93
$HSnO_2^-/Sn$	$HSnO_2^- + H_2O + 2e \rightleftharpoons Sn + 3OH^-$	−0.909
H_2O/H_2	$2H_2O + 2e \rightleftharpoons H_2 + 2OH^-$	−0.8277
$Ni(OH)_2/Ni$	$Ni(OH)_2 + 2e \rightleftharpoons Ni + 2OH^-$	−0.72
AsO_4^{3-}/AsO_2^-	$AsO_4^{3-} + 2H_2O + 2e \rightleftharpoons AsO_2^- + 4OH^-$	−0.71
SO_3^{2-}/S	$SO_3^{2-} + 3H_2O + 4e \rightleftharpoons S + 6OH^-$	−0.59
$SO_3^{2-}/S_2O_3^{2-}$	$2SO_3^{2-} + 3H_2O + 4e \rightleftharpoons S_2O_3^{2-} + 6OH^-$	−0.571
S/S^{2-}	$S + 2e \rightleftharpoons S^{2-}$	−0.47627
$[Ag(CN)_2]^-/Ag$	$[Ag(CN)_2]^- + e \rightleftharpoons Ag + 2CN^-$	−0.31
CrO_4^{2-}/CrO_2^-	$CrO_4^{2-} + 4H_2O + 3e \rightleftharpoons Cr(OH)_4^- + 4OH^-$	−0.13
O_2/HO_2^-	$O_2 + H_2O + 2e \rightleftharpoons HO_2^- + OH^-$	−0.076
NO_3^-/NO_2^-	$NO_3^- + H_2O + 2e \rightleftharpoons NO_2^- + 2OH^-$	0.01
$S_4O_6{}^{2-}/S_2O_3^{2-}$	$S_4O_6{}^{2-} + 2e \rightleftharpoons 2S_2O_3^{2-}$	0.08
$[Co(NH_3)_6]^{3+}/[Co(NH_3)_6]^{2+}$	$[Co(NH_3)_6]^{3+} + e \rightleftharpoons [Co(NH_3)_6]^{2+}$	0.108
MnO_2/Mn^{2+}	$Mn(OH)_3 + e \rightleftharpoons Mn(OH)_2 + OH^-$	0.15
$Cr_2O_7^{2-}/Cr^{3+}$	$Co(OH)_3 + e \rightleftharpoons Co(OH)_2 + OH^-$	0.17

（续）

电 对	电极反应	$E^{\ominus}$/ V
Ag_2O/Ag	$Ag_2O + H_2O + 2e \rightleftharpoons 2Ag + 2OH^-$	0.342
O_2/OH^-	$O_2 + 2H_2O + 4e \rightleftharpoons 4OH^-$	0.401
MnO_4^-/MnO_2	$MnO_4^- + 2H_2O + 3e \rightleftharpoons MnO_2 + 4OH^-$	0.595
BrO_3^-/Br^-	$BrO_3^- + 3H_2O + 6e \rightleftharpoons Br^- + 6OH^-$	0.61
BrO^-/Br^-	$BrO^- + H_2O + 2e \rightleftharpoons Br^- + 2OH^-$	0.761
ClO^-/Cl^-	$ClO^- + H_2O + 2e \rightleftharpoons Cl^- + 2OH^-$	0.81
H_2O_2/OH^-	$H_2O_2 + 2e \rightleftharpoons 2OH^-$	0.88
O_3/OH^-	$O_3 + H_2O + 2e \rightleftharpoons O_2 + 2OH^-$	1.24

附录 6 298K 时常见离子的无限稀释的摩尔电导率

正离子	$\frac{\lambda_{m,+}^{\infty}}{10^{-4}S \cdot m^2 \cdot mol^{-1}}$	负离子	$\frac{\lambda_{m,-}^{\infty}}{10^{-4}S \cdot m^2 \cdot mol^{-1}}$
H^+	349.82	OH^-	198.0
Li^+	38.69	Cl^-	76.34
Na^+	50.11	Br^-	78.4
K^+	73.52	I^-	76.8
NH_4^+	73.4	NO_3^-	71.44
Ag^+	61.92	CH_3COO^-	40.9
$\frac{1}{2}Ca^{2+}$	59.50	ClO_4^-	68.0
$\frac{1}{2}Ba^{2+}$	63.64	$\frac{1}{2}SO_4^{2-}$	79.8
$\frac{1}{2}Mg^{2+}$	53.06		

数据来源：Moore. Physical Chemistry，5th ed. 1973，435.

附录7 在不同温度下水的饱和蒸气压

温度/℃	压力/Pa	温度/℃	压力/Pa	温度/℃	压力/Pa	温度/℃	压力/Pa
0	613	14	1600	28	3772	70	31152
1	653	15	1706	29	3999	75	38537
2	706	16	1813	30	4239	80	47335
3	760	17	1933	31	4492	85	57799
4	813	18	2066	32	4759	90	70089
5	866	19	2199	33	5025	95	84526
6	933	20	2333	34	5319	96	87658
7	1000	21	2493	35	5625	97	90924
8	1066	22	2639	40	7371	98	94283
9	1146	23	2813	45	9584	99	97736
10	1226	24	2986	50	12330	100	101325
11	1306	25	3173	55	15729	101	104987
12	1400	26	3359	60	19915		
13	1493	27	3559	65	24994		

附录8 几种常见溶剂的T_b^*、K_b和T_f^*、K_f值

溶 剂	T_b^*/℃	K_b/(K·kg·mol^{-1})	T_f^*/℃	K_f/(K·kg·mol^{-1})
水(H_2O)	100	0.513	0.0	1.86
乙醇(CH_3CH_2OH)	78.5	1.20	—	—
醋酸(CH_3COOH)	118.4	3.11	16.65	3.9
苯(C_6H_6)	80.2	2.57	5.5	5.12
萘($C_{10}H_8$)	218.9	5.80	80.5	6.87
苯酚(C_6H_5OH)	181.7	3.56	43	7.80
硝基苯($C_6H_5NO_2$)	210.8	5.24	5.7	7.00

附录9 几种有机物的饱和蒸气压

不同温度下的有机物饱和蒸气压 p(Pa)可以通过方程：$\lg p = A - \frac{B}{C+t} + D$ 来计算，式中，A、B、C 为 Antoine 常数；t 为温度,℃；D 为 2. 1249，是蒸气压的单位的换算因子。

名称	分子式	适用温度范围（℃）	A	B	C
四氯化碳	CCl_4	—	6. 87926	1212. 021	226. 41
氯仿	$CHCl_3$	-35~61	6. 4934	929. 44	196. 03
二氯甲烷	CH_2Cl_2	-40~40	7. 4092	1325. 9	252. 6
1，2-二氯乙烷	$C_2H_4Cl_2$	-31~99	7. 0253	1271. 3	222. 9
溴仿	$CHBr_3$	30~101	5. 65204	648. 629	154. 683
甲醇	CH_4O	-14~65	7. 89750	1474. 08	229. 13
甲醇	CH_4O	64~110	7. 97328	1515. 14	232. 85
乙二醇	$C_2H_6O_2$	50~200	8. 0908	2088. 9	203. 5
醋酸	$C_2H_4O_2$	liq.	7. 38782	1533. 313	222. 309
乙醇	C_2H_6O	-2~100	8. 32109	1718. 10	237. 52
丙酮	C_3H_6O	liq.	7. 11714	1210. 595	229. 664
丙醇	C_3H_6O	2~120	7. 84767	499. 21	204. 64
异丙醇	C_3H_8O	0~101	8. 11778	1580. 92	219. 61
丙烯酸	$C_3H_4O_2$	20~70	5. 65204	648. 629	154. 683
乙酸乙酯	$C_4H_8O_2$	15~76	7. 10179	1244. 95	217. 88
正丁醇	$C_4H_{10}O$	15~131	7. 47680	1362. 39	178. 77
苯	C_6H_6	-12~3	9. 1064	1885. 9	244. 2
苯	C_6H_6	8~103	6. 90561	1211. 033	220. 790
环己烷	C_6H_{12}	20~81	6. 84130	1201. 53	222. 65
甲苯	C_7H_8	6~137	6. 95464	1344. 80	219. 48
乙苯	C_8H_{10}	26~164	6. 95719	1424. 255	213. 21

数据来源：John A. Dean Lange ' s Handbook of chemistry. 13th ed. 1985.

附录 10　液体分子的偶极矩

化合物	$\mu/(10^{-30}\ C \cdot m)$	μ/D
C_2H_5OH	5.64	1.69
$C_6H_5CH_3$	1.20	0.36
C_6H_6	0	0
CCl_4	0	0
CH_2Cl_2	5.24	1.57
CH_3Cl	6.24	1.87
CH_3OH	5.70	1.71
$CHCl_3$	3.37	1.01
1, 2-$C_6H_4(CH_3)_2$	2.07	0.62

数据来源：HCP and C. J. F. Böttcher and P. Bordewijk, Theory of electric polarization. 1978.

附录 11　几种化合物的摩尔磁化率

分子式	χ_M /($10^{-6}\ cm^3 \cdot mol^{-1}$)	分子式	χ_M /($10^{-6}\ cm^3 \cdot mol^{-1}$)	分子式	χ_M /($10^{-6}\ cm^3 \cdot mol^{-1}$)
$CO_2(g)$	−21.0	$Cr_2(SO_4)_3$	+11800	$CoCl_2 \cdot 6H_2O$	+9710
$O_2(g)$	+3449	$CoSO_4$	+10000	$FeSO_4 \cdot H_2O$	+10500
$N_2(g)$	−12.0	$FeSO_4$	+12400	$FeSO_4 \cdot 7H_2O$	+11200
SiO_2	−29.6	Co_3O_4	+10000	$K_3Fe(CN)_6$	+2290
H_2O(293K)	−12.96	Co_2O_3	+7380	$FeCl_3 \cdot 6H_2O$	+15250
MgO	−10.2	$FeCl_3$	+13450	$Fe(NO_3)_3 \cdot 9H_2O$	+15200

数据来源：David R. Lide; CRC Handbook of Chemistry and Physics. 88th ed. 2007—2008, Section 4.